可靠性技术丛书

工业和信息化部电子第五研究所　组编

电子装备防护涂层体系环境试验技术

◎ 主　　编　王春辉

◎ 副 主 编　汪凯蔚　李　劲　张洪彬

◎ 编写组成员　高春雨　苏少燕　李长虹　李坤兰　郑南飞
　　　　　　　张少锋　闫　杰　唐庆云　刘丽红　邱福来
　　　　　　　王荣祥　张　博　龚雨荷　佘　阳　潘　峤
　　　　　　　范　林　李　刚　刘　伟

电子工业出版社
Publishing House of Electronics Industry
北京·BEIJING

内 容 简 介

防护涂层的环境适应性可对电子装备可靠服役和寿命保证产生重要影响，特别是在复杂、恶劣气候环境地区服役的电子装备。本书以有效评价防护涂层环境适应性水平为目标，以环境试验合理设计为着力点，从防护涂层体系配套要求、防护涂层典型环境失效模式、环境条件分析、自然环境试验技术、实验室环境试验技术、性能参数检测及结果评价等多个方面进行阐述，并给出了电子装备防护涂层环境试验技术相关案例。

本书可供从事电子装备（产品）腐蚀防护设计、防护涂层检验、涂料研发等工作的工程技术人员学习，也可供其他相关部门的技术人员及高等院校师生参考。

未经许可，不得以任何方式复制或抄袭本书之部分或全部内容。
版权所有，侵权必究。

图书在版编目（CIP）数据

电子装备防护涂层体系环境试验技术 / 王春辉主编；工业和信息化部电子第五研究所组编. —北京：电子工业出版社，2021.1

（可靠性技术丛书）

ISBN 978-7-121-40163-3

Ⅰ. ①电… Ⅱ. ①王… ②工… Ⅲ. ①电子装备－涂层保护－环境试验 Ⅳ. ①TN97

中国版本图书馆 CIP 数据核字（2020）第 244081 号

责任编辑：牛平月　　　　特约编辑：田学清
印　　刷：北京天宇星印刷厂
装　　订：北京天宇星印刷厂
出版发行：电子工业出版社
　　　　　北京市海淀区万寿路 173 信箱　　邮编：100036
开　　本：720×1000　1/16　印张：20.25　字数：420 千字
版　　次：2021 年 1 月第 1 版
印　　次：2021 年 1 月第 1 次印刷
定　　价：98.00 元

凡所购买电子工业出版社图书有缺损问题，请向购买书店调换。若书店售缺，请与本社发行部联系，联系及邮购电话：(010)88254888，88258888。

质量投诉请发邮件至 zlts@phei.com.cn，盗版侵权举报请发邮件至 dbqq@phei.com.cn。

本书咨询联系方式：niupy@phei.com.cn。

  装备环境工程定义为"将各种科学技术和工程实践用于减缓各种环境对装备效能影响或提高装备耐环境能力的一门工程学科",有效选择防护涂料和合理设计防护涂层体系是提升电子装备耐腐蚀环境能力的重要手段。随着电子装备服役区域不断扩大,服役环境条件愈加复杂多变,防护涂层对其腐蚀防护的影响更加突出。

  有效选用涂料和合理设计防护涂层体系这一工作包含的技术内容有涂料配套、质量控制、环境试验、性能测试、失效分析和数据库构建等,环境试验是其中的关键环节,它既是验证涂料配套和质量控制优劣的手段,也是开展性能测试、失效分析和数据库构建的基础,所以选择、设计有效的环境试验方法对涂料优选和涂层设计结果有着重要影响。

  目前,国内缺乏针对电子装备防护涂层的环境试验与评价方法,且无相应的优选数据手册及信息共享平台,导致涂层评价优选工作无章可循,且容易造成工作重复,从而影响装备的研制进度,造成资源浪费。2016 年,工业和信息化部电子第五研究所申报国防科工局技术基础项目(项目编号:JSHS2015610C001),旨在面向电子装备防护涂层体系,制定有效的环境试验与评价方法,将其评价优选工作标准化、流程化、简单化,提高电子装备腐蚀防护设计的效率及水平。

  本书主要依托 JSHS2015610C001 项目中环境试验的相关研究内容,向上延伸至电子装备防护涂层体系,向下延伸至性能测试和结果评价,本书共包括 9 章内容和 4 个附录,全面介绍电子装备防护涂层体系环境试验的技术体系、内容和关键点,并结合近年来开展的相关工作案例,以帮助读者更好地理解防护涂层等基础材料工艺的环境试验技术。

  由于编著者水平有限,若有疏漏之处,期望读者不吝指正。

编著者

本书受到国防科工局技术基础项目（JSHS2015610C001）的资助，特此感谢！

目录

第1章 绪言 ... 1
1.1 电子装备腐蚀现状 ... 2
1.2 电子装备腐蚀防护性能提升 ... 3
1.2.1 材料选用 ... 3
1.2.2 结构设计 ... 4
1.2.3 应用环境改善 ... 4
1.2.4 表面防护 ... 4
1.3 电子装备防护涂层体系 ... 4
1.4 电子装备防护涂层体系环境适应性保证 ... 5
1.5 本书结构层次 ... 5
参考文献 ... 6

第2章 电子装备防护涂层体系 ... 7
2.1 概述 ... 7
2.2 防护涂料种类及特性 ... 7
2.2.1 环氧树脂涂料 ... 12
2.2.2 丙烯酸树脂涂料 ... 14
2.2.3 聚氨酯树脂涂料 ... 15
2.2.4 氨基树脂涂料 ... 16
2.2.5 醇酸树脂涂料 ... 17
2.2.6 聚酯树脂涂料 ... 17
2.2.7 元素有机涂料 ... 17
2.3 防护涂层配套 ... 18
2.3.1 防护涂层配套设计影响因素 ... 19
2.3.2 电子装备表面预处理 ... 21
2.3.3 涂料选用 ... 25
2.3.4 常见防护涂层配套形式 ... 29
2.3.5 电子装备防护涂层体系配套案例 ... 31

2.4 防护涂层涂装 35
　　　　2.4.1 电子装备涂装工艺 35
　　　　2.4.2 涂装质量控制 40
　参考文献 44

第3章 电子装备防护涂层环境试验技术体系 46
　3.1 概述 46
　3.2 环境试验相关概念 46
　　　3.2.1 环境因素与效应 46
　　　3.2.2 环境适应性 48
　　　3.2.3 装备环境工程 49
　　　3.2.4 环境试验 49
　3.3 电子装备防护涂层环境试验技术体系框架 50
　　　3.3.1 工程技术体系 51
　　　3.3.2 基础研究体系 52
　　　3.3.3 标准体系 53
　3.4 电子装备防护涂层环境试验种类及应用 54
　　　3.4.1 环境试验在涂料研发过程中的应用 55
　　　3.4.2 环境试验在涂层工艺筛选过程中的应用 56
　　　3.4.3 环境试验在寿命评价过程中的应用 57
　3.5 电子装备防护涂层环境试验相关技术现状 58
　　　3.5.1 大气环境试验技术 58
　　　3.5.2 自然环境加速试验技术 58
　　　3.5.3 环境对装备功能影响规律与失效分析技术 59
　　　3.5.4 环境适应性评价技术 59
　　　3.5.5 环境试验剪裁技术 60
　　　3.5.6 环境响应测量技术 60
　　　3.5.7 设备要求与检定技术 60
　　　3.5.8 环境数据信息系统共性技术 61
　参考文献 61

第4章 电子装备防护涂层环境失效行为 62
　4.1 概述 62
　4.2 典型环境失效行为 62

	4.2.1	防护涂层的典型失效行为	63
	4.2.2	不同种类涂层失效行为	66
	4.2.3	不同自然环境下防护涂层环境失效行为	67

4.3 防护涂层失效过程及影响因素 ... 71
    4.3.1 防护涂层失效过程 ... 71
    4.3.2 防护涂层失效影响因素 ... 71

4.4 电子装备防护涂层失效机理 ... 85
    4.4.1 光降解机理 ... 85
    4.4.2 水降解机理 ... 86
    4.4.3 腐蚀介质渗透过程 ... 87

4.5 环境失效分析 ... 89
    4.5.1 失效分析过程 ... 89
    4.5.2 失效分析工作内容 ... 90
    4.5.3 失效分析方法 ... 90
    4.5.4 失效分析实例 ... 93

参考文献 ... 98

第5章 电子装备防护涂层自然环境试验 ... 101

5.1 概述 ... 101
5.2 目的与作用 ... 101
5.3 自然环境试验分类 ... 102
    5.3.1 根据暴露方式划分 ... 102
    5.3.2 根据自然环境类型划分 ... 109
    5.3.3 根据试验目的划分 ... 111
    5.3.4 动态自然环境试验 ... 111

5.4 国内外自然环境试验发展现状 ... 112
    5.4.1 自然环境试验站建设 ... 112
    5.4.2 自然环境因素观测与效应数据收集 ... 115
    5.4.3 自然环境试验的应用对象 ... 116
    5.4.4 自然加速环境试验技术 ... 116
    5.4.5 自然环境试验标准建设 ... 118

5.5 自然环境试验技术内容 ... 119
    5.5.1 试验样件设计 ... 119

5.5.2 自然环境因素数据收集 121
5.5.3 自然环境腐蚀严酷度等级划分 123
5.5.4 试验夹具（装置）设计 128
5.6 自然环境试验实施 129
5.6.1 自然环境试验前信息收集 129
5.6.2 自然环境试验方案确定要素 129
5.6.3 自然环境试验文件要求 130
5.6.4 试验实施 133
5.6.5 试验记录 134
5.6.6 注意事项 134
参考文献 135

第6章 电子装备防护涂层实验室环境试验 137
6.1 概述 137
6.2 目的与作用 137
6.3 实验室环境试验制定过程与原则 138
6.3.1 制定过程 138
6.3.2 制定原则 139
6.3.3 关键技术 141
6.4 电子装备防护涂层使用环境条件分析 142
6.4.1 使用环境因素类别 143
6.4.2 环境分析工作内容 150
6.4.3 主要环境影响因素确定 158
6.5 实验室环境试验种类 158
6.5.1 模拟温度影响效应的环境试验项目 159
6.5.2 模拟水分影响效应的环境试验项目 161
6.5.3 模拟太阳光影响效应的环境试验项目 164
6.5.4 模拟腐蚀介质影响效应的环境试验项目 170
6.5.5 循环加速腐蚀试验方法 174
6.5.6 循环加速腐蚀试验相关标准推介 182
6.6 实验室环境试验实施 188
6.6.1 试验实施过程 188
6.6.2 试验设备要求 188

	6.6.3	实施过程注意事项	191
	6.6.4	试验中断处理	192
6.7	实验室环境试验发展方向		192
	6.7.1	环境试验方法优化设计	192
	6.7.2	试验设备研发	193
	6.7.3	环境试验数据资源平台建设	194
参考文献			194

第7章 电子装备防护涂层性能评价 ... 196

- 7.1 概述 ... 196
- 7.2 电子装备防护涂层性能参数 ... 196
  - 7.2.1 性能参数体系 ... 196
  - 7.2.2 机械性能 ... 197
  - 7.2.3 外观性能 ... 202
  - 7.2.4 电性能 ... 204
  - 7.2.5 电化学性能 ... 205
- 7.3 电子装备防护涂层性能综合评价 ... 205
  - 7.3.1 主要性能参数确定 ... 205
  - 7.3.2 主要性能参数确定过程 ... 206
- 7.4 电化学阻抗谱分析 ... 209
- 参考文献 ... 213

第8章 电子装备防护涂层环境试验数据分析与应用 ... 214

- 8.1 概述 ... 214
- 8.2 环境试验数据分析方法 ... 215
  - 8.2.1 数据的异常值检测 ... 215
  - 8.2.2 数据预处理方法 ... 219
- 8.3 常用数据挖掘模型 ... 225
  - 8.3.1 回归模型 ... 225
  - 8.3.2 灰色预测模型 ... 228
  - 8.3.3 神经网络模型 ... 231
  - 8.3.4 灰色神经网络 ... 232
  - 8.3.5 支持向量机模型 ... 237
  - 8.3.6 集成学习 ... 240

8.3.7 模型的评估与选择 ... 242
8.4 环境试验结果有效性评价 ... 245
  8.4.1 相关性评价 ... 245
  8.4.2 加速性评价 ... 248
8.5 环境试验数据应用 ... 250
  8.5.1 试验及结果 ... 250
  8.5.2 数据的预处理 ... 250
  8.5.3 低频阻抗模值退化模型的建立 ... 251
参考文献 ... 254

第9章 电子装备防护涂层环境试验案例 ... 257
9.1 概述 ... 257
9.2 案例一：实验室环境试验方法制定 ... 257
  9.2.1 相关信息收集 ... 257
  9.2.2 制定过程及原则 ... 258
  9.2.3 应用环境特点分析 ... 258
  9.2.4 实验室环境试验谱确定过程 ... 260
  9.2.5 环境因素的进一步分析 ... 260
  9.2.6 试验谱块确定 ... 262
  9.2.7 循环方式确定 ... 263
  9.2.8 试验量值确定 ... 264
  9.2.9 环境试验谱形成 ... 264
  9.2.10 性能参数选择 ... 264
  9.2.11 试验结果 ... 265
  9.2.12 实验室环境试验方法改进 ... 266
  9.2.13 改进后的实验室环境试验结果 ... 267
9.3 案例二：实验室环境试验对比分析 ... 271
  9.3.1 问题背景 ... 271
  9.3.2 试验概述 ... 271
  9.3.3 随舰暴露试验结果和环境特性分析 ... 271
  9.3.4 实验室环境试验方法制定 ... 272
  9.3.5 湿热试验结果 ... 274
  9.3.6 霉菌试验结果 ... 276

	9.3.7	盐雾试验结果 277
	9.3.8	盐雾-SO_2 综合试验结果 279
	9.3.9	相关性分析 282
9.4	案例三：涂层防护性能评定 283
	9.4.1	试验目的及试验条件 283
	9.4.2	试验实施 284
	9.4.3	结果分析 285
	9.4.4	结论 288
9.5	案例四：自然环境试验评价及选用 288
	9.5.1	试验目的 288
	9.5.2	试验概述 289
	9.5.3	试验结果 290
	9.5.4	分析与讨论 293

参考文献 297

附录 A　电子装备防护涂层体系技术标准清单 298

附录 B　环境条件分析标准清单 302

附录 C　防护涂层环境试验标准清单 305

附录 D　防护涂层性能评价标准清单 309

第1章 绪言

为保证产品在各种环境应力下有效的履行功能而进行的研究和采取的各种防护措施称为"环境防护",环境应力包括气候环境、生物环境、化学活性物质环境、机械活性物质环境、污染性液体环境、机械环境、电和电磁干扰环境、爆炸性和易燃环境等。本书主要研究气候、生物(霉菌)、化学活性物质(Cl^-、SO_2、NO_x 等)对电子装备腐蚀防护能力产生影响的环境应力,所以本书的环境防护专指腐蚀防护,并不包括电磁防护、外壳防护等内容。

材料在使用过程中因受环境作用出现的性能下降、状态改变,直至损坏变质,通常称为"腐蚀"或"老化",几乎所有材料在环境作用下均存在腐蚀或老化问题。腐蚀对国民经济造成了巨大损失,研究表明,2014 年我国的腐蚀总额超过 2 万亿人民币,约占当年 GDP 的 3.34%,而在世界范围内,我国每年的腐蚀损失约占各国 GDP 的 3%~5%,远远大于自然灾害和各类事故损失的综合。腐蚀除了造成重大经济损失,还可能引起重大安全事故。2013 年,由于输油管道与排水暗渠交汇处发生腐蚀,青岛东黄输油管道泄露发生爆炸,造成 62 人死亡,136 人受伤,直接经济损失 7.5 亿人民币;2014 年,台湾高雄发生的燃气爆炸事故造成 32 人死亡、321 人受伤,经推断可能是雨水造成的管道腐蚀。

各类材料的腐蚀与应用环境类型密切相关。2017 年,在三沙市永兴岛上开展海洋大气环境下的典型材料耐蚀性研究时发现:30CrMnSiA 碳钢、AlSi10Mg 铸造铝合金、1Cr17Ni2 不锈钢等金属材料在永兴岛户外放置一个晚上就出现锈点,1 周之后表面腐蚀面积达到 10%以上,腐蚀速度惊人。随着"一带一路"等国家战略规划的实施,我国各型装备(产品)的应用区域进一步拓展,其应用环境也越来越复杂、恶劣,腐蚀问题将更加突出,对产品腐蚀防护工作的要求也越来越严格。

1.1 电子装备腐蚀现状

在众多种类军用装备中,电子装备由于应用材料的多样性、结构的复杂性和应用环境的恶劣性,出现的腐蚀问题较多,防护难度较大。

工业和信息化部电子第五研究所在 2012—2018 年对电子装备机箱、天线罩、连接器及典型材料工艺样件开展了南海岛礁大气暴露试验,在南海岛礁高温、高湿、高盐雾和强太阳光辐射综合环境影响下,出现了多种腐蚀老化问题,如表 1-1 所示。

表 1-1 电子装备部组件及材料工艺腐蚀问题

序 号	试 验 对 象	主要腐蚀问题
1	机箱	(1) 机箱紧固件部位涂层起泡,紧固件与箱体接触部位发生电偶腐蚀; (2) 机箱边缘涂层起泡、开裂,基材腐蚀; (3) 箱体缝隙处出现腐蚀; (4) 机箱防尘网等防护薄弱环节发生腐蚀; (5) 箱体内壁金属材料(或金属镀层、表面处理层)发生腐蚀
2	天线罩	(1) 天线罩涂层出现粉化,部分防静电涂层 1 年内严重粉化; (2) 防静电涂层电阻率升高
3	电连接器	(1) 电连接头材料或镀层出现腐蚀; (2) 电缆外护套老化; (3) 腐蚀介质渗入电连接器内部,接触电阻升高
4	印制电路板组件	(1) 电路板焊点出现腐蚀; (2) 电子元器件出现腐蚀; (3) 电路板三防涂层长霉
5	铝合金(带化学覆盖层)	2A12、3A21 等铝合金材料出现点蚀,7075 等高强度铝合金出现应力腐蚀开裂
6	不锈钢(带钝化层)	1Cr18Ni9Ti、316L 等不锈钢出现点蚀
7	结构钢(带金属镀覆层)	化学镀镍层、电镀锌层发生均匀腐蚀

电子装备机箱腐蚀部位集中在紧固件、缝隙、机箱边缘、机箱防尘网等连接和边缘部位,这些部位往往是防护涂层涂敷的薄弱环节,在防护涂层存在缺陷或涂覆质量不佳时,空气中的湿气和腐蚀介质渗入会引起涂层起泡、脱落和基材腐蚀,而湿气从箱体缝隙、紧固件渗入可导致机箱内部材料腐蚀和元器件失效。直接接触户外大气的天线罩,在强太阳光辐射、湿热和盐雾等环境因素综合影响下,表面防护涂层容易出现粉化。随着粉化加重,涂层厚度不断减薄,同时内部微孔不断增多,对湿气和腐蚀介质的屏蔽作用逐渐减弱,使天线罩内部电子部件的失效概率剧增。

电连接器是电子装备防腐蚀的薄弱环节,其常插拔的应用特点对密封和表面防护而言均是严峻考验。通常意义上耐腐蚀性较好的金属材料(如 5A06 铝合金、316L 不锈钢等)在腐蚀严酷度等级较高的南海海洋大气环境下也会出现多种腐蚀问题。电子装备部组件、元器件和材料腐蚀情况如图 1-1 所示。

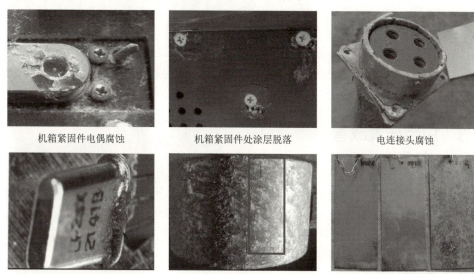

图 1-1　电子装备部组件、元器件和材料腐蚀情况

避免电子装备腐蚀的手段有很多,包括防腐材料购置及应用、防护工艺设计、应用环境改善、使用维护保养等,分布于电子装备设计、研制、使用等各阶段。所以要有效保证电子装备优异的腐蚀防护性能,必须从全寿命周期布局各项工作,多个部门协调开展,多种措施共同保障。

1.2　电子装备腐蚀防护性能提升

目前提升电子装备腐蚀防护性能的措施包括材料选用、结构设计、应用环境改善、表面防护等。

1.2.1　材料选用

选用耐蚀材料是从根本上提升电子装备腐蚀防护性能的措施。选用对象包括金属材料(结构钢、不锈钢、铝合金、镁合金等)、非金属材料(橡胶、塑料、灌封材料、胶黏剂等)和复合材料等,选用依据包括电子装备结构功能要求、应用部位、工况特点、应用环境等。材料选用不单影响电子装备的功能及腐蚀防护性能，同时也影响其研制成本，所以材料选用既要满足装备要求也要做到成本合理。

1.2.2 结构设计

电子装备的结构设计包括连接设计、装配设计、排水设计、通风设计和防腐蚀密封设计等。电子装备的多种腐蚀形式均与其结构设计密切相关，如电偶腐蚀、缝隙腐蚀与连接设计和装配设计有关，有效的结构设计可避免或减缓这些腐蚀形式的发生。

1.2.3 应用环境改善

应用环境改善一般通过密封设计或改变应用环境成分降低环境腐蚀严酷度等级，减少对电子装备的影响。例如，在南海高盐雾地区户外使用的电子装备上方搭遮阳棚，就可使棚下电子装备经受的盐雾沉降率减少1倍以上，另外开放式机箱上安装防尘网也可有效减少盐雾对电子装备的影响。

1.2.4 表面防护

表面防护是减缓电子装备腐蚀的重要环节，包括金属覆盖层、化学处理层、有机防护涂层等。表面防护措施的有效性对电子装备环境适应性和使用寿命影响巨大，特别是在环境恶劣地区服役的电子装备，单纯依靠选用耐蚀材料通常无法满足要求且会导致成本剧增，所以在材料选用的同时往往需要考虑表面防护体系的配套。

1.3 电子装备防护涂层体系

防护涂层具有施工方便、成本低、防护效果明显等优点，在电子装备腐蚀防护设计中应用较多。目前防护涂层通常为多层，在施工过程中根据基材特性、应用环境、应用部位及结构形状等实际情况进行合理设计。防护涂层与基材、前处理层形成的统一整体以发挥腐蚀防护、装饰、标志等功能，即常说的防护涂层体系（系统）。

虽然防护涂层施工过程简单，但防护涂层体系设计过程会涉及多项工作，如应用环境条件调查、涂料特性分析、涂层配套设计、涂装工艺选择、环境试验验证、涂装施工等，在开展以上工作中会应用到多个学科和工程技术，所以获取一套有效的防护涂层体系并非易事。

由于电子装备所用材料种类庞大，应用防护涂层体系也多种多样。工业和信息化部电子第五研究所调研了国内主要电子装备研制厂常用的防护涂层体系，多是基材、表面处理层、底漆、面漆结构的双层涂层体系，对于一些重防护涂层（如天线伺服系统结构件所用的防护涂层），为提升其防护性能，可增加一层中间漆；而印制电路板多使用单层的三防清漆（可以由多道涂覆形成）。

1.4 电子装备防护涂层体系环境适应性保证

由于防护涂层体系是电子装备与应用环境之间的第一道屏障，其环境适应性和耐久性直接影响整个电子装备的环境适应性和服役寿命。在腐蚀严酷度等级较高的地区防护涂层破坏后基体材料短时间就会发生腐蚀，并进一步影响电子装备功能性能，严重时导致电子装备无法安全服役，可见保证防护涂层体系的环境适应性水平是提升电子装备环境适应性的重要工作内容。

提升电子装备防护涂层体系的环境适应性需要开展以下工作：
（1）防护涂料特性及配套性分析；
（2）防护涂料涂装及质量控制；
（3）防护涂层体系典型环境下失效行为及机理分析；
（4）电子装备防护涂层体系应用环境条件分析；
（5）电子装备防护涂层体系环境试验开展；
（6）电子装备防护涂层性能测试及结果评价。

以上各项工作的主要责任方有所不同，如防护涂料特性及配套性分析、防护涂料涂装及质量控制工作责任方为涂料研制生产单位和电子装备防腐设计部门；防护涂层体系典型环境失效行为及机理分析工作责任方为涂料研制生产单位和高校、研究所等研究机构；电子装备防护涂层环境试验开展工作责任方为涂料研制生产单位、电子装备研制单位和试验检测机构。对电子装备研制单位而言，有关防护涂层的工作目标就是选用有效的防护涂层体系，而实现这一工作目标的主要手段是合理设计环境试验方案，有效开展各种环境试验，所以建立以环境试验为中心的防护涂层优选工作流程比较实际且比较容易推进。

1.5 本书结构层次

本书以指导防护涂层体系优选为目标，以环境试验合理设计为着力点，从防护涂层体系特性、配套、典型环境失效行为出发，在环境条件分析、环境试验方案制定、性能参数监测、结果分析等多个方面展开论述，为电子装备腐蚀防护能力提升提供技术支撑。

本书结构层次如图 1-2 所示。

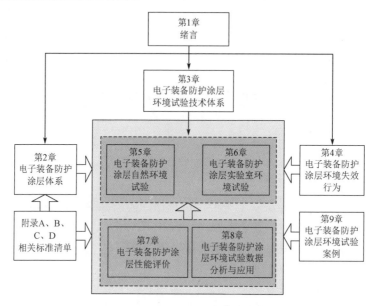

图 1-2　本书结构层次

参 考 文 献

[1] 全国电工电子产品环境技术标准化技术委员会. GB/T 11804—2005 电工电子产品环境条件术语[S]. 北京：中国标准出版社，2005.

[2] 曹楚南，王光雍，李兴濂，等. 中国材料的自然环境腐蚀[M]. 北京：化学工业出版社，2004.

[3] HOU B R，LI X G，Ma X M，et al. The cost of corrosion in China [J]. npj Material Degradation，2017，1（1）：1-10.

[4] 中国航空工业第一集团公司. 军用飞机腐蚀防护设计和控制要求：GJB 2635A—2008[S]. 北京：国防科工委军标出版发行部，2008.

第 2 章

电子装备防护涂层体系

2.1 概述

电子装备结构复杂、应用材料门类庞大,导致其应用的防护涂层种类繁多。在国家国防科工局的支持下,2016—2017 年工业和信息化部电子第五研究所对国内航空、电子、兵器、舰船等行业,共 20 余家电子装备研制厂开展防护涂层应用调研,整理了上百种防护涂层体系信息,并开展了自然和实验室环境试验,各个防护涂层体系在试验中表现出的性能不尽相同。本章归纳分析不同电子装备部组件采用的防护涂层体系种类,并从涂料特性、涂层配套、涂装工艺等方面分析可能影响防护涂层环境适应性的因素,以期指导在电子装备研制过程中防护体系的选用。

2.2 防护涂料种类及特性

GB/T 2705 给出两种涂料的分类方法,第一种以产品用途为主线进行划分,主要包括建筑涂料、工业涂料、通用涂料及辅助涂料;第二种以主要成膜物为主线进行划分,包括建筑涂料、其他涂料及辅助涂料。对电子装备防护涂料而言,以成膜物种类进行分类比较合理,如表 2-1 所示。

表 2-1 以成膜物种类对涂料分类

命名代号	涂料类别	主要成膜物质
Y	油脂漆类	天然动植物油、清油、合成油等
T	天然树脂漆类	松香、虫胶、乳酪素、动物胶及其衍生物等
F	酚醛树脂漆类	酚醛树脂、改性酚醛树脂等
L	沥青漆类	天然沥青、煤焦沥青、石油沥青等
C	醇酸树脂漆类	甘油醇酸树脂、季戊四醇醇酸树脂、其他醇类的醇酸树脂、改性醇酸树脂等

续表

命名代号	涂料类别	主要成膜物质
A	氨基树脂漆类	三聚氰胺甲醛树脂、脲（甲）醛树脂及其改性树脂等
Q	硝基漆类	硝基纤维素、改性硝基纤维素等
G	过氯乙烯漆类	过氯乙烯树脂、改性过氯乙烯树脂等
X	烯类树脂漆类	氯乙烯共聚树脂、聚乙酸乙烯及其共聚物、聚乙烯醇缩醛树脂、含氯树脂、氯化聚丙烯、石油树脂等
B	丙烯酸酯类树脂漆类	热塑性丙烯酸酯类树脂、热固性丙烯酸酯类树脂等
Z	聚酯树脂漆类	不饱和聚酯树脂、饱和聚酯树脂等
H	环氧树脂漆类	环氧树脂、改性环氧树脂等
S	聚氨酯树脂漆类	聚氨酯树脂等
W	元素有机漆类	有机硅、氟碳树脂等
J	橡胶漆类	天然橡胶、合成橡胶及其衍生物等
E	其他漆类	聚酰亚胺树脂、无机高分子材料等

工业和信息化部电子第五研究所调研获得的目前国内电子装备应用的部分防护涂料信息（见表 2-2），与表 2-1 对照，可见大多数种类涂料在电子装备上均有所应用。

表 2-2　电子装备应用的防护涂料信息（部分）

序号	底漆/面漆牌号	组成成分	主要特点	应用
1	H06-2 环氧酯底漆	由环氧酯树脂、颜料、助剂、有机溶剂等制成	漆膜坚硬耐久，附着力良好，与磷化底漆配套使用可提高漆膜耐潮、耐盐水、耐盐雾和防锈性能	可用于轻工产品、仪器仪表等，不适用于沿海地区和湿热气候条件下的金属表面
2	TB06-9 锌黄丙烯酸聚氨酯底漆	由聚丙烯酸树脂、聚异氰酸酯树脂、颜料、助剂、有机溶剂等制成	适宜和磷化底漆及丙烯酸聚氨酯磁漆配套使用，具有优秀的机械性能及耐介质性能	可用于铝合金、不锈钢、钛合金、玻璃钢、碳纤维复合材料等材料的防护
3	TH06-21 锌黄环氧酚醛底漆	由环氧树脂与颜料、有机溶剂制成甲组分；以热塑性酚醛树脂制成乙组分	需要加热固化，具有较好的机械性能，漆膜坚硬耐久，附着力好，具有较good的耐介、耐海水、耐湿热、耐盐雾性能好等特点	可用于沿海或湿热地区及水上飞机的黑色金属材料的防锈
4	H06-1012H 环氧底漆	由环氧树脂、防锈颜料、复合长效缓蚀剂、改性固化剂等制成	具有良好的力学性能和耐冲击性，优异的耐湿热性能和防护性能	可用于飞机蒙皮、天线罩防护

续表

序号	底漆/面漆牌号	组成成分	主要特点	应用
5	H9621 各色飞机蒙皮底漆	由环氧树脂、颜料、溶剂、助剂等制成甲组分；以改性聚酰胺树脂制成乙组分	具有较好的耐化学品性能	可用于机箱机柜、天线伺服系统结构件防护
6	X06-1 乙烯磷化底漆	由聚乙烯醇缩醛树脂、颜料、有机溶剂、磷化液等制成	主要作为有色及黑色金属底层的表面处理剂，起磷化作用，可增加有机涂层和金属表面的附着力	可用于涂覆各种船舶、浮筒、桥梁、仪表及其他金属构件和器材的表面
7	F06-8 锌黄、铁红、灰酚醛底漆	由松香改性酚醛树脂、植物油、颜料、助剂、有机溶剂等制成	有皱纹，隐蔽物面粗糙，具有较好的防护性能	可用于工业品、五金零件、仪器仪表等的装饰和保护
8	H01-101H 环氧聚酰胺清漆	由环氧树脂、助剂、溶剂、聚酰胺固化剂组成	具有良好的物理性能，与H06-1012H 环氧底漆、抗雨蚀涂料及聚氨酯磁漆有很好的相容性	可用于各种复合材料的表面防护
9	S04-60 各色飞机蒙皮半光磁漆	由含羟基树脂、各色颜料、助剂及有机溶剂制成甲组分；以聚氨酯预聚物制成乙组分	固化后漆膜坚韧，具有优良的耐油、耐有机溶剂性，同时耐酸、碱、盐雾、化工大气等腐蚀介质的腐蚀，低温施工性能优异	可用于机箱机柜、波导组件等构件防护
10	TS96-71 各色氟聚氨酯无光磁漆	由氟树脂、异氰酸酯固化剂、颜料、助剂、有机溶剂等制成	具有优异的耐候性、机械性能和耐介质性	可用于电子装备结构件防护
11	TS96-61 各色氟聚氨酯半光磁漆	由氟树脂、异氰酸酯固化剂、颜料、助剂、有机溶剂制成的双组分半磁漆	具有优异的耐候性、机械性能和耐介质性	可用于电子装备结构件防护
12	A04-9 各色氨基烘干磁漆	由醇酸树脂、氨基树脂、颜料及有机溶剂制成	漆膜颜色鲜艳、光亮、丰满，具有良好的机械性能和耐水、耐油性，与 X06-1 乙烯磷化底漆、H06-2 环氧酯底漆配套使用，具有一定的耐湿热、耐盐雾性能	可用于各种轻工产品、机电、仪器等金属表面的装饰和保护
13	A04-60 各色氨基半光烘干磁漆	由氨基树脂、醇酸树脂、颜料、体质颜料及有机溶剂制成	漆膜光泽柔和，具有良好的物理性能，与 X06-1 乙烯磷化底漆、H06-2 环氧酯底漆配套使用，具有一定的耐湿热、耐盐雾性	可用于仪表设备及要求半光的金属表面

续表

序号	底漆/面漆牌号	组成成分	主要特点	应用
14	S04-80 各色飞机蒙皮无光磁漆	由含羟基树脂、各色颜料、助剂及有机溶剂制成甲组分；以聚氨酯预聚物制成乙组分	固化后漆膜坚韧，具有优良的耐油、耐有机溶剂性，同时耐酸、碱、盐雾、化工大气等腐蚀介质的腐蚀，低温施工性能优异，光泽好，装饰性强	可用于机箱机柜等结构件防护
15	TB04-62 各色丙烯酸聚氨酯半光磁漆	以羟基丙烯酸树脂的各色色浆制成甲组分；以六亚甲基二异氰酸酯缩二脲制成乙组分	具有优良的机械性能、耐湿热、耐盐雾及耐候性	可用于金属、铝合金表面，与环氧底漆、聚酰胺底漆配套可作飞机蒙皮、航天设备涂层的外用涂料
16	F04-20 各色高含氟碳高光磁漆	以脂肪族聚异氰酸酯制成甲组分；由含羟基的高含氟树脂、颜料、助剂及溶剂等制成乙组分	具有较好的耐候性	可用于天线伺服系统结构件重防腐
17	AM05-2 防霉氨基无光漆	由氨基树脂、醇酸树脂、颜料、体质颜料及有机溶剂制成	具有优异的防霉性能	可用于舰船的电子装备防护
18	HFC-901 氟碳漆	以含氟聚合物为树脂基料	具有优异的防腐、耐介质和耐老化性能	可用于舰船的电子装备防护
19	C04-2 各色醇酸磁漆	由中油度醇酸树脂、颜料、催干剂及200号油漆溶剂（松节油）与二甲苯调制而成	具有较好的光泽和机械强度，能自然干燥，也可低温烘干	可用于舱内机箱机柜防护涂层，金属制品表面的装饰和保护
20	H31-3 环氧酯绝缘漆	由环氧树脂、干性植物油酸、氨基树脂、有机溶剂等制成	具有优良的耐热性和附着力，耐油性、柔韧性较好，可耐腐蚀性气体，属于B级绝缘材料	可用于电机、电器绕组的表面防护，密封元件、金属表面的黏合
21	Parylene C 对二苯聚合物	C 型聚对二甲苯	不吸收可见光，无色透明，对水汽和腐蚀性气体有很低的渗透性，具备较高的电绝缘性能和热稳定性	可用于光学器件、光电储存器件和静电复印器件的防护
22	Parylene D 对二苯聚合物	D 型聚对二甲苯	不吸收可见光，无色透明，对水汽和腐蚀性气体有很低的渗透性，并有较高的电绝缘性能和热稳定性	可用于光学器件、可擦性光电储存器件和静电复印器件的防护

续表

序号	底漆/面漆牌号	组 成 成 分	主 要 特 点	应 用
23	H30-12 环氧酯绝缘烘干清漆	由环氧树脂、干性植物油酸、氨基树脂、有机溶剂等制成	具有优良的耐热性和附着力，耐油性、柔韧性较好，可耐蚀性气体，属于B级绝缘材料	可用于湿热地区及化工防腐蚀用的电机、电器绕组的浸渍
24	S01-20 飞机蒙皮清漆	由异氰酸酯加成物、改性醇酸树脂、助剂、有机溶剂等制成	附着力强，漆膜坚硬、光亮，具有优异的耐水性、耐潮性、耐油性、耐酸性、耐碱性、耐溶剂性、耐化学药品性及防霉性	可用于印制板三防漆，波导、机箱机柜表面罩光漆
25	S31-11 聚氨酯烘干绝缘漆	由聚酯树脂、异氰酸酯加成物、有机溶剂等制成	具有优良的电绝缘性能和柔性	可用于防潮电绝缘涂层
26	DC1-2577 有机硅清漆	由硅酮树脂、溶剂等组成	具有良好的高频和低频介电性质，与以往常用的硅酮树脂相比具有更好的抗热冲击性能，具有很好的耐湿性，以及用于太阳能装置时的优良的光传输能力	可用于刚性和柔性电路板的保护
27	A30-11 氨基烘干绝缘漆	由氨基树脂、醇酸树脂、助剂、有机溶剂等制成	具有较高的耐热性、附着力、抗潮性和绝缘性，并有耐化学气体腐蚀等性能，属B级绝缘材料	可用于亚热带地区的电机、电器、变压器线圈绕组的浸渍
28	1A33 聚氨酯三防漆	由聚氨酯树脂、溶剂等组成	具有较好的耐化学腐蚀性能和极好的防潮能力	可用于线路板防护
29	1B31 丙烯酸三防漆	由丙烯酸树脂、溶剂等组成	具有较好的耐冷热冲击、耐老化、耐盐雾、柔韧性和附着力	可用于线路板防护
30	TS96-11 氟聚氨酯清漆	由氟树脂、异氰酸酯固化剂、助剂、有机溶剂制成	具有优异的理化性能和耐候性	可用于飞机蒙皮、内部元件的防护
31	TS01-3 聚氨酯清漆	由异氰酸酯加成物、改性醇酸树脂、助剂、有机溶剂等制成	漆膜坚硬、耐磨、附着力强、丰满光亮，具有优良的耐水、耐潮、耐腐蚀性	可用于金属保护及防潮的电绝缘，以湿热带气候及户外条件为宜
32	SL1307 丙烯酸清漆	由丙烯酸树脂、溶剂等组成	快速干燥，无芳香族溶剂，具有较好的防潮、防霉和防盐雾能力	可用于线路板防护
33	S04-9501H.Y 抗雨蚀涂料	由聚酯树脂、溶剂、颜料和助剂制成	具有优异的抗雨蚀性能和良好的物理力学性能、耐候性能和耐介质性能	可用于雷达罩的表面防护，提高雷达罩抗雨蚀性能

2.2.1 环氧树脂涂料

在涂料中常用的环氧树脂类型为双酚 A 型，由双酚 A 与环氧氯丙烷缩聚而成，其基本结构如下：

$$\text{CH}_2\!\!-\!\!\text{CH}\!-\!\text{CH}_2\!-\!\text{O}\!-\!\!\!\bigcirc\!\!\!-\!\overset{\overset{\displaystyle\text{CH}_3}{|}}{\underset{\underset{\displaystyle\text{CH}_3}{|}}{\text{C}}}\!-\!\!\!\bigcirc\!\!\!-\!\text{O}\!-\!\text{CH}_2\!-\!\text{CH}\!-\!\text{CH}_2$$

由环氧树脂的结构可知，链上含有环氧、羟基等官能团，可以与胺、—OH 或 —COOH 反应并交联固化。

1. 与胺的反应

环氧树脂与胺的反应主要是—NH_2 与环氧基团的加成反应：

$$R\!-\!\underset{\underset{\displaystyle O}{\diagdown\diagup}}{CH\!-\!CH_2} + R'NH_2 \longrightarrow R\!-\!\underset{\underset{\displaystyle OH}{|}}{CH}\!-\!CH_2\!-\!NH\!-\!R'$$

产物中 N 原子连接的活泼 H 原子还可进一步与环氧基团反应：

$$R\!-\!\underset{\underset{\displaystyle OH}{|}}{CH}\!-\!CH_2\!-\!NH\!-\!R' + \underset{\underset{\displaystyle O}{\diagdown\diagup}}{CH_2\!-\!CH}\!-\!R'' \longrightarrow R\!-\!\underset{\underset{\displaystyle OH}{|}}{CH}\!-\!CH_2\!-\!\underset{\underset{\displaystyle R'}{|}}{N}\!-\!CH_2\!-\!CH_2\!-\!R''$$

树脂另一端的环氧基同样可与胺反应，分子量较小的环氧树脂通过与胺连接形成高分子固化膜。除胺以外，酰胺中的氨基也可发生类似的固化反应，因此多元胺、聚酰胺和胺的加成物均可作为环氧树脂的固化剂，形成胺固化环氧树脂涂料。

胺固化后环氧树脂主链上不存在活性官能团，所以涂膜对脂肪烃类溶剂、酸、碱和盐均有良好的耐蚀性。胺固化速度较快，流平性较差，形成的涂膜易出现橘皮、缩边等弊病。因此环氧树脂涂料主要用作不能烘烤的大型设备的保护涂层。环氧树脂与玻璃纤维等材料复合制成的复合材料称为环氧玻璃钢，具有很高的硬度、机械强度和耐腐蚀性，在耐磨、防腐等领域用途广泛。

2. 与—OH 的反应

环氧树脂与—OH 的反应主要包括环氧基与羟基的加成、羟基之间的缩合，所以以含—OH 的树脂，如酚醛树脂、醇酸树脂、氨基树脂、聚酯树脂等作为固化剂，可形成羟基固化环氧树脂涂料，同时对环氧树脂进行改性，得到不同性能的涂料。

$$R\!-\!\underset{\underset{\displaystyle O}{\diagdown\diagup}}{CH\!-\!CH_2} + R'OH \longrightarrow R\!-\!\underset{\underset{\displaystyle OH}{|}}{CH}\!-\!CH_2\!-\!O\!-\!R'$$

$$-\text{CH}-\text{CH}-\text{CH}_2 + \text{ROH} \longrightarrow -\text{CH}-\text{CH}-\text{CH}_2$$
$$\quad\quad\quad\;\;|\quad\;\;\diagdown\;\diagup\quad\quad\quad\quad\quad\quad\;\;|\quad\;\;\diagdown\;\diagup$$
$$\quad\quad\quad\text{OH}\quad\;\text{O}\quad\quad\quad\quad\quad\quad\quad\;\;\text{R}-\text{O}\quad\;\text{O}$$

由于环氧树脂和酚醛树脂均具有很好的耐蚀性，因此制成的环氧酚醛树脂涂料是环氧树脂涂料中防腐性能最好的一种，同时涂膜具有优异的耐酸碱性、耐溶剂性、耐热性。环氧与氨基树脂固化形成的环氧树脂涂膜具有较好的耐化学性，且柔韧性好、颜色浅、光泽度高。

3. 与—COOH 的反应

环氧树脂与—COOH 反应，羧酸类作为固化剂，羟基可与羧基酯化，环氧基可与羧基加成固化，从而形成环氧酯型涂料，其反应如下：

$$-\text{CH}-\text{CH}-\text{CH}_2 + \text{RCOOH} \longrightarrow -\text{CH}-\text{CH}-\text{CH}_2$$
（反应生成含酯键产物）

$$\text{R}-\text{CH}-\text{CH}_2 + \text{RCOOH} \longrightarrow \text{R}-\text{CH}_2-\text{CH}_2-\text{O}-\overset{\text{O}}{\underset{\|}{\text{C}}}-\text{R}'$$

环氧树脂涂料主要有以下优点：

（1）无论与何种固化剂反应，形成的环氧树脂涂层中均含有许多羟基和醚键，对金属、陶瓷、玻璃等极性基材具有优良的附着力，同时环氧树脂固化时体积收缩率较低，形成涂膜的内应力较小，对附着力影响较小。

（2）与氨基、羟基固化形成的环氧树脂涂膜具备优良的抗化学品性能，由于没有酯键，所以耐碱性尤其突出。一般的油脂系或醇酸防锈底漆在金属腐蚀时阴极部位呈碱性，容易发生皂化破坏，而环氧树脂耐碱且附着力较好，故大量用作防腐蚀底漆。

（3）由于双酚 A 型环氧树脂中含苯环，所以涂膜硬度较强，但树脂中醚键的存在有利于分子链的旋转，同时环氧树脂交联间距长，便于内旋转，因此环氧树脂涂层又具有一定的韧性。

（4）环氧树脂交联后产生羟基，可提升对基材的润湿力。

（5）环氧树脂本身分子量不高，能与各种固化剂配合制造无溶剂涂料、高固含量涂料、粉末涂料和水性涂料，符合近年的环保要求，并易获得厚膜涂层。

（6）环氧树脂含有环氧基及羟基两种活泼基团，能与多元胺、聚酰胺树脂、酚醛树脂、氨基树脂、多异氰酸酯等配合，制成多种涂料，既可常温干燥，也可高温烘烤，以满足不同的施工要求。

（7）环氧树脂具有优良的电绝缘性能，可用作印制电路板的绝缘涂料。

环氧树脂涂料存在以下不足之处：

（1）环氧树脂含有芳香醚键，漆膜经太阳光（紫外线）照射后容易出现失光、变色、分子链断裂，不适于户外使用。

（2）环氧树脂对固化温度要求较高，一般需要在10℃以上，在10℃以下反应缓慢。

目前电子装备结构件的防护底漆多采用环氧树脂涂料，氨基、羟基、羧基3种固化方式。不同基材的环氧树脂底漆采用的防锈颜料有所不同，铝基材常采用锌黄作为防锈颜料，锌黄是铬酸锌钾的复盐，化学式为 $4ZnO \cdot K_2O \cdot 4CrO_3 \cdot 3H_2O$。锌黄颜料具有阳极保护钝化和阴极阻蚀剂的作用，当水分渗到表面时，会溶出铬酸根离子，使金属表面生成铬酸盐钝化膜，从而抑制电化学腐蚀。铁基材常采用铁红作为防锈颜料，与锌黄颜料不同，铁红颜料主要是物理防锈，同时铁红颜料可以增加涂层致密性和机械强度。

2.2.2 丙烯酸树脂涂料

丙烯酸树脂以丙烯酸酯、甲基丙烯酸酯等少量烯类单体共聚而成，所用单体比例不同，所得树脂的性质也不同，其基本结构为

$$\mathrm{-[CH_2-CH]_{\mathit{m}}-[CH_2-\underset{CH_3}{\overset{COOR'}{C}}]_{\mathit{n}}-}$$
$$\underset{COOR}{|}$$

丙烯酸树脂涂料包括热缩性和热固性两种。

热缩性丙烯酸树脂是线型高分子，不含活性官能团。为保证涂膜的物理、化学性能，热缩性丙烯酸树脂的分子量需要足够大，并由大量溶剂溶解稀释，所以一般固含量较低（20%～30%）。在电子装备中部分印制电路板可选择热缩性丙烯酸聚氨酯涂料进行防护。

热固性丙烯酸树脂中含有一定的官能团，可与氨基、环氧、聚氨酯等树脂中的羟基、环氧基、异氰酸酯基团等发生交联反应，形成具有不同性能的涂膜。热固性丙烯酸树脂的交联反应是通过链上的官能团进行的，所以官能团不同，所采用的交联方法也有所不同，通常含羟基的丙烯酸聚氨酯树脂反应有如下几类[1]：

1. 与氨基树脂反应

$$\mathrm{>N-CH_2OR + -OH \longrightarrow >N-CH_2-O-}$$

丙烯酸氨基树脂涂料的固化温度较低，涂膜丰满且有优异的硬度、耐候性、保光性、保色性、柔韧性和耐化学药品性，所以应用较广，特别是在汽车涂装中用量很大。

2. 与环氧树脂反应

$$-\text{CH}-\text{CH}_2 + \text{—OH} \longrightarrow -\text{CH}-\text{CH}_2-\text{O}-$$
$$\quad\;\;\backslash\text{O}/ \qquad\qquad\qquad\qquad |$$
$$\qquad\qquad\qquad\qquad\qquad\quad\text{OH}$$

在丙烯酸树脂中引入环氧树脂链段后，涂料在钢铁等基体上的附着力增强，耐蚀性提高，但户外耐光老化性能降低。

3. 与异氰酸酯反应

$$-\text{N}=\text{C}=\text{O} + \text{—OH} \longrightarrow -\text{NH}-\underset{\underset{\text{O}}{\|}}{\text{C}}-\text{O}-$$

上述反应可以在常温下进行，得到的丙烯酸聚氨酯树脂具有高光泽、耐磨、耐水、耐化学腐蚀等性能，目前电子装备中采用的丙烯酸聚氨酯面漆多数通过以上反应获得。

2.2.3 聚氨酯树脂涂料

聚氨酯树脂又称聚氨基甲酸酯树脂，是分子结构中含有相当数量的氨基甲酸酯（—NHCOO—）的一类高分子化合物。

$$\begin{matrix} \text{H} & \text{O} \\ | & \| \\ \sim\text{N}-\text{C}-\text{O}\sim \end{matrix}$$

为保证涂层的耐光老化性能，电子装备中应用的多是脂肪族聚氨酯涂层，即采用已二异氰酸酯（HDI）、三甲基已二异氰酸酯（TMDI）等脂肪族异氰酸酯与多元醇树脂结合而成。脂肪族聚氨酯涂料通常是双组分，甲组分为含羟基聚合物，乙组分为异氰酸酯（或加成物），其反应式如下：

$$\text{R}-\text{N}=\text{C}=\text{O} + \text{R'OH} \longrightarrow \text{R}-\overset{-}{\text{N}}=\overset{+}{\text{C}}-\overset{-}{\text{O}} \longrightarrow \left[\text{R}-\text{N}=\text{C}-\text{OH}\atop\qquad\qquad |\atop\qquad\qquad\text{OR'}\right] \longrightarrow \text{R}-\overset{\text{H}}{\overset{|}{\text{N}}}-\overset{\text{O}}{\overset{\|}{\text{C}}}=\text{O}\atop\qquad\qquad\qquad\qquad\qquad\qquad\qquad\qquad\qquad\qquad\qquad\qquad\qquad\qquad\qquad\qquad\qquad |\atop\qquad\qquad\qquad\qquad\qquad\qquad\qquad\qquad\qquad\qquad\qquad\qquad\qquad\qquad\qquad\qquad\qquad\text{OR'}$$

脂肪族聚氨酯涂料的主要优点如下：

（1）聚氨酯涂料中的氨酯键可在各聚合物分子之间形成氢键，这种氢键在吸收外来能量后可重复形成和断开，使涂膜具有优异的机械耐磨性和韧性[1]。

（2）脂肪族聚氨酯中无 C—C 不饱和键，耐光老化性能较好。
（3）涂膜中含有极性基团仲胺基，可与多种基材结合，附着力强。
（4）涂膜具有较好的耐化学品性能。
（5）能与多种树脂并用，配成多种类型的聚氨酯涂料，如聚酯、聚醚、环氧树脂、含羟基丙烯酸树脂、有机硅树脂、醇酸树脂等。
（6）低温固化性能良好，可在 0℃ 的环境下正常固化。

2.2.4 氨基树脂涂料

氨基树脂涂料主要有两种，即三聚氰胺甲醛树脂和尿素甲醛树脂。氨基树脂颜色浅、硬度高、光泽度高且不易泛黄，因而具有较高的装饰性。同时耐酸、耐碱、耐水、耐有机溶剂等性能优异，具有较高的保护性，但树脂固化时聚合度高，因而成膜后脆且硬。氨基树脂涂料固化后形成的涂膜中主要的官能团为醚键，极性小，因而在钢铁等极性基体上附着力差，所以单纯氨基树脂并不适合做涂料，但氨基树脂可与醇酸树脂、丙烯酸树脂等其他树脂结合使用，均衡漆膜的综合性能。

表 2-2 中 A04-9 各色氨基烘干树脂涂料就是以氨基树脂和醇酸树脂为主要成分的双组分涂料，两者组合可避免单独应用时的一部分缺点。氨基树脂单独使用时容易出现附着力差、硬度高、涂膜脆的现象，但和醇酸树脂等带有羟基的树脂组合应用时可提升附着力，调节硬度，提高柔韧性。醇酸树脂链上具有活泼的酯键，耐碱性较差，在湿气和碱性环境下容易发生水解和皂化反应，而氨基树脂的存在可以提高位阻效应，提升皂化难度。

在电子装备中氨基树脂常用于舱内机箱外表面和天线罩内结构件表面的防护。

2.2.5 醇酸树脂涂料

醇酸树脂是由多元醇（如甘油、季戊四醇等）、二元酸与干性油或半干性油聚合而成的类酯结构高聚物。

醇酸树脂分子中含有多个强极性酯键、醇羟基和羧基，因此醇酸树脂漆与钢铁、木材等强极性基体有良好的结合力，但主链酯键的存在使得涂膜不能长期在强酸、强碱等介质中使用。醇酸树脂侧链的脂肪基主要由 C—C 构成，与其他树脂具有良好的混溶性，可采用氨基树脂、丙烯酸树脂等其他树脂改性。醇酸树脂固化主要依靠链上的不饱和双键氧化聚合，固化速度慢，涂膜硬度低，同时醇酸树脂表面固化比内部快得多，所以表面容易出现干燥收缩，导致涂膜起皱。

醇酸树脂漆油链的引入，可以看作是对聚酯树脂的改性，在保证良好的丰满度、光泽度的同时，提高涂膜的弹性、韧性和耐候性，可作为一般装饰性涂料。

醇酸树脂漆在电子装备防护体系中应用较少，仅在机箱机柜（铝合金）与天伺馈系统结构件（钢材、铝材和玻璃钢）涂层体系中部分作为中间漆和面漆使用。

2.2.6 聚酯树脂涂料

聚酯树脂涂料是以聚酯树脂为主要成膜物质的涂料，它是由多元醇和多元酸缩聚而成的。聚酯树脂广泛应用于中高档涂料、低污染的高固体分涂料、粉末涂料中。

电子装备常用聚酯树脂涂料采用饱和聚酯树脂作为基料，树脂上的羟基通过与异氰酸酯、氨基树脂等树脂交联固化成膜。它的特点是光泽度高、丰满度好、硬度高、柔韧性好、耐磨和耐热性好、保光和保色性良好。

2.2.7 元素有机涂料

元素有机漆是以有机硅、有机氟、有机钛等为主要成膜物的一类涂料。元素有机高分子化合物是介于有机高分子和无机高分子之间的一种化合物，具有特殊的热稳定性、化学惰性、绝缘性、耐水性、耐寒性。

1. 有机硅树脂涂料

有机硅树脂涂料是以有机硅树脂为主要成膜物的一类涂料。有机硅树脂是以硅氧键为主链、烷基为侧链的高分子化合物，所以兼有有机、无机聚合物的特点。

$$\begin{array}{c}
\text{R} \quad\quad \text{R} \quad\quad \text{R} \quad\quad \text{R} \\
| \quad\quad | \quad\quad | \quad\quad | \\
\text{O—Si—O—Si—O—Si—O—Si—OH} \\
| \quad\quad | \quad\quad | \quad\quad | \\
\text{R} \quad\quad \text{O} \quad\quad \text{R} \quad\quad \text{O} \\
\quad\quad\quad | \quad\quad\quad\quad | \\
\text{R} \quad\quad \text{R} \quad\quad \text{R} \quad\quad \text{O} \\
| \quad\quad | \quad\quad | \quad\quad | \\
\text{O—Si—O—Si—O—Si—O—Si—OH} \\
| \quad\quad | \quad\quad | \quad\quad | \\
\text{R} \quad\quad \text{R} \quad\quad \text{R} \quad\quad \text{R}
\end{array}$$

一般情况下，C—C 的键能为 345.6kJ/mol，C—O 的键能为 351kJ/mol，而 Si—O 的键能为 443kJ/mol，所以有机硅树脂稳定性高于一般树脂。有机硅树脂分子以硅原子为中心，呈对称状态，所以整个分子极性很小，分子间力小，且结构中不含活性基团，因而具有极好的耐水性、耐候性、耐低温性、电绝缘性和耐化学性，但是在金属等基体上附着力小、耐溶剂性差、机械强度低，所以在户外电子装备结构件上较少应用，主要用作屏蔽盒及印制电路板的防护涂层。

因为有机硅树脂价格高，所以除要求特别耐高温外，一般将有机硅树脂用作改性材料，可提高传统树脂涂料的性能。例如，通过冷拼或混合的方式形成的有机硅改性醇酸树脂，可有效提高醇酸树脂的户外耐久性和耐热性。改性时有机硅的用量通常在 20%~30%，如果利用有机硅中间体对醇酸树脂进行化学改进，效果会更加明显[2]。

2. 氟树脂涂料

以含氟烯烃，如四氟乙烯（TFE）、三氟氯乙烯（CTFE）、偏二氟乙烯（VDF）、氟乙烯（VF）等单体为基本单元进行均聚或共聚，或以此为基础与其他单体进行共聚，以及侧链上含有氟碳化学键的单体自聚或共聚而得到的分子结构中，含有较多氟碳键（C—F）的聚合物称为氟碳树脂，以它为基础制成的涂料称为氟树脂涂料。

由于氟原子半径较小，C—F 的键能为 451~485kJ/mol，所以具有极低的表面自由能和很高的耐热性。由于 C—C 主链中不含活性官能团，且 F 原子可对 C—C 主链起到屏蔽作用，使氟树脂具有优良的耐酸、耐碱、耐有机溶剂、耐高温介质、不燃等性能，甚至可耐液氧氧化；由于氟树脂的表面张力低，所以具有良好的抗油、抗水、抗污染及表面不黏性；由于氟树脂摩擦系数很小，所以具有优良的耐磨性；由于氟树脂结构特殊，所以耐候性优异，可作为长效户外涂料，如在高腐蚀严酷度地区的天线伺服系统中常用氟树脂涂料作为防护面漆。

2.3 防护涂层配套

对防护涂层体系而言，防护涂料是含有大量溶剂的液状物或尚未发生交联反应的分离组分，只有通过一定的涂覆工艺将其涂覆于工件上，形成网状涂膜后才能真正发挥涂料的保护和装饰作用,这一过程不但涉及涂料的选用,还包括涂层配套设计、涂装等程序,每一个程序对最终形成防护涂层的性能均有重大影响。

2.3.1 防护涂层配套设计影响因素

一般情况下,基材与表面处理类型、使用环境、涂料选用、涂层耐久性等因素均会影响防护涂层的配套设计,防护涂层配套设计影响因素如图 2-1 所示。

图 2-1 防护涂层配套设计影响因素

1. 基材与表面处理类型

电子装备基材种类包括:碳钢或低合金钢、铝及铝合金、镁合金、铜及铜合金、复合材料等。表面处理类型根据基材种类的不同有所区别,电子装备主要表面处理类型如表 2-3 所示。

表 2-3 电子装备主要表面处理类型

基 材 种 类	表面处理类型
碳钢或低合金钢	热喷涂锌、热喷涂铝、热浸锌、电镀锌等
铝及铝合金	化学导电氧化、阳极氧化、化学镀镍、微弧氧化等
镁合金	化学氧化、阳极氧化等
铜及铜合金	电镀银、电镀锌等
复合材料	细砂纸打磨等

2. 涂层耐久性

防护涂层的耐久性在 ISO 12944—1: 2017 中划分为 4 个等级,不同的耐久性等级选用的配套体系有所不同。

低(L):不超过 7 年;

中等(M):7~15 年;

高(H):15~25 年;

很高(VH):大于 25 年。

3. 使用环境和涂料选用

使用环境和涂料选用应结合来看,即涂料特性需要与使用环境特点契合,使用环境包括自然环境和诱发环境,具体内容在第 3 章中介绍。国内典型自然环境类型对防护涂料性能的要求如表2-4所示。

表2-4 国内典型自然环境类型对防护涂料性能的要求

自然环境类型	对防护涂料性能的要求
湿热海洋大气环境	良好的耐光老化和介质屏蔽性能
亚湿热工业环境	良好的耐化学老化、耐化学介质性能和介质屏蔽性能
暖温高原环境	良好的耐光老化和耐温度冲击性能
湿热雨林环境	良好的抗霉性和耐水性
干热沙漠环境	良好的耐光老化、耐高温和耐磨性
寒冷乡村环境	良好的耐低温性能和优异的韧性

结合使用环境特点和防护涂层性能要求,可给出推荐选用的涂料种类,如GB/T 20644.1给出高原、干热、干热沙漠中金属表面常用涂料,如表2-5所示。

表2-5 高原、干热、干热沙漠中金属表面常用涂料

涂覆目的	涂　　料
防腐	醇酸树脂涂料、酚醛树脂涂料、氨基树脂涂料、丙烯酸树脂涂料、环氧树脂涂料、聚氨酯涂料、有机硅涂料等
耐磨	环氧聚酰胺树脂涂料、环氧酚醛树脂涂料、环氧改性单组分聚氨酯树脂涂料、有机硅改性聚氨酯涂料等
耐候	有机硅醇酸树脂涂料、醇酸树脂涂料等

4. 经济性

满足装饰和保护功能是涂层配套设计首先要考虑的因素,在这个基础上可以考虑如何降低成本,这其中不但包括涂料本身的成本,还包括基材表面处理、涂装甚至后期维护等方面的成本。

5. 健康、安全、环境

为保证施工和使用过程中相关人员的健康、安全与保护环境,需要考虑涂料是否含有毒或致癌物质。在施工过程中需要减少 VOC 的排放,并做好材料回收和废物处理等。

2.3.2 电子装备表面预处理

在材料加工成型后,需要对其表面进行一系列的预处理,目的是清除材料表面附着的杂质,增加表面粗糙度,提高基体与覆盖层之间的结合强度,使材料具备一定的防护效果或特定功能,同时为后续的涂装工艺做准备。由于电子装备零部件基材种类及后续处理工艺的差异,会对表面预处理方法和具体工艺参数的选择产生影响,因此可根据基材种类将电子装备材料的表面预处理工艺分为金属材料、复合材料和印制电路板组件表面预处理工艺3个方面。

1. 金属材料表面预处理工艺

应用于电子装备中的金属材料包括铝合金、碳钢、不锈钢、铜合金等,其典型的应用对象包括天线伺服系统、机箱机柜、屏蔽盒等。根据预处理顺序及工序目标的差异,可将常见的金属基材表面预处理工艺方法进行分类,如表2-6所示。

表2-6 常见的金属材料表面预处理工艺方法

分 类	具体工艺方法	主 要 目 的
机械法	磨光、吹砂、抛光、超声除油等	去除表面的锈迹、污物、氧化层等
化学法	除油、酸洗、表面活化、化学抛光、化学浸蚀、化学氧化、磷化、钝化、铬化、化学镀等	进一步清理表面、活化表面,为后续处理做准备
电化学法	电化学抛光、电化学除油、电化学弱浸蚀、阳极氧化、预镀等	进一步清理表面、活化表面,为后续处理做准备

机械法是利用机械工具采用物理方式对金属材料进行表面磨削、抛光等处理的工艺方法。例如,抛光工艺可使金属表面平整光亮,能提高反射系数和耐蚀能力,是电镀、氧化、焊接前的准备工序,主要应用于镍合金、铜合金、铝合金、钢铁等材料表面[3]。

化学法是利用化学试剂对金属材料表面进行除油、酸洗、表面活化、化学镀等处理的工艺方法。

除油工艺主要用于去除金属表面在机械加工或存储过程中残留的润滑油、防锈油、抛光膏等油脂或污物;主要的除油方式包括有机溶剂除油,碱液除油,催化剂除油等;常用的有机除油剂包括汽油、酒精、二甲苯、三氯乙烯等;常用的化学除油剂包括苛性钠(NaOH)、磷酸钠($Na_3PO_4 \cdot 12H_2O$)、水玻璃等[4]。

酸洗工艺又称为浸蚀,是将金属工件浸入酸或酸性盐溶液中,除去金属表面的氧化膜、氧化皮及锈蚀产物的过程,常用的酸有盐酸、硫酸、硝酸、铬酐等。表面活化工艺又称为弱浸蚀,主要目的是剥离工件表面的加工变形层及在预处理工艺中生成的极薄氧化膜,使基体组织暴露,以便镀层金属良好地附着在基体表面。

表面活化所采用的溶液浓度较低，处理时间短，且多在室温下进行。金属材料经过弱浸蚀后，一般立即清洗并进行下一步的化学镀工序。

化学镀是在无外加电源的条件下借助合适的还原剂使镀液中的金属离子还原成金属，并沉积到基材表面的过程，其实质是化学氧化还原反应，伴随有电子的转移。化学氧化是利用化学氧化剂与金属反应，并在其表面形成一层氧化膜的过程，常用的方法包括氟化法、醋酸法、明矾法、重铬酸钾—硫酸锰法、重铬酸钠—硫酸锰法、苯甲法、硝酸法等，主要适用于钢铁、铝合金、镁合金等材料。磷化工艺一般可在以锌、锰、钙、碱金属或氨的磷酸盐为主要成分的溶液中进行，根据处理温度的不同，可将其分为高温型、中温型、低温型和常温型，主要应用于钢铁材料表面处理[5]。

电化学法是在外加电源的作用下，对金属材料表面进行抛光、除油、活化等处理的工艺方法。电化学弱浸蚀一般在电流密度 5~10A/dm^2 的条件下，用浓度低的溶液进行阳极处理来溶解氧化膜或进行阴极处理，使表面氧化膜还原成金属。阳极氧化是异种金属在电解液中连接成电流通路，并在外加电流的作用下形成原电池，从而在阳极金属表面形成一层氧化膜的过程。通常应用于铝合金表面处理，常见的类型有硫酸阳极化、铬酸阳极化等[6]。

根据金属材料具体应用部位所处的环境特点，选取合适的表面处理工艺方法和步骤，以达到特定的功能或效果。以应用于屏蔽箱、天线伺服系统和机箱机柜的金属材料的表面预处理工艺为例，列举了典型的表面预处理工艺过程和相关参考标准，如表 2-7~表 2-9 所示。

表 2-7 屏蔽箱金属材料的表面预处理工艺

部位/基体材料	表面处理工艺	参 考 标 准
铝板	化学镀镍	HB/Z 5071—2004
低碳钢	镀锌、镀镍	GB/T 13912—2002

表 2-8 天线伺服系统金属材料的表面预处理工艺

部位/基体材料	表面处理工艺	参 考 标 准
黑色金属构件和连接件	镀锌	GB/T 13912—2002
大尺寸构件	高等级喷砂+热喷锌	GB/T 9793—2012
铝和铝合金材料	铬酸阳极化	GB/T 8013.1—2018
高频组件、导电表面（铜）	镀银	HB/Z 5074—1993

表 2-9 机箱机柜金属材料的表面预处理工艺

部位/基体材料	表面处理工艺	参 考 标 准
不锈钢	磷化	GB/T 6807—2001
	吹砂、磷化	

续表

部位/基体材料	表面处理工艺	参 考 标 准
铝合金	化学氧化、阳极化	HB/Z 5077—78
	铬酸阳极化	HB/Z 118—87

2. 复合材料表面预处理工艺

应用于电子装备中的复合材料主要是玻璃纤维/树脂复合材料,其典型的应用对象为天线伺服系统中的雷达罩等。常见的复合材料表面预处理工艺方法如表 2-10 所示。

表 2-10 常见的复合材料表面预处理工艺方法

分　类	具体工艺方法	主 要 目 的
机械法	打磨、吹砂等	去除表面的污物等
化学法	去胶、除油、粗化、活化、清洗、烘干、冷却等	进一步清理表面、活化表面、为后续处理做准备

复合材料纤维表面在生产过程中容易附着有机杂质和污染物,表面较为粗糙,因此在开展后续的镀覆或涂装工艺前需要进行去胶、除油处理。目前较为常用的去胶方法为高温灼烧法和有机溶剂法[7]。温度和灼烧时间是高温灼烧法的两个关键因素,温度过低或者灼烧时间不足,会导致复合材料纤维表面除胶不完全;温度过高或者灼烧时间过长,会导致复合材料纤维质量损失,表面氧化严重,对后续处理带来不利影响。有机溶剂法所使用的有机溶剂一般为丙酮和硝酸。

粗化是影响覆盖层质量的关键工序,主要是利用粗化剂(强氧化性试剂)的氧化侵蚀作用来改变复合材料基体表面的微观结构,从而达到适当的表面粗糙度,以增大复合材料纤维的比表面积,增强与涂覆层的结合力。粗化剂主要为强酸,如浓硝酸、浓硫酸、浓磷酸等[8]。

由于复合材料纤维表面不具有催化活性,因此需要在复合材料纤维表面吸附一层易氧化物质,以便在活化时将活化剂还原为具有催化性的金属原子,故需要对清洗后的复合材料纤维进行敏化和活化处理。工业常用的敏化剂为氯化亚锡水溶液或三氯化钛水溶液[9]。当复合材料纤维化学镀中所用的敏化剂为氯化亚锡水溶液时,加入盐酸进行酸化,加入锡粒可防止二价锡离子氧化。活化处理是将敏化后的复合材料纤维置于含有催化活性的贵金属化合物的活化液中,使复合材料纤维表面形成具有均匀催化结晶中心的贵金属,从而使得化学镀能自发进行。目前常用的活化液有银氨活化液和胶体钯活化液,银氨活化液主要用在化学镀铜方面,胶体钯活化液最早由 Shipley[10]在 1961 年提出,主要用于化学镀钴、化学镀镍等过程。

根据复合材料表面后续的具体工艺,可选取合适的表面处理工艺方法和步骤,以达到特定的功能或效果。以应用于雷达罩的复合材料为例,列举了典型的表面预处理工艺，如表2-11所示。

表2-11 雷达罩的复合材料表面预处理工艺

部位/基体材料	表面准备
玻璃钢	打磨或吹砂→清洗表面→水膜连续→烘干→室温冷却
	细砂纸打磨
	打磨→乙醇清洗

3. 印制电路板组件表面预处理工艺

应用于电子装备中的印制电路板组件包括隔板、搭铁线、盖片、针脚、紧固件、弹簧等。常见的电路板组件表面预处理工艺方法如表2-12所示。

表2-12 常见的电路板组件表面预处理工艺方法

分类	具体工艺方法	主要目的
机械法	打磨、吹砂等	去除表面的污物等
化学法	导电氧化、阳极化、钝化、镀锡、镀银、清洗、水膜连续、烘干、冷却等	获得不同功能的表面膜层，并对表面进行清理、为后续处理做准备

印制电路板表面预处理的目的，一方面是除去铜表面上的氧化物、油脂和其他杂质，另一方面是粗化板面，使之能与铅锡有良好的结合力。目前，普遍采用的预处理方式为化学预处理，微蚀药水通常采用过硫酸钠+硫酸体系或过硫酸铵+硫酸体系，过硫酸钠+硫酸体系对污水处理更加有利[11]。

根据印制电路板组件的具体材料类型和功能，可选取合适的表面预处理工艺方法和步骤，以达到特定的功能或效果。以应用于某航空电子控制器中的印制电路板组件的表面预处理工艺为例，列举了典型的表面预处理工艺，如表2-13所示。

表2-13 印制电路板组件表面预处理工艺

组件部位	材料及牌号	表面处理工艺
隔板	3A21	导电氧化
固定架	5A06	硫酸阳极化
紧固件	1Cr18Ni9Ti	钝化
弹片、垫圈、连接柱、螺钉等	022Cr17Ni12Mo2	钝化
定位销	0Cr17Ni4Cu4Nb	化学镀镍
弹簧圈	65Mn	镀锌、钝化
固定柱	45#钢	镀镍
搭铁线	铜	镀锡
盖片	H62	钝化
针脚	QBe2	镀银

2.3.3 涂料选用

1. 底漆选用

1）选用原则

底漆是整个涂层体系的基础，它的主要作用是为整个涂层体系提供防腐性和对基材的附着力。底漆的涂装质量对涂层体系的防护效果和使用寿命至关重要。底漆一般要求[12]：

① 底漆应对基材和下一道涂料具有良好的附着力，因此通常选择树脂链中富含羟基、羧基等极性基团的醇酸、环氧类涂料作为底漆。

② 防腐底漆应具有良好的介质屏蔽性，在设计底漆时要选用片状颜料的涂料，这样可切断涂层中的毛细孔，延长腐蚀介质的通过路径，屏蔽水、氧和离子等腐蚀因子。

③ 底漆中应含有大量的颜料和填料，以增加表面粗糙度，增加与中间漆或面漆的层间贴合面积；同时要求底漆的收缩率较低，减少溶剂挥发及树脂交联固化中体积收缩对涂膜附着力的影响。

④ 在严酷环境下可使用富含锌、铝等活泼金属粉末的牺牲阳极底漆，以提升防护性能。

底漆和基材配套需要注意以下事项：

同一种涂料作为底漆应用在不同基材上，涂覆效果会有所差别，如红丹防锈漆对铝不仅不起防锈作用，反而起腐蚀作用，铝适宜采用具有钝化作用的锌黄颜料底漆；镁合金表面在潮湿环境中呈碱性，因此要求配套底漆的耐碱性较好，可选用环氧聚酰胺底漆或乙烯磷化底漆；锌镀层表面不宜与油基漆配套。

根据所用树脂基料的种类，目前底漆主要分为环氧体系和聚酯体系两大类；根据交联剂的种类，底漆又可分为氨基树脂、封闭异氰酸酯树脂等。环氧底漆和聚酯底漆各有优点，但也均存在明显不足，如表2-14所示。

表2-14 环氧底漆与聚酯底漆特性对比

项 目	环氧底漆	聚酯底漆
树脂基料	环氧树脂	以支链小分子聚酯为主，可用合适的环氧树脂
交联剂	氨基树脂、封闭异氰酸酯树脂	氨基树脂、封闭异氰酸酯树脂
优点	与基材（特别是金属基材）的湿附着力好；耐盐雾性能好	柔韧性略优于环氧树脂；成本较低
缺点	柔韧性差；由于可交联官能团较多，底漆膜太硬，导致与面漆的层间附着力不够	柔韧性和附着力一般；底漆膜较致密，与面漆的层间附着力、配套性能一般；基材适应性差

底漆选用与基材或表面改性层种类密切相关,不同金属适用的底漆类型如表 2-15 所示。

表 2-15 不同金属适用的底漆类型

金 属 种 类	底 漆 类 型
黑色金属	环氧富锌底漆、聚氨酯底漆、醇酸底漆、环氧酯底漆等
铝及铝合金、镁合金	环氧聚氨酯底漆、环氧聚酰胺底漆、丙烯酸聚氨酯底漆等
铜及其合金	环氧酯底漆、环氧聚酰胺底漆、丙烯酸聚氨酯底漆等

2)钢的防护底漆

结构钢在电子装备中广泛用于制造承力结构件、连接件、紧固件和弹性件等。在户外环境下应用的结构钢表面极易与周围介质(水汽、盐分、SO_2等)发生化学及电化学反应,从而发生腐蚀,所以一直以来结构钢的防腐问题备受关注。各种新技术、新工艺和新产品被广泛应用于结构钢的防护工程中,各种耐腐蚀、耐候性和施工性能俱佳的涂层配套体系也得到广泛应用。

通常,钢防护体系的耐腐蚀性的优劣首先取决于钢与底漆的配套性的优劣。底漆应对钢铁表面具有良好的附着力和润湿性,对中间层附着牢固;成膜物质可有效屏蔽水分、氧气、腐蚀性离子等;所用颜填料应具有缓蚀功能和阴极保护功能。只有具备以上基本功能才可减少外界环境的影响,达到阻止钢铁表面腐蚀电池形成和扩展的目的。钢结构防锈底漆的常用品种有环氧酯底漆、环氧富锌底漆、聚氨酯底漆、醇酸底漆等。

环氧酯底漆由环氧酯涂料、防锈颜料、助剂、催干剂、溶剂等组成,漆膜坚韧,具有良好的附着力、柔韧性、耐冲击和防腐蚀性能。

环氧富锌底漆以环氧树脂、锌粉、硅酸乙酯为主要原料,添加增稠剂、填料、助剂、溶剂等配料组成的特种涂料。环氧富锌底漆中的金属锌电化学活性比铁强,当水分子侵入时,在阳极区的锌会因失去电子而发生腐蚀,在阴极区的结构钢表面不断得到电子而受到保护。同时,锌作为牺牲阳极形成的氧化物还可对基材起到封闭作用,提高防护效果。环氧富锌底漆常作为长效型钢结构重防腐涂层体系的底漆,具有自然干燥快、防腐性能优异、附着能力强、耐水性能优的特点。

聚氨酯底漆由含羟基的聚氨酯树脂、耐磨防腐颜料、溶剂、助剂、固化剂等组成,其特点是附着力强,具有良好的耐腐蚀性、耐油性、耐水性、耐磨性和韧性,较适用于湿热地区。

醇酸底漆是由醇酸树脂、铁红、防锈颜料、填料、助剂等组成的自干型防锈涂料。醇酸底漆保护性能良好、附着力强、机械性能好、填充能力强、干燥快、配套性能好,与各种强溶剂面漆均可配套使用。

3）铝合金的防护底漆

铝及铝合金由于具有强度高、密度小、导电性及导热性强、力学性能优异、可加工性好等优点，广泛应用于化学工业、航空航天工业、汽车制造业、食品工业、电子工业、仪器仪表业及海洋船舶工业等领域。在自然条件下，铝合金表面容易形成一层厚约 4nm 的自然氧化膜，这层氧化铝膜在干燥大气中具有一定的稳定性，在中性和近中性的水及一般大气中的耐蚀性也很好，而在酸性和碱性介质中，氧化铝膜发生溶解，耐蚀性降低。在海水及海洋大气环境条件下，小粒径的氯离子容易吸附在氧化膜表面并出现渗透，从而破坏氧化膜结构。在工业和海洋大气环境下应用时，铝合金材料需要合理选用涂料进行防护。

选用与铝合金基材配套的底漆，应遵循以下原则：

① 涂料中一般不应添加电位比铝正的金属材料，以免发生电化学反应。

② 涂料中的活性颜填料在水中不应发生水解，形成碱性环境，防止涂层在渗水后与铝合金基材发生腐蚀反应。

③ 涂料添加的活性颜填料不应与铝发生氧化还原反应，如铁红颜料[13]。

4）不锈钢的防护底漆

不锈钢是一种能耐大气、海水、酸雨及其他腐蚀介质的腐蚀，具有高度化学稳定性的钢种。不锈钢的耐腐蚀性主要取决于其中 Cr 的含量，当 Cr 含量高于 12%时，其化学稳定性才产生质变。不锈钢中除含有 Cr 外，还含有一定数量的 Ni、Mn、Si、Mo、Ti、Cu 等多种元素，这些元素相互影响，一方面发挥调整组织作用，另一方面发挥强化作用，从而赋予不锈钢不同的特性。不锈钢在应用过程中受氧气作用容易形成一层薄而致密的氧化表层，可抵御多数环境下的腐蚀作用。目前在腐蚀严酷度较高地区户外服役的电子装备中，如机箱机柜、天线伺服系统结构件等常应用到不锈钢材料，如 304、316L 等。

不锈钢在腐蚀严酷度较低的地区可表现出优异的耐腐蚀性能，在应用时不需要涂覆防护涂层，但在腐蚀严酷度较高的地区，不锈钢裸件在短期内就可能会发生腐蚀，如无涂层防护的 1Cr18Ni9Ti、316L 在南海岛礁应用 1 年后会发生 8 级点蚀。

选用不锈钢防护底漆需要考虑以下因素：

① 涂层需要具有优异的致密性。由于不锈钢特殊的腐蚀机理，涂层任何微小的缺陷都可能导致腐蚀物质的渗透，产生孔蚀，对不锈钢基体造成极大的破坏；

② 涂层需要具有优异的附着力。由于不锈钢表面光滑，液态涂料在其表面的润湿性不好，必须选择润湿性和附着力优异的涂层体系。

③ 涂料需要具有良好的施工性能和物理机械性能。选择不锈钢表面的底漆，需要兼顾漆膜的硬度、柔韧性、涂料的流平性能和施工使用期。

2. 中间漆、面漆选用

中间漆主要作用是提高涂膜的厚度和平整度，从而强化整个涂装配套体系的防腐和装饰性能。中间漆一般要求[12]：

（1）中间漆应对底漆和面漆均有良好的附着力，有些底漆表面不能直接涂覆面漆，如富锌底漆表面直接涂装含有醇酸树脂的面漆，会因酸性成膜物与锌粉反应生成皂类造成剥落，此时需要一层对底漆和面漆均有良好附着力的环氧类中间漆将面漆、底漆隔离开。

（2）中间漆一般采用厚膜型涂料，以增加整个涂层的防腐性能。有些涂层的防腐性能依赖于涂层体系的总体厚度，有些底漆无法涂厚，面漆成本过高，所以合理使用中间漆，既可以保证整体膜厚又可以缩减成本。

（3）有些特殊功能可通过中间漆来实现，如大型装备要求安装后整体涂装面漆，中间间隔时间较长，可涂装环氧云母氧化铁中间漆以避免底漆过早老化。

面漆是与大气及周围环境因素直接接触的涂层，它具有以下特性和功能：

（1）面漆是涂层体系中最外层的致密屏蔽膜，用于屏蔽外界大气及环境因素的破坏及腐蚀，延长涂层体系使用寿命，所以面漆选用需要结合实际应用环境的特点。

（2）具备优异的机械性能，硬度高、耐磨损，能防止人为划伤、碰伤。

（3）具有装饰作用，使电子装备表面平滑、丰满、具有适当光泽和各种颜色，保光、保色性好。

常用的电子装备面漆种类有氨基树脂漆、丙烯酸聚氨酯树脂漆、氟聚氨酯树脂漆、氟碳树脂漆等。

底漆与面漆需要配套应用，同类溶剂的涂料可以相互配套，同漆基的底漆与面漆可相互配套。若配套不当容易导致涂层体系的附着力较差，在应用时会出现龟裂、脱落和机械特性下降等现象。

底漆和面漆的配套选用需要考虑如下因素：

（1）底漆和面漆应有大致相近的硬度和收缩率。硬度高的面漆与硬度低的底漆配套使用常产生起皱的弊病；底漆、面漆干燥收缩率的不同易造成涂层龟裂。若无法找到硬度相近的底漆、面漆，也应遵循下硬上软的原则。

（2）底漆和面漆所用溶剂需要配套。一般情况下底漆所用溶剂的极性需要小于面漆所用溶剂的极性，由强溶剂组成的涂料可以容忍由弱溶剂组成的涂料在其表面涂装，反之则易发生咬底现象。但底漆、面漆所用溶剂的强弱反差不能太大，否则底漆很难被湿润，造成底、面之间结合不牢或层间脱离现象。

（3）底漆和面漆的干燥方式需要配套。一般情况下烘干型底漆需要与烘干型面漆配套，自干型底漆需要与自干型面漆配套。

（4）底漆和面漆在不同的使用环境下适用的配套方式不同。例如，长期在户外服役的装备，经常受阳光等影响，最外层面漆需要选用耐候性较好的涂料，如聚氨酯面漆、氨基醇酸面漆，避免选用环氧等耐候性差的涂料。而室内机箱机柜外表面可选用氨基树脂面漆，内表面可仅涂覆环氧树脂底漆进行防护。

2.3.4 常见防护涂层配套形式

1. 调研配套形式

对目前国内电子装备研制厂应用的防护涂层体系进行调研，然后将其典型结构和配套方式归纳分类，如表 2-16 所示。

表 2-16 电子装备防护涂层典型结构和配套方式

序号	基材	表面处理	配套体系		
			底漆	中间漆	面漆
1	钢铁	喷砂 或磷化 或镀锌 或镀锌镍	环氧聚酰胺底漆	—	丙烯酸聚氨酯面漆
			环氧聚酰胺底漆	环氧云铁中间漆	丙烯酸聚氨酯面漆
			锌黄环氧酯底漆	—	氟碳面漆
			磷化底漆		氨基面漆
2	铝合金	化学氧化 或导电氧化 或有机溶剂或镀锌 或镀铜 或镀银	锌黄环氧酯底漆	—	丙烯酸聚氨酯面漆
			锌黄聚氨酯底漆	—	氟聚氨酯面漆
			锌黄丙烯酸聚氨酯底漆	—	丙烯酸聚氨酯面漆
			铝红丙烯酸聚氨酯底漆	—	氟聚氨酯面漆
			—	—	环氧聚酯粉末涂料
			—	—	环氧聚酰胺磁漆
3	铜合金	钝化 或镀银	环氧底漆	—	丙烯酸聚氨酯面漆
			锌黄环氧酯底漆	—	丙烯酸聚氨酯面漆
4	玻璃钢	打磨、清洗	环氧底漆	—	丙烯酸聚氨酯面漆
			锌黄聚氨酯底漆	—	氟聚氨酯面漆
			环氧底漆	抗雨蚀涂料	抗静电面漆
5	环氧玻璃布层压板	打磨、清洗	—	—	丙烯酸树脂三防漆
			—	—	聚氨酯树脂三防漆
			—	—	有机硅树脂三防漆
			—	—	环氧树脂三防漆
			—	—	Parylene 三防漆

电子装备结构件防护涂层底漆多为环氧树脂漆、聚氨酯树脂漆，面漆多为脂肪族聚氨酯树脂漆、氟聚氨酯树脂漆、氟碳树脂漆、氨基树脂漆等；印制电路板三防漆包括丙烯酸树脂、聚氨酯树脂、有机硅树脂、环氧树脂和 Parylene 五种。

2. SJ 20890 推荐配套体系

目前国内部分标准给出典型的防护涂层配套方式,在防护设计中可参照选用。SJ 20890《电子装备的处理和涂装》根据常用基材类型和应用环境,给出推荐的防护涂层配套体系,如表2-17所示。

表2-17 电子装备常用配套体系(SJ 20890)

选择条件		底 漆	中 间 漆	面 漆
黑色金属	户外	含有铁红、锌粉、三聚磷酸铝等防锈颜料的环氧酯底漆、环氧聚酰胺防锈底漆、聚氨酯防锈底漆等	含有云母氧化铁、锌鳞片等片状填料的底漆及无溶剂的环氧树脂漆等	各色脂肪族丙烯酸聚氨酯磁漆、氨基树脂漆、丙烯酸漆、过氯乙烯漆等
	户内		—	各色丙烯酸聚氨酯磁漆、氨基树脂漆、醇酸磁漆等
有色金属	户外	含有锌黄、锶黄、钡黄等环氧酯底漆、环氧聚酰胺底漆、丙烯酸聚氨酯底漆	含有云母氧化铁、锌鳞片等片状填料的底漆及无溶剂的环氧树脂漆	各色脂肪族丙烯酸聚氨酯磁漆、氨基树脂漆、丙烯酸漆、过氯乙烯漆等
	户内		—	各色丙烯酸聚氨酯磁漆、氨基树脂漆、醇酸磁漆等
高分子材料	结构件	一般不使用底漆,也可根据需要使用过渡底漆		各色丙烯酸聚氨酯磁漆、氨基树脂漆、醇酸磁漆等
	天线罩	一般不使用底漆,也可根据需要使用过渡底漆		各色丙烯酸聚氨酯磁漆、氟碳漆

3. ISO 12944—5 推荐防护涂层体系

ISO 12944—5《色漆和清漆—防护涂料体系对钢结构的防腐蚀保护 第5部分:防护涂料体系》根据不同基材、应用环境和耐久性要求,给出推荐的防护涂层体系,经过实践证明,可指导产品设计人员优选防护涂层体系。

以在腐蚀严酷度等级C4、C5级环境下的服役产品为例,推荐了防护涂层配套体系,如表2-18所示。

表2-18 腐蚀性级别为C4、C5级的防护涂层配套体系(ISO 12944)

腐蚀性级别	基材种类	底 漆			面 漆			耐 久 性			
		基料类型	层数	NDFT/μm	基料类型	层数	NDFT/μm	L	M	H	VH
C4	碳钢	AK、AY	1	80~160	AK、AY	2	100	√			
		AK、AY	1	60~80	AK、AY	2~3	160	√	√		
		AK、AY	1	60~80	AK、AY	3~4	260	√	√	√	
		EP、PUR、ESI	1	80~120	EP、EP、AY	1~2	120	√	√		
		EP、PUR、ESI	1	80~160	EP、EP、AY	2	180	√	√		

续表

腐蚀性级别	基材种类	底漆 基料类型	底漆 层数	底漆 NDFT/μm	面漆 基料类型	面漆 层数	面漆 NDFT/μm	耐久性 L	耐久性 M	耐久性 H	耐久性 VH
C4	碳钢	EP、PUR、ESI	1	80~160	EP、EP、AY	2~3	240	√	√	√	
		EP、PUR、ESI	1	80~240	EP、EP、AY	3~4	300	√	√	√	√
C5	碳钢	EP、PUR、ESI	1	80~160	EP、EP、AY	2	180	√			
		EP、PUR、ESI	1	80~160	EP、EP、AY	2~3	240	√	√		
		EP、PUR、ESI	1	80~240	EP、EP、AY	2~4	300	√	√	√	
		EP、PUR、ESI	1	80~200	EP、EP、AY	3~4	360	√	√	√	√
C4	热浸镀锌钢	EP、PUR、AY	1	80	—	—	—	√			
		EP、PUR	1	80~120	EP、PUR、AY	1~2	120	√	√		
		AY	1	80	AY	2	160	√	√		
		EP、PUR	1	80	EP、PUR、AY	2	160	√	√		
		AY	1	80	AY	2~3	200	√	√	√	
		EP、PUR	1	80	EP、PUR、AY	2~3	200	√	√	√	
≥C5	热浸镀锌钢	EP、PUR	1	80~120	EP、PUR、AY	1~2	120	√			
		AY	1	80	AY	2	160	√			
		EP、PUR	1	80	EP、PUR、AY	2	160	√	√		
		AY	1	80	AY	2~3	200	√	√		
		EP、PUR	1	80	EP、PUR、AY	2~3	200	√	√	√	
		EP、PUR	1	80	EP、PUR、AY	2~3	240	√	√	√	
C4	热喷涂金属	EP、PUR	1	NA	EP、PUR	2	160			√	
		EP、PUR	1	NA	EP、PUR	2	200			√	√
C5	热喷涂金属	EP、PUR	1	NA	EP、PUR	2	200			√	
		EP、PUR	1	NA	EP、PUR	2	240			√	√

注1：AK—醇酸树脂漆；AY—丙烯酸树脂漆；EP—环氧树脂漆；PUR—聚氨酯树脂漆；ESI—硅酸乙酯漆；

2：L：≤7年；M：7~15年；H：15~25年；VH：>25年；

3：其他涂层技术也可能是合适的，如聚硅氧烷、聚天门冬氨酸酯和氟聚合物［氟乙烯/乙烯基醚共聚物（FEVE）］。

2.3.5 电子装备防护涂层体系配套案例

本节给出印制电路板组件、屏蔽盒、波导组件、天线伺服系统结构件、机箱机柜等电子装备部组件常用的防护涂层配套体系案例，以期指导防护涂层体系的选用。

1. 印制电路板组件防护涂层体系配套

印制电路板防护涂层的防护性能对电子装备的环境适应性有着重大影响，尤其是在野外、海上及岛礁等恶劣环境条件下服役的电子装备，因印制电路板防护涂层选用不当引起系统故障的案例屡见不鲜。

目前印制电路板防护涂层主要包括：AR 型丙烯酸树脂涂料、ER 型环氧树脂涂料、SR 型有机硅树脂涂料、UR 型聚氨酯树脂涂料、XY 型聚对二甲苯气相沉积涂料。

AR 型丙烯酸树脂涂料属于单组分涂料，可以常温固化，具有防霉性能，涂层表面光亮平整，易于去除和返工。其缺点是固体树脂含量低，必须喷涂多道，施工时间较长。

ER 型环氧树脂涂料具有价格低，附着力优良，可浸、喷、刷涂等优点，但漆膜应力大，不易去除和返工，导致印制电路板维修困难；

SR 型有机硅树脂涂料具有防潮、防霉性好，高频特性较好，耐高温性能优异且易修复的优点，目前应用较广，适用于高、中、低频印制板组件的涂覆防护。有机硅树脂涂料的缺点是附着力较差、漆膜软且易划伤，在粘灰尘后清洁困难。

UR 型聚氨酯树脂涂料具有耐盐雾、耐湿热、耐磨、价格低，涂层光亮平整，硬度较高，不易划伤等优点。其缺点是固化后不易修理，高频特性较差。

XY 型聚对二甲苯气相沉积涂料具有高频特性优异，环境污染小等优点。其缺点是施工成本高，需要专用设备进行沉积涂覆。

目前，以上 5 种印制电路板防护涂层在电子装备上均有应用，如表 2-19 所示。

表 2-19　印制电路板防护涂层体系

基　材	防护涂层类型	示　例
FR-4、增强聚四氟乙烯板	丙烯酸树脂涂料（AR 型）	1B73、1307
	聚氨酯树脂涂料（UR 型）	TS01-3、S01-20
	有机硅树脂涂料（SR 型）	DC1-2577、DCALO URC
	环氧树脂涂料（ER 型）	H31-3
	聚对二甲苯气相沉积涂料（XY 型）	Parylene C 、Parylene N

2. 屏蔽盒防护涂层体系配套

屏蔽盒包括盒体、盒盖、紧固件等，通常盒体材料以铜合金和铝合金为主，紧固件以碳钢和不锈钢为主。目前屏蔽盒防护涂层常采用双层防护体系，常用配套示例如表 2-20 所示。

表 2-20　屏蔽盒防护涂层配套示例

基　材	表面处理	底　漆		面　漆	
		种　类	示　例	种　类	示　例
铝及铝合金	化学导电氧化	丙烯酸聚氨酯底漆	TB06—9	氟聚氨酯面漆	TS96—71
	化学导电氧化	环氧聚酰胺底漆	H06—27	聚氨酯面漆	S04—81

续表

基 材	表面处理	底漆		面漆	
		种 类	示 例	种 类	示 例
铝及铝合金	化学导电氧化	聚氨酯底漆	S06—N—2	氟碳面漆	Fs—60
	化学导电氧化	—	—	聚酯粉末涂料	—
	化学导电氧化	—	—	环氧聚酯粉末涂料	—
铜及铜合金	化学导电氧化	丙烯酸聚氨酯底漆	TB06—9	氟聚氨酯面漆	TS96—71
	化学导电氧化	环氧聚酰胺底漆	H06—27	聚氨酯面漆	S04—81

3. 波导组件防护涂层体系

波导是能在自身内部传播电磁波的一段专用金属管或内壁金属化的管材,包括直(硬)波导、软波导、弯波导、扭波导等,由波导及两边端口的装接机构所组成的组合件是波导组件。波导及微波电路组件的防护主要是波导、腔体、喇叭等微波器件及紧固件的防护。

波导组件主要以铜合金、铝合金为底材,防护涂层采取双层防护体系,配套示例如表 2-21 所示。

表 2-21 波导组件防护涂层配套示例

基 材	表面处理	底漆		面漆	
		种 类	示 例	种 类	示 例
铝及铝合金	化学导电氧化	水性环氧漆	TH13—81	水性丙烯酸聚氨酯面漆	TS13—62
	化学导电氧化	环氧底漆	H06—2	丙烯酸聚氨酯面漆	S04—60
	化学导电氧化	丙烯酸聚氨酯底漆	TB06—9	氟聚氨酯面漆	TS96—71
	无水乙醇清洗	—	—	有机硅涂料	DC1—2577
铜及铜合金	X06—1 磷化	环氧底漆	H06—2	氟聚氨酯面漆	TS96—71
	镀银	丙烯酸聚氨酯底漆	TB06—9	氟聚氨酯面漆	TS96—71

需要注意的是,在微波电路表面涂覆防护涂层,会改变原有电路的电性能分布参数,可能使微波频率、输出功率发生改变,所以对微波电路表面涂覆的涂层种类、厚度均有较严格的要求。

4. 机箱机柜涂层体系配套

电子装备的集成化、小型化、模块化发展,导致电子装备系统中含有大量的机箱机柜,所以机箱机柜的防护是电子装备防护的重中之重。目前电子装备中的机箱机柜常用结构材料包括铝合金、碳钢和不锈钢等,防护涂层体系以双层和三层体系为主,典型配套示例如表 2-22 所示。

表 2-22 机箱机柜防护涂层配套示例

基 材	防护涂层体系实例	推荐应用环境
铝合金	导电氧化/环氧底漆/聚氨酯面漆	Ⅰ型
	化学氧化/环氧锌黄底漆/丙烯酸聚氨酯面漆	Ⅰ型
	化学氧化/环氧底漆/环氧云铁中间漆/氟聚氨酯面漆	Ⅰ型
	化学氧化/环氧锌黄底漆/氨基面漆	Ⅱ型
	导电氧化/环氧底漆/环氧云铁中间漆/氟碳面漆	Ⅰ型
	化学氧化/环氧锌黄底漆/聚酯粉末涂料	Ⅱ型
	化学氧化/环氧锌黄底漆/过氯乙烯面漆	Ⅰ型
钢	镀锌/环氧铁红底漆/聚酯粉末涂料	Ⅱ型
	镀锌/环氧铁红过氯乙烯底漆/过氯乙烯面漆	Ⅰ型
	镀锌/环氧铁红底漆/丙烯酸聚氨酯面漆	Ⅰ型
	镀锌镍/丙烯酸聚氨酯底漆/氟碳聚氨酯面漆	Ⅰ型
	镀锌/环氧锌黄底漆/氟聚氨酯面漆	Ⅰ型
	喷砂/环氧聚氨酯底漆/聚氨酯中间漆/氟碳面漆	Ⅰ型
	钝化/锌黄丙烯酸底漆/氟聚氨酯面漆	Ⅰ型

5. 天线伺服系统结构件防护涂层体系配套

天线伺服系统结构件包括天线骨架、天线座体、天线结构件、天线反射面板、齿轮、轴、丝杆、玻璃钢天线罩、紧固件、铭牌等。天线伺服系统结构件基材包括钢、铝和复合材料等，表面防护涂层体系主要应用双层或三层体系，天线伺服系统结构件防护涂层配套示例如表2-23所示。

表 2-23 天线伺服系统结构件防护涂层配套示例

基 材	防护涂层体系示例	推荐应用环境
钢	镀锌/锌黄丙烯酸聚氨酯底漆/丙烯酸聚氨酯面漆	Ⅰ型
	镀锌/环氧底漆/环氧云铁中间漆/聚硅氧烷面漆	Ⅰ型
不锈钢	喷砂/钝化/锌黄丙烯酸聚氨酯底漆/丙烯酸聚氨酯面漆	Ⅰ型
	喷砂/钝化/环氧底漆/聚氨酯中间漆/氟碳面漆	Ⅰ型
复合材料	环氧底漆/聚氨酯面漆	Ⅰ型
	环氧底漆/氟聚氨酯无光面漆	Ⅰ型
铝及铝合金	喷塑/阳极氧化/环氧锌黄底漆	Ⅱ型
	化学氧化/环氧锌黄底漆/丙烯酸聚氨酯面漆	Ⅱ型

2.4 防护涂层涂装

2.4.1 电子装备涂装工艺

涂料是一种涂覆于产品表面后干燥成膜，并对基材具有保护、装饰作用或使之具备某种特殊功能的材料。

电子装备涂料指电子装备零部件及其他辅助器件的专用涂料。电子装备涂料的性能和使用特点是由其特殊的底材、特殊的使用环境和特殊的使用要求决定的。波导组件、天线伺服系统结构件、屏蔽盒、机箱机柜、印制电路板组件及其他电子装备部组件除大量采用铝、镁、钢、铜及各类合金以外，还采用了玻璃钢等复合材料，它们的物化特性和表面特性及具体功用均不相同。为适应其物理、化学性能和功能方面的要求，必须采用与之相适应的涂料。同时，由于电子装备材料的使用环境复杂多变，需要适应多种气候条件和局部微环境条件，所以对涂料的耐湿热、耐老化、耐霉菌、耐高低温交变性能等都有较高的要求。此外，一些电子装备部组件除了要求涂料具备一定的防护和装饰性能，还有特殊的功能要求，如导电、绝缘、隔热、防冰、防雨蚀、耐热、耐油、耐腐蚀、耐老化、对某种电磁波的吸收、辐射或透射等。随着电子装备相关技术的飞速发展，对涂料的要求越来越向功能化和多功能化的方向发展。因此电子装备涂料也不断走向高技术化。

目前，已经应用在电子装备材料表面的功能性涂料包括抗静电涂料、防水涂料、吸波涂料等，这些涂料以环氧树脂类和聚氨酯树脂类涂料居多。各类涂料都很少单独使用，而是由几种涂料配套组成复合结构层，即涂层体系，以获得最佳的使用效果。常见的复合结构层包括底漆-面漆配套、封闭漆-底漆-面漆配套、底漆-中间漆-面漆配套等。其中，底漆主要起防锈和增加涂层结合力的作用，底漆可单独使用，但多数情况下，均与面漆配套使用；面漆多为各种性能独特的磁漆，它们或是防腐性突出，或是装饰效果好，或是具备某种特殊功能，从而满足各种使用要求。

电子装备部组件经过表面预处理之后，可选择合适的涂料，进行相应的涂装。根据组件的具体功能及实际服役过程中所处的环境条件，可对涂装方法和具体工艺参数进行合理组合与调试。根据前期的预处理工艺也可将电子装备的涂装工艺分为针对金属基材涂装工艺、复合材料基材涂装工艺及印制电路板组件涂装工艺3个方面。

1. 金属基材涂装工艺

电子装备中的金属基材主要应用于天线伺服系统结构件、屏蔽盒、机箱机柜等。

前面介绍了金属基材表面的典型涂料主要有环氧漆、聚氨酯磁漆、氟碳漆、富锌漆等。涂装工艺流程可根据涂层配套方案、规定膜厚、涂装设备、涂装流水线特点、施工性能等确定。不锈钢机箱外表面涂装工艺流程设计如图2-2所示。

根据金属基材具体应用部位在实际服役过程中所处的环境特点，可选取合适的涂装工艺方法和步骤，以达到特定的屏蔽或防护效果。以应用于天线伺服系统和机箱机柜的材料及涂装工艺为例，列举了典型的涂装工艺，如表2-24和表2-25所示。

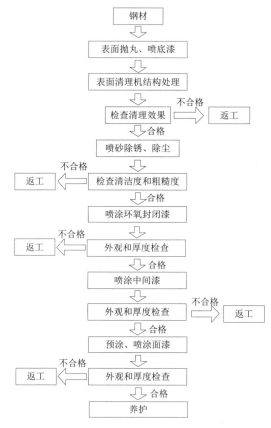

图 2-2 不锈钢机箱外表面涂装工艺流程设计

表 2-24 天线伺服系统涂装工艺

部位/材料	涂 装 工 艺
天线	① 无机富锌底漆+环氧底漆+氟碳中间漆+丙烯酸改性聚氨酯面漆 ② 无机富锌底漆+环氧底漆+氟碳中间漆+氟碳面漆

表 2-25　机箱机柜涂装工艺

部位/材料	涂 装 工 艺
1Cr18Ni9Ti 不锈钢	① 喷涂 1 道 H06—38 环氧底漆
	② 喷涂 1 道 H06—48 铝粉环氧 2 道底漆
	③ 喷涂 2 道 H04—54 浅色环氧磁漆
	① 喷涂 1 道 H06—2 铁红环氧酯底漆
	② 喷涂 B04—103H 灰丙烯酸氨基半光磁漆
	① 喷涂 1 道 H06—2 铁红环氧酯底漆
	② 喷涂 B04—50 各色丙烯酸聚氨酯磁漆
2A12 铝合金	① 喷涂 1 层 H06—2 锌黄环氧酯底漆（或不涂底漆）
	② 喷涂 B04—103H 灰丙烯酸氨基半光磁漆
	① 喷涂 1 层 H06—2 锌黄环氧酯底漆（或不涂底漆）
	② 喷涂 B04—50 聚氨酯磁漆
	① 喷涂 1 层 A13—90 天蓝氨基醇酸水溶底漆
	② 喷涂 2 层 A13—75 酞菁蓝氨基醇酸水溶无光磁漆
	外表面喷涂黑色 BA589 丙烯酸氨基亚光磁漆，结构件结合处导电氧化
	无电气接触外露表面喷涂 TS70—1 航空用聚氨酯无光磁漆

2. 复合材料基材涂装工艺

电子装备中的复合材料常用于天线罩中，其使用环境为开放式环境，容易遭受外界严酷环境的影响，导致外表面涂层逐渐降解，因此其表面的涂料除了要满足特殊的功能（透波、抗静电、防雨、防冰等），还需要具备较好的耐热、防雨蚀、耐大气腐蚀、耐光老化、耐盐雾等性能。

抗静电涂料是涂覆于非导体表面，使之具有传导电流以排除静电的涂料，实质上是一种导电涂料，其表面电阻一般要求在 $10^{12}\Omega$ 以下，以消散表面静电，避免电子干扰及防止雷击或产生火花。导电涂料按导电机理、组成可分为本征型和掺合型两类[14]。本征型导电涂料以导电聚合物成膜配制而成，其导电性有限，成本也较高，因而应用较少；掺合型导电涂料的性能容易受到掺杂粒子分布的影响，如粒子的形状、大小和用量，树脂的分子量和极性，涂层固化的速度和收缩率，涂料的加工方法和涂覆的工艺等。因此，在使用导电涂料时，要特别注意涂料的分散性、喷涂操作的均匀性和固化工艺的合理性。

防雨涂料也被称为防雨蚀涂料。防雨涂料实际是一种耐磨蚀涂料，多由高分子弹性体制成。当受到雨滴冲刷时，一部分冲击势能可转变为弹性体的弹性势能，从而降低或消除其冲蚀作用。例如，飞机穿越雨区时，与雨滴的相对速度可达到亚音速或超音速，机翼、旋翼或桨翼前缘及机头雷达罩等处往往采用防雨涂料以降低雨蚀的效果[15]。

根据复合材料具体应用部位在实际服役过程中所处的环境特点，可选取合适的涂装工艺方法和步骤，以达到特定的功效。以应用于波导组件雷达罩上的复合材料表面涂装工艺为例，列举了典型的表面涂装工艺过程，雷达罩涂装工艺如表 2-26 所示。

表 2-26 雷达罩涂装工艺[16]

类型	表面准备	涂层系统	干燥规范 温度/℃	干燥规范 时间	涂层厚度/μm	涂层特性
1	打磨或吹砂，清洗表面水膜连续，烘干，室温冷却	① 喷涂 1 道 H01-101H 环氧聚酰胺清漆	20±2 或 50±5	12～24h 3～4h	15～20	对玻璃钢雷达罩表面有极好的附着力，除具有良好的耐候性、耐湿热、耐水性外，还具有雷达天线罩的特殊电性能
1		② 喷涂 2～4 道 S04-9501HY 抗雨蚀涂料	20±2 或 80±2	12h 8h	150～200	
1		③ 喷涂 2～3 道 S99-101H 聚氨酯抗静电涂料	20±2 或 80～90	7d 4h	40±10	
2	打磨或吹砂，清洗表面水膜连续，烘干，室温冷却	① 喷涂 1 道 H01-101H 环氧聚酰胺清漆	20±2 或 50±5	12～24h 3～4h	15～20	对玻璃钢雷达罩表面有极好的附着力，除具有良好的耐候性、耐湿热、耐水性外，还具有突出的抗雨蚀性和电性能
2		② 喷涂 2～4 道 S04-9501HY 抗雨蚀涂料	20±2 或 80±2	12h 8h	150～200	
2		③ 喷涂 2～3 道 S04-9502HD 抗静电涂料	20±2 或 80±2	12h 4h	40±10	
3	打磨或吹砂，清洗表面水膜连续，烘干，室温冷却	① 喷涂 1 道 H01-101H 环氧聚酰胺清漆	23±2 或 50±5	12～24h 3～4h	15～20	对玻璃钢雷达罩表面有极好的附着力，具有良好的耐候性、耐湿热、耐水性，可用于无抗静电要求的雷达罩上
3		② 喷涂 4 道 S04-9501HY 抗雨蚀涂料	23±2 或 80±2	12h 8h	150～200	
3		③ 喷涂 2 道 S04-9101H 聚氨酯磁漆	23±2 或 80～90	7d 4h	40～50	
4	细砂纸打磨	① 喷涂 1 道 S04-89 抗雨蚀底漆	23±2	20h	20±5	对玻璃钢雷达罩表面有极好的附着力，具有良好的耐磨性、耐雨蚀性、耐湿热、耐水性，可用于有抗静电要求的雷达罩上
4		② 喷涂 2 道 S55-49 抗雨蚀涂料	23±2	52h	40	
4		③ 喷涂 2 道 S99-49 抗静电涂料	23±2 或 80±2	52h 6h	40±10	

续表

类型	表面准备	涂层系统	干燥规范 温度/℃	干燥规范 时间	涂层厚度/μm	涂层特性
5	打磨，乙醇清洗	① 喷涂1道H01-101H 环氧聚酰胺清漆	23±2 或 130～150	15～30h 1～1.5h	20±5	具有较好的耐水性和附着性，使用温度为120℃
		② 喷涂2道H04-1 绿色环氧磁漆	23±2 或 130～150	1h 2h	50±5	

3. 印制电路板组件涂装工艺

电子装备中的印制电路板的使用环境相对较为封闭，一般不会直接遭受光照、雨水等作用，但其表面组件众多，结构相对复杂，因此涂料除了要满足特殊的功能（导电等），还需要具备较好的防水、耐霉菌、耐盐雾等性能。三防（防霉菌、防潮湿、防盐雾）涂料在印制电路板上有较为广泛的应用[17]。

较为常见的三防涂料大多是在树脂中添加增塑剂、防霉剂等进行改性制备得到的。一种用于印制电路板的三防涂料配方如表2-27所示，应用于印制电路板的典型涂装工艺如表2-28所示。

表2-27 一种用于印制电路板的三防涂料配方[18]

组 分	环氧类树脂	聚酰胺树脂	增塑剂	防霉剂	混合溶剂
含量/%	10～35	15～30	0.5～5	1～2	余量

表2-28 应用于印制电路板的典型涂装工艺

部位/材料	涂装材料	涂装方法	参考标准
印制电路板	① 有机硅树脂涂料 ② 聚对二甲苯涂层材料	手工或CVD	—
	整体喷涂三防漆	刷涂、浸涂、喷涂或自动选择性涂覆	GJB 3243

用于印制电路板的涂料可采用刷涂、浸涂、喷涂或自动选择性涂覆等方法施工，涂料黏度大小可用混合溶剂进行调节。通常的工艺流程包括清洗、去湿、保护、预涂覆、涂覆、干燥和返修。

清洗过程一般是采用棉布蘸汽油或乙醇等溶剂进行擦洗，应尽量清洗掉表面的油脂、污物或其他外来物。凡是可见的焊锡堆积物者应刮削、铲除、擦拭或用适当溶剂除掉，清洗后表面必须立即擦干。禁止使用能使磁漆软化或引起绝缘材料膨胀的溶剂，如酮类、脂类、芳香烃类物质。清洗过程不允许采用超声波清洗，因为超声有可能损坏元器件的内部连线，同时产生的静电感应对CMOS电路也有一定程度的损害[19]。

根据电路板体积的大小，可采用不同的去湿过程。对于体积较大的电路板，可在相对湿度较小的厂房内晾干24h。对于体积较小的电路板，可用热风吹干或干燥箱烘干，烘干温度应低于能够损坏电路板的安全温度，而且应控制升温速度，以防引起设备收缩、破裂、变形或其他损坏。

预涂覆过程可用不掉毛的毛刷蘸清漆，对间距较窄的元器件管脚（元器件本体与绝缘子、绝缘子与引出线的结合部位）或者有遮挡的部位进行预涂覆。

涂覆过程一般采用喷涂或刷涂法，喷涂时先将清漆稀释到黏度为12～20s，空气压力为0.2～0.3MPa，运枪速度应均匀，喷涂房间的相对湿度不应超过70%。

在对印制电路板组件整体涂装时，需要对以下零件或器材进行保护：弯曲的套管、织物及塑料绝缘电缆，元器件（微调电容器、可调电感器、线绕电阻、波导管工作表面、插入式继电器、压力接触地线、观察窗、镜头、透明塑料件、已涂覆线路板组件），运转部件（电机、齿轮、合页、调节杆、弹片），耐霉塑料件，抗电弧材料，已用其他方法保护的有机材料，电接触部件（电气触头、接线柱、插头、连接器），工作温度超过130℃的表面，以及其他不需要喷涂的部位[20]。

干燥过程一般为室温干燥，时间一般在1～12h，可调整。

2.4.2 涂装质量控制

电子装备表面涂层质量的优劣，将直接影响其抗静电、防霉菌、防潮湿、防盐雾、防光老化等功效的好坏，进而影响电子装备的使用寿命。因此，需要提高质量控制意识，制定相应的规范制度，从工艺设计、原材料、涂装设备、施工环境、表面预处理、涂装工艺、人员组织等方面进行合理且有效的控制，以达到控制电子装备涂层体系质量的目的。

1. 工艺设计的质量控制

在电子装备涂料涂装车间，应具备相应的工艺文件作为涂装过程的指导。常见的工艺文件包括产品零部件涂装分类明细表、产品零部件涂装工艺卡、重要涂装设备操作规程等。按照成组技术原理，对材料相同、尺寸相近、工艺大致相同的工艺进行分类，以典型产品为依据编制工艺，安排工艺路线和设备，从避免不必要的重复劳动，可提高设备利用率，减少能力损失。涂装工艺卡可成为涂装质量问题的追溯文件，也是处理质量问题的依据。重要涂装设备的操作规程是涂层质量体系的重要保证，也是安全生产的需要[21]。

2. 原材料的质量控制

原材料是指在涂装过程中应用到的化工原料及辅料，包括清洗剂、钝化液、磷化液、各类涂料、腻子、密封剂、纱布、砂纸、金属、纤维、树脂等。在涂装前，应对原材料的质量进行检查，包括一般性能检验（颜色、黏度、细度、酸值、贮存稳定性等）和施工性能检验（干燥时间、流平性、打磨性、漆膜厚度控制等）[22]。

在涂装施工时需要对涂料原材料进行质量控制，特别是涂料的黏度。涂料在涂覆过程中的黏度是不断变化的，涂装时涂料黏度变大，则会雾化不良，涂面粗糙或出现橘皮；黏度变小，容易产生流挂和缩孔，影响涂层厚度，产生质量问题[23]。

3. 涂装设备的质量控制

涂装设备是指在涂装过程中所使用的设备及工具，包括磨料设备、除油设备、清洗设备、磷化设备、喷漆室、干燥室、静电喷涂设备、涂料供给装置、涂装机器、涂料运输设备和试验仪器等。

设备使用效果不仅与设计、制造、安装质量有关，还与设备的维护保养有关。良好的设备依赖于良好的维护，涂装设备使用维护不规范会影响其应用效果，带来质量问题。编制关键设备的检修和保养计划，做好日常保养和定期维修，是保证涂装设备正常运行的一个重要环节。例如，在喷漆室实际使用过程中，静压箱及空调过滤段的过滤布因积尘导致阻力加大，送排风系统风量不匹配，影响系统平衡，喷漆室外灰尘侵入，进而影响涂层体系的表面质量。另外，室内不能形成气流或保持自上而下的层流，致使漆雾四处飘逸，当漆雾积累到一定程度时，就会形成二次污染，降落到涂层表面。又如，当烘干室电热元件损坏而不能及时修复时，烘干室温度达不到要求，涂层干燥缓慢，从而影响涂层的平滑度、光泽度和耐腐蚀等性能。当烘干室内进入的待烘干工件超过设计的容量时，设备加热能力不足，涂层就不能彻底烘干，从而降低涂层的性能。对于在涂装生产线上的烘干室，当生产任务加大而需要提高链反应速度时，需要增加烘干室的热量输入，否则又会引起涂层干燥不良的问题[24]。

4. 施工环境的质量控制

涂装施工环境是指除涂装设备内部以外的空间环境。从空间上讲，包括涂装车间（厂房）内部和涂装车间外部的空间，而不仅仅是地面的部分。从技术参数上讲，包括涂装车间内的温度、湿度、洁净度、照度（采光和照明）、污染物的控制等。对于涂装车间外部的环境，厂区布置应尽量远离污染源，加强绿化和防尘，改善环境质量[25]。在施工过程中，应着重关注环境温度、湿度、露点、光照、洁净度等因素的影响，尽可能降低环境对涂层质量的负面影响。例如，施工环境的温度一般为10℃～30℃，温度过低会导致固化时间长，温度过高会导致溶剂挥发快，流平性差；相对湿度不应超过 80%，湿度过高会影响涂层的附着力和外观；环境空气应干净无尘，涂层表面落入任何细小的灰尘，都会影响涂层的表观质量与防护效果，所以，施工最好在净化室内进行。

5. 表面预处理的质量控制

涂漆前必须严格按要求进行表面预处理。表面的任何油污、水分、锈迹或其他杂质，都会影响涂层的附着力和底漆的防锈效果。所以，要求去污、除油处理必须达到水膜连续（当水滴到上面时，不得形成水珠，而是一个连续附着的水膜）的水平；经阳极化、化学氧化或磷化处理的零件必须在 24h 内涂漆，经喷砂处理的零件必须在 6h 内涂漆，以防水汽的附着或二次污染[26]。例如，对复合材料的预处理通常选择阳极氧化、磷化、偶联剂处理等方式进行。未进行表面处理的工件，采用砂布横竖交叉打磨，直至基材表面有明显的纹路。一般选用水基清洗剂或有机溶剂进行清洗操作。清洗剂应为中性或弱碱性，在基材表面停留 3~5min 后用洁净的水清洗干净；有机溶剂选用航空洗涤汽油或丙酮，在汽油或丙酮还未挥发时用无布毛的白布擦干，避免有机溶剂中的高沸点油状物再次污染基材。以水膜连续 30s 为合格判据，对水基清洗剂清洗后的表面还要用 pH 试纸检测其表面酸碱性，中性为合格。禁止赤手触摸预处理清洗后的表面。表 2-29 列举了一些常见的表面预处理质量控制方法及参考标准。

表 2-29 表面预处理质量控制方法及参考标准

表面处理质量控制方式	参 考 标 准
喷（砂）或喷（抛）丸	GB/T 8923.1—2011《涂覆涂料前钢材表面处理 表面清洁度的目视评定 第 1 部分：未涂覆过的钢材表面和全面清除原有涂层后的钢材表面的锈蚀等级和处理等级》
清除原有涂层后的表面	GB/T 8923.2—2011《涂覆涂料前钢材表面处理 表面清洁度的目视评定 第 2 部分：已涂覆过的钢材表面局部清除原有涂层后的处理等级》
高压水喷射清理后的表面	GB/T 8923.4—2013《涂覆涂料前钢材表面处理 表面清洁度的目视评定 第 4 部分：与高压水喷射处理有关的初始表面状态、处理等级和闪锈等级》
粗糙度	GB/T 13288.1—5《涂覆涂料前钢材表面处理 喷射清理后的钢材表面粗糙度特性》

6. 涂装工艺的质量控制

涂装工艺指在涂装生产过程中对需要的材料、设备、环境等要素的结合方式及运作状态的要求、设计和规定。涂层的性能除依赖于涂料的性能外，还依赖于涂装工艺的合理性。涂装工艺参数已在 2.4.1 节中列出，在实际操作过程中，要特别注意以下要点。

施工时必须使涂料处于良好的分散状态和合适的施工黏度。涂料要充分搅拌均匀并过滤。配制双组分涂料时，只能在搅拌的情况下，将固化剂缓慢地加入漆料中，并充分搅拌均匀，再静置 10~30min，使之"熟化"后使用。

在喷涂前,要根据每道涂层设计干膜厚度,算出湿膜厚度,然后在一块光滑平整的板上进行喷漆试验,测算出湿膜厚度的准确数值。对于多层的涂层体系,要求总厚度达到涂层体系的设计要求,同时控制好每一层的厚度均达到涂层体系的设计要求,并控制涂层厚度的均匀性。许多涂层质量分析证明,腻子的质量好坏可直接影响涂层的质量好坏。腻子本身含有大量填料,附着力与涂料相比较差,固化后在使用中的冷热交替和振动作用下,会加速涂层的开裂和脱落,因此应尽量减少腻子的用量,并坚决杜绝大面积刮涂厚腻子层的现象。此外,应根据涂料的成膜机理及作用,并依据施工时的环境条件,对某些施工技术参数进行合理调整,以达到最优的涂覆效果。例如,对于封闭无机硅酸锌底漆涂层或电弧喷铝的孔隙,必须配套喷涂专用的环氧封闭漆。在气温高于 30℃的季节,封闭漆容易出现"干喷"状态,使环氧中层漆和面漆的漆膜鼓泡。要解决上述漆膜弊病,可采取如下措施:在气温低于 30℃的早、晚喷涂作业;适当调慢稀释剂的挥发速度,增加封闭漆的渗透能力。

严格执行干燥规范,确保层间结合力。层间结合力差是容易出现的涂层质量问题之一,它常与前一道漆的固化程度有关。前一道漆固化太浅,易被后一道漆咬起;固化太深,又影响与后一道漆的兼容性,导致结合力下降。有些涂层由于加工的需要,涂完底漆或中间层后,要经过很长的时间才能涂面漆,为确保其结合力,必须预先用细砂纸打磨漆层表面,使之粗化,再涂下一道漆,以增强层间结合力。粉末涂料的升温时间可短一些,溶剂型涂料的厚涂层升温时间可长一些,水性涂料需要在升温过程中增加中间保温区,然后再升温,才能保证涂层的干燥质量。为了提高产品的整体腐蚀防护性能,还需要对缝隙、易积水部位喷涂防锈蜡,应注意检查防锈蜡的型号、喷涂量及喷涂部位是否正确。

7. 人员组织的质量控制

对从事涂料涂装的操作人员和质量检验人员应定期进行工艺标准、检测标准和操作要点等相关内容的培训及考核,考核合格后,由人力资源处颁发具有一定时效性的岗位资格证,持有效岗位资格证的人员才能从事相应的工作。操作人员及检验人员应造册登记,明确其岗位资格证编号和有效期等。同时,对岗位资格证即将到期的人员进行提前安排学习、培训及换发新证等工作,确保资格证始终在有效期内。

此外,还应注意科学地安排生产计划,增加临时人力资源,使生产连贯、流畅、合理,避免出现生产无序的情况,避免因单纯赶进度、赶发货时间无视工艺纪律和质量控制要求的现象。

参 考 文 献

[1] 刘登良. 涂料工业上册[M]. 第四版. 北京：化学工业出版社，2009.

[2] DWIGHT G W. 涂层失效分析[M]. 杨智，雍兴跃，译. 北京：化学工业出版社，2011.

[3] 刘今起. 中性电解抛光及其对电物理加工的表面处理作用[J]. 电加工，1993，(1)：12-15.

[4] 沈品华. 化学除油与清洁生产[J]. 电镀与环保，2014，34（5）：39-41.

[5] 宋爽，黄惠，费洋，等. 铜粉表面磷化工艺优选[J]. 材料保护，2017（6）：58-61.

[6] 王邈. 铝锂合金铬酸阳极化工艺适用性研究[J]. 上海涂料，2011，49（8）：16-18.

[7] 孙跃，万喜伟，姜久兴，等. 碳纤维表面化学镀镍前处理研究[J]. 中国表面工程，2007，20（05）：41-44.

[8] 罗小萍，吕春翔，张敏刚. 无钯化学镀镍碳纤维制备与表征[J]. 电镀与涂饰，2010，29（8）：21-23.

[9] 孙文强，曾辉，牛兰刚，等. 耐高温复合材料用玻璃纤维表面处理研究（1）——酸碱刻蚀处理的研究[J]. 玻璃钢/复合材料，2000，(1)：33-35.

[10] SHIPLEY C R. Method of electroless deposition on a substrate and catalyst solution therefore：US，3011920[P]. 1959.

[11] 毛晓丽. 多层印制板生产中的表面金属材料保护技术[J]. 表面技术，2002，31（5）：51-56.

[12] 刘登良. 涂料工业 下册[M]. 第四版. 北京：化学工业出版社，2009.

[13] 曹京宜，张寒露，林红吉，等. 铝合金基材用防腐防污涂层体系的选择和涂装工艺研究[J]. 现代涂料与涂装，2011，14（5）：48-51.

[14] 杨唐绍，钟付先，张红兵. 军用电子PCBA三防涂层耐湿热性能的影响因素[J]. 电子工艺技术，2015，36（1）：29-31.

[15] 宁亮，王贤明，于美杰，等. 飞机雷达罩用抗静电涂料的研制[J]. 涂料工业，2016，46（9）：65-68.

[16] 袁立新，狄志刚，傅敏，等. 飞行器电磁窗耐雨蚀复合涂层的制备[J]. 涂料工业，2005，35（3）：39-31.

[17] 《中国航空材料手册》编辑委员会. 中国航空材料手册[M]. 北京：清华大学出版社. 2013：160-161.

[18] 电子科学研究院. 电子设备三防技术手册[M]. 北京：兵器工业出版社. 2000.

[19] 方景礼. 印制板的表面终饰工艺系列讲座 第一讲 印制板的表面终饰工艺简介[J]. 电镀与涂饰，2003，22（6）：32-34.

[20] 张浩，付新广，徐永明，等. 航电产品内部的三防涂料及涂覆处理[J]. 技术革

新，2013，11：98-99.

[21] 唐钦良，范国栋，李敏凤. 重防腐涂料涂装工艺的发展[J]. 电镀与涂饰，2012，31（10）：71-73.

[22] PARK S J，JIN J S. Effect of silane coupling agent on interphase and performance of glass fibers/unsaturated polyester composites[J]. Journal of Colloid and Interface Science，2001，242（1）：174-179.

[23] 赵欣，郭一伟. 雷达吸波涂层的质量控制[J]. 电镀与精饰，2012，34（7）：35-37.

[24] 杨维生. 化学镀镍金在印制电路板制造中的应用[J]. 化工新型材料，2002，30（2）：24-28.

[25] 秦建国. 热风整平工艺[J]. 电子工艺技术，2002，22（4）：155-157.

[26] WENGER G M，FERROW R J. Immemion silver finish：Usage requirement test results and produeton experience[R]. Princeton，NJ，United States：Lucent Technologies Report，2000：783-802.

第3章 电子装备防护涂层环境试验技术体系

3.1 概述

随着军用装备信息化的发展，电子装备的使用领域变得更加广泛，对环境适应性要求也越来越苛刻。因此，作为第一道防线的防护涂层，为了检验其在相应的环境下能否达到设计要求，有针对性地开展环境试验考核必不可少。环境试验开展过程中会涉及设计、使用、试验等多个部门，还会涉及样件设计、试验开展、性能检测、结果分析、标准等多个技术层面，将这些融会贯通构成了环境试验技术体系。

本章针对电子装备防护涂层这一简单又重要的对象，从试验方法、试验设备、评价技术、标准等方面对与环境试验相关技术内容进行概括，形成环境试验技术体系框架，帮助涂层研制生产单位、涂层应用单位及试验验证单位更好地理解环境试验，并指导相关试验开展。

3.2 环境试验相关概念

在开展电子装备防护涂层环境试验的过程中需要清楚有关概念，包括环境因素与效应、环境适应性、装备环境工程、环境试验等诸多方面。

3.2.1 环境因素与效应

GJB 6117—2007 中对环境的定义为"装备在任何时间或地点所存在的或遇到的自然和诱发的环境因素的综合"，环境因素分类及组成如表3-1所示。

表 3-1　环境因素分类及组成

类　型	类　别	环　境　因　素
自然环境	气候	温度、湿度、气压、太阳辐射、风、降雨、凝露等
	生物	霉菌、海藻、啮齿动物等
	介质	沙尘、盐雾等
诱发环境	机械	振动、冲击、加速度等
	能量	电磁辐射、声等
	污染物	NO_x、SO_2、H_2S 等

环境因素分类及组成如表 3-1 所示，其是根据环境因素起因进行的分类，环境因素还可根据产品的应用状态进行分类。例如，GB/T 4798 中规定应用环境条件包括贮存、运输、使用，其中使用环境条件包括有气候防护的场所、无气候防护的场所、地面使用、船用、携带和非固定使用、产品内容微环境等。表 3-2 给出装备在运输和贮存阶段遇到的环境和主要环境影响因素（涂层相关）。

表 3-2　装备在运输和贮存阶段遇到的环境和主要环境影响因素（涂层相关）

状态	方　式		遇到的环境	主要环境影响因素	
运输	卡车运输	敞开式	外界气候和自然环境	温度、湿度、太阳辐射、雨、固体沉降物、自然风和诱发风	
		封闭式	封装壳体削弱或加强了自然和气候环境	温度、太阳辐射、湿度	
	铁路运输	敞开式	外界气候和自然环境	温度、湿度、太阳辐射、雨、固体沉降物、自然风和诱发风	
		封闭式	封闭壳体削弱或加强了自然和气候环境	温度、太阳辐射、湿度	
	船舶运输	在甲板上	外界气候和自然环境	盐水、盐的浪花、盐雾、湿度、温度、太阳辐射、雨、固体沉降物	
			波浪和抛锚引起的环境	冲击、振动、加速度（小于卡车和铁路运输）	
			气动力飞机部件工作引起从结构上传递的环境	冲击、振动、加速度	
贮存	地面外场或仓库内	敞开式	外界气候和自然环境	北极	固体沉降物、低温、风雨
				沙漠	高温、太阳辐射、沙尘、低温和风
				热带	霉菌、高温、太阳辐射、雨、盐雾等
				工业区	臭氧、大气污染物

续表

状态	方式	遇到的环境	主要环境影响因素	
贮存	地面外场或仓库内隐蔽式	防护措施阻隔改变了的气候环境	所有气候区	温度、生物
			热带温带	温度、生物、高湿度、霉菌
			沙漠	温度、生物、地湿度、沙尘
		高度密封防护环境	温度、生物和尘	

GJB 6117—2007 中对环境效应的定义：装备在其寿命期的各种单一或综合/组合环境作用下，引起装备材料、元器件和结构件的疲劳、磨损、腐蚀、老化、性能退化或降级，造成装备性能下降乃至功能丧失的现象。典型环境因素对防护涂层的影响效应如表 3-3 所示。

表 3-3　典型环境因素对防护涂层的影响效应

环境因素	影响效应
盐雾	可引起涂层下金属的电化学腐蚀，导致涂层起泡、开裂
高温	可引起防护涂层的高温老化
低温	涂层变脆引起开裂（特别在外力作用下）
潮湿	水的渗透可导致防护涂层起泡
沙尘	可引起防护涂层磨损
太阳光	可引起涂层树脂化学键断裂，导致防护涂层粉化

3.2.2　环境适应性

环境适应性是装备在其寿命期内预计可能遇到的各种环境的作用下能实现其所有预定功能、性能和（或）不被破坏的能力[1]。从定义上看，环境适应性关注的装备的全寿命周期，包括贮存、运输、使用、维修等寿命阶段，其中各种环境是指具有一定时间风险的极端环境，这也是与可靠性的主要区别。环境适应性是装备在各种环境下保证功能和维持性能的能力，这种能力一方面要求装备在预定环境中能正常工作，另一方面要求装备在预定环境中不被破坏，对防护涂层而言主要指后一方面能力的要求。

装备是由各种材料（金属材料、高分子材料、无机非金属材料、复合材料等）制成的，所以材料的环境适应性是装备环境适应性的重要基础[2]。防护涂层作为提升各类材料环境适应性的手段，对装备环境适应性的影响不言而喻，所以应用环境适应性优异的防护涂层对装备效能发挥着重大意义。

3.2.3 装备环境工程

简单而言，装备环境工程是为保证和提升装备环境适应性而开展的一系列工作，其工作内容包括装备环境工程管理、环境分析、环境适应性设计、环境试验与评价等，在GJB 4239中对这4类工作细分为20个工作项目，分布于装备的论证、研制、定型、使用等各阶段。4类工作相互联系、相互支撑共同保证装备的环境适应性，装备环境工程各工作项目关系如图3-1所示。

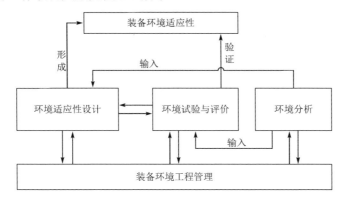

图 3-1 装备环境工程各工作项目关系

3.2.4 环境试验

环境试验是将装备暴露于特定的环境中，确定环境影响效应的过程。从定义上看如何将装备置于特定的环境中和如何确定特定的环境条件是开展环境试验工作的重点，而确定环境影响效应则是借助各种手段完成环境因素分析、影响模式判断、性能退化规律总结和故障原因查找等工作。环境试验是评价装备环境适应性能力的主要手段。

环境试验中"特定的环境"包括自然环境试验站环境、试验箱内环境或应用平台环境等，针对以上特定环境采用的试验方法对应为自然环境试验、实验室环境试验和使用环境试验。若在自然环境试验时考虑平台环境影响，则所采用的试验方法为动态自然环境试验或自然加速环境试验。

环境试验作为装备环境工程工作的组成部分并不是独立存在的，而是与环境工程管理、环境分析、环境适应性设计等其他部分密切联系的，如图3-2所示。

对环境工程管理而言，环境试验是制定环境工程工作计划的重要工作内容；环境试验是装备环境工程工作评审的重点评审内容；环境试验结果是重要的环境信息，而环境信息中环境条件分析又是环境信息管理的主要依据；环境试验是对转承制方和供应方的监督和控制的主要监督手段。

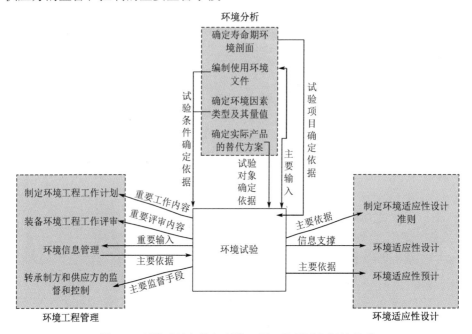

图 3-2　环境试验与装备环境工程工作项目之间的关系

环境分析工作的重要目标是提出环境适应性要求和环境适应性验证要求，是环境试验方法确定的主要依据。

环境适应性设计和改进过程中需要与各种环境试验结合，充分利用试验结果信息，对所发现的环境适应性薄弱环节采取措施加以纠正，所以环境试验是环境适应性设计的信息支撑。

可见，环境试验并非单纯的试验工作，需要与其他环境工程工作项目形成联动，共同促进产品环境适应性的形成和提升，针对电子装备防护涂层这一简单对象亦是如此。

3.3 电子装备防护涂层环境试验技术体系框架

环境试验是一种工程技术，用于获取产品经受环境应力时所出现的响应特性或产品耐环境极值方面的相关信息，可为进行各种决策和采取相应措施提供依据。针对电子装备防护涂层等具体对象开展环境试验时，会涉及多个技术基础研究内容，如指标体系建立、环境影响效应研究、失效机理研究等。同时在开展环境试验时需要多个标准进行保障，所以环境试验标准也是环境试验技术体系的重要内容。

3.3.1 工程技术体系

在电子装备防护涂层环境试验实施过程中需要一系列的工程技术支撑，电子装备防护涂层环境试验工程技术体系如图3-3所示。

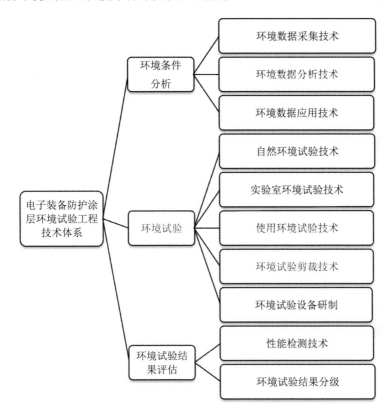

图3-3　电子装备防护涂层环境试验工程技术体系

在环境条件分析中，环境数据采集技术包括大气环境因素测量、海水环境因素测量、平台环境数据收集、环境数据测量设备研制与应用技术等；环境数据分析技术包括异常数据鉴别、环境极值分析、自然环境谱编制、环境严酷度分析等技术；环境数据应用技术包括实验室环境谱转换技术、环境效应评估技术等。

在环境试验中，自然环境试验技术包括大气自然环境试验、水自然环境试验、土壤自然环境试验、自然加速环境试验等；实验室环境试验技术包括温度环境试验、湿热环境试验、太阳辐射试验技术等；环境试验剪裁技术包括环境试验项目剪裁、环境试验条件剪裁、环境试验顺序剪裁等；环境试验设备研制主要包括综合环境试验设备研制、环境试验设备试验效应分析等。

在环境试验结果评估中，主要包括性能检测技术、环境试验结果分级等。

目前国内对防护涂层环境试验的相关工程技术均有研究，特别在自然环境试验技术、实验室环境试验技术、性能检测技术等研究领域的成果丰富，但也存在诸多不足：

（1）对产品平台环境数据采集不足。防护涂层经历的环境是自然环境影响下的平台（诱发）环境，目前国内长期监测国内典型气候区域自然环境条件数据，但对各类装备平台对自然环境条件的转换作用及平台（诱发）环境的影响效应研究欠缺；

（2）自然环境试验数据收集不足。目前防护涂层的应用寿命一般较长，但国内对防护涂层开展的自然环境试验时间一般较短，多数以优选出在短时间内满足要求的防护涂层为目的，对防护涂层的后期失效过程研究及使用寿命统计工作开展较少；

（3）使用环境试验开展较少。对电子装备的防护薄弱环节及防护涂层实际应用中的失效数据收集较少，无法对涂层工艺提升提供有效支撑；

（4）综合环境试验设备缺乏。防护涂层失效是在多个环境因素综合影响下引起的，但现有实验室设备仅能同时施加部分环境因素，难以再现涂层实际失效行为及机理，亟需开发多因素综合环境试验设备。

3.3.2 基础研究体系

在开展电子装备防护涂层环境试验和提升防护涂层环境适应性的过程中，需要一系列的基础研究成果作为支撑，电子装备防护涂层环境试验基础研究体系如图3-4所示。

在防护涂层中，涂层特性分析包括涂层结构、成分与性能关系分析，涂层性能数据库建立等；涂层综合性能评价包括性能指标模型建立、环境适应性综合表征等；涂层质量控制包括质量检验技术、涂层质量相关因素分析等。

在环境试验技术中，环境试验条件确定包括实验室环境试验等效评估技术研究、实验室环境试验条件转化技术研究等；相关性技术研究包括防护涂层失效过程与应用环境的相关性、自然与实验室环境试验的相关性、防护涂层在不同自然环境条件下的相关性等。

环境影响效应是目前防护涂层环境试验方面基础研究的重点，包括环境失效行为、涂层失效机理、涂层缺陷扩展研究、涂层寿命评价等。

电子装备防护涂层环境试验技术体系 第③章

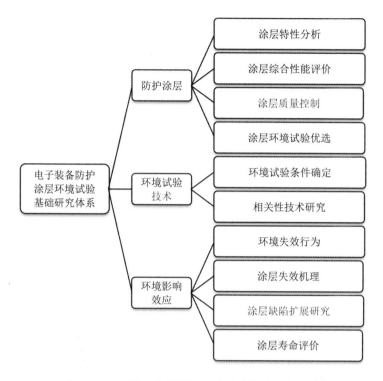

图 3-4　电子装备防护涂层环境试验基础研究体系

3.3.3　标准体系

电子装备防护涂层环境试验标准体系如图 3-5 所示，其涉及环境条件分析相关标准、环境试验相关标准、性能测试与结果评价相关标准。

环境条件分析相关标准中环境因素监测标准、环境极值分析标准及环境条件分级标准等方面目前较成熟，但对环境条件的应用相关标准并不完善，如自然环境谱编制标准、自然环境条件对实验室环境试验谱的指导等；环境试验相关标准中自然环境试验标准、实验室环境试验标准目前较齐全，但针对自然环境加速试验标准欠缺，同时环境试验条件转化标准和环境试验文件要求的建立不完善；外观等级评价标准、机械性能检测标准、电性能检测标准等方面目前较齐全，但缺少电化学性能检测标准和性能综合评价标准。

电子装备防护涂层环境试验常用标准见附录 B、附录 C 和附录 D。

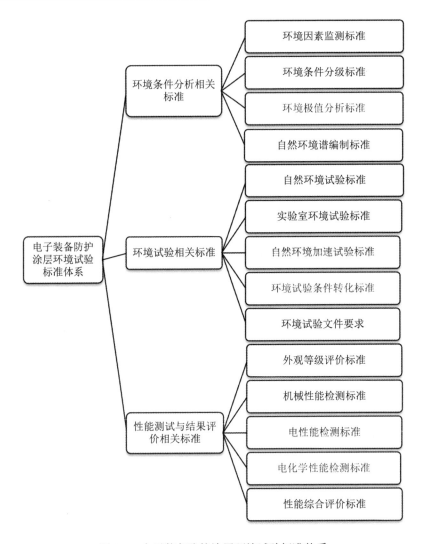

图 3-5　电子装备防护涂层环境试验标准体系

3.4　电子装备防护涂层环境试验种类及应用

GJB 4239 中将环境试验分为自然环境试验、实验室环境试验和使用环境试验，电子装备防护涂层环境试验种类及应用如表 3-4 所示。

电子装备防护涂层环境试验技术体系 第3章

表 3-4 电子装备防护涂层环境试验种类及应用

序号	环境试验种类		应 用	防护涂层的适用性
1	自然环境试验		材料的环境适应性基础数据积累;"三新"件的环境适应性考核;产品环境适应性考核	用于防护涂层的环境适应性基础数据收集;防护涂层自然环境试验优选
2	实验室环境试验	环境适应性研制试验	寻找设计缺陷和工艺缺陷,提升产品的环境适应性水平	用于涂料树脂基础性能评价;防护涂层工艺质量评价
		环境响应特征调查试验	用于确定产品对某些主要环境的物理响应特性;确定影响产品的关键性能的环境应力临界值	不适用
		飞行器安全性环境试验	选择关键(敏感)的环境因素安排相应的环境试验,用于保证首飞安全	不适用
		环境鉴定试验	用于验证产品环境适应性设计是否达到了规定的要求	用于确定典型环境下涂层防护性能优劣
3	使用环境试验		用于确定产品使用过程中自然环境和诱发环境的影响,为改进环境适应性设计和评价产品环境适应性提供信息	用于寻找产品防护薄弱环节,为改进防护涂层工艺提供信息

自然环境试验直接利用天然的大气、海洋(海水)和土壤等条件,所以自然环境试验条件取决于试验站的自然环境条件,这也是在不同地理区域选择某些环境因素及其综合影响中严酷度较高的地点建立试验站的原因。在自然环境的大背景下为突出某一个或几个环境因素的影响,可应用自然环境加速试验。由于自然环境试验的条件不可控,试验结果虽然真实但重现性较差且试验时间较长,导致相关单位开展自然环境试验的热情并不高。随着试验设备和试验设计技术的发展,实验室环境试验与自然环境试验的相关性不断提高,但就目前而言,自然环境试验在评价多个环境因素对材料、工艺的综合影响时依然不可替代。

实验室的环境条件是由试验设备控制的,可以按照试验目的进行设定,所以试验结果的重现性较高,目前用于确定防护涂层主要环境影响因素及研究失效机理。

环境试验在产品论证、研制、生产和使用阶段均有开展,但侧重点有所不同,下面对涂料研发、工艺筛选和寿命评价过程中环境试验的应用进行介绍。

3.4.1 环境试验在涂料研发过程中的应用

由本书第 2 章可知,传统意义上的涂料由不挥发组分(成膜物质、颜料和助剂)和挥发组分(溶剂)组成,其中成膜物质是基础,对涂料性能起决定性作用;颜料是重要组成部分,可以改善涂层的附着力、机械强度、耐候性和防腐性等物理化学性能；助剂是为了改善涂料特定功能而加入的组分；溶剂是用于溶解成膜物质，干燥成膜后即挥发，很少残留于涂层内[3,4]。所以涂料的研发过程可以简要的概括为由涂料研制与生产企业负责，确定涂料中成膜物质与溶剂种类、颜料种类、助剂种类、确定组分含量及确定干燥条件（一般为温度与时间）的过程，如图3-6所示。

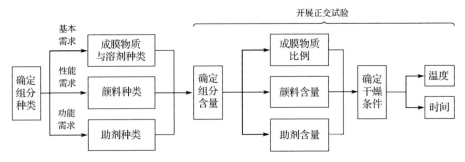

图3-6 涂料研发过程简要流程

涂料研制与生产企业的研发人员，在确定涂料组分含量和干燥条件时，一般要应用正交分析法来减少实际开展试验评价所需要的配方总量。即通过设计多因素多水平的正交表，确定各组分配比顺序和配比量，再根据对不同配比出的涂料开展一系列单项、快速、重现性高的性能评价试验，得出了该涂料最佳组分与干燥条件设计方案。

由此可见，在涂料研发过程中研发人员在根据正交分析确定组分配比的前提下，需要在短时间内开展大量单因素、快速、可重复的环境试验，得出相应试验结果。为保证最终研发产品能够满足使用环境的预期要求，常采用操作较为简便、试验周期较短、试验条件可重复的各类实验室环境试验方法评价。

3.4.2 环境试验在涂层工艺筛选过程中的应用

与涂料研发过程不同，涂层工艺筛选对象包括涂料种类、配套体系和施工工艺，一般由装备研制单位负责。涂层筛选过程简要流程如图3-7所示，涂层筛选过程可概括为涂料应用单位（电子装备研制单位）在开展具体型号装备研制或改进工作时，为解决装备环境适应性问题，在多种理论上皆可满足设计需求，施工工艺可实现，且在当前国内外市场上能稳定采购的成熟货架产品，按照相关考核标准，开展对比试验和评价分析，在性能、成本、工程量等方面综合评估基础上，从中筛选出满足装备环境适应性设计需求的涂料及施工工艺的过程。

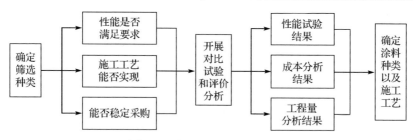

图 3-7　涂层筛选过程简要流程

装备设计人员在开展不同涂层对比分析时，需要采用各种环境试验方法对涂料产品及其工艺进行耐环境性能考核。不过与涂料研发过程不同，由于具体型号研制工作一般都规划了一定的研制周期，且因筛选对象为货架产品，不需要开展大量的正交分析试验。在涂层筛选过程中，自然环境试验方法与实验室环境试验方法，视其目的不同，都得到不同程度的应用[5,6]。

若需要筛选出短时间内能够在各种极限环境下满足装备防护需求的涂层工艺产品，可应用实验室环境试验方法，能够快速有效的剔除理论上满足性能需求但实际工艺质量并不达标的产品；而若需要筛选出在综合恶劣环境下长期使用的防护涂层，推荐采用自然环境试验。

3.4.3　环境试验在寿命评价过程中的应用

涂层寿命评价过程同样与具体型号装备的研制或改进工作息息相关。但与之不同的是，涂层寿命评价过程一般分为两个阶段，各阶段的负责单位与相关的试验方法略有区别，涂层寿命评价过程简要流程如图 3-8 所示。

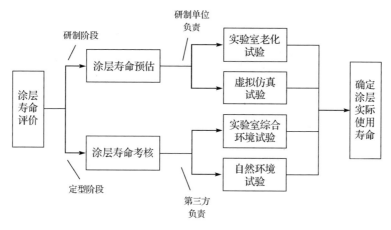

图 3-8　涂层寿命评价过程简要流程

在目前的型号研制过程中，涂层寿命评价实际上应建立在两部分工作的基础上。其一为涂层寿命预估工作，通常由装备研制单位负责，在装备研制阶段，通过应用各种实验室老化试验或虚拟仿真试验，对所选择的涂层使用寿命进行预估，主要是为了剔除明显不能满足寿命设计要求的涂层工艺体系；其二为涂层寿命考核工作，通常由装备使用单位负责或委托第三方负责，在装备定型阶段，通过应用与实际环境相关性较高的实验室综合环境试验或贴近真实使用条件的自然环境试验，对装备研制方选择的涂层使用寿命进行考核，主要是为了考核装备涂层工艺能否达到设计寿命的指标要求[7,8]。

值得注意的是，为了满足型号定型工作相关规程、文件或标准相关故障处理要求，在开展装备涂层使用寿命考核时，所采用的实验室环境试验方法，一般为更贴近装备实际使用环境综合试验方法，其施加的试验环境因素种类、量值、顺序和作用时间等要素，都比在研制阶段开展涂层寿命预估时要复杂与严格得多。

3.5 电子装备防护涂层环境试验相关技术现状

3.5.1 大气环境试验技术

定义：大气环境试验技术是指将电子装备防护涂层按预期使用要求，暴露于典型气候区域的大气环境中，利用该环境（直接或间接）对其产生的综合影响，以获得防护涂层大气环境响应性能变化规律的试验技术。

内涵：大气环境试验技术是通过将电子装备防护涂层试验样品，安装在专用的户外暴露试验架（台）、棚下暴露试验架（台）和库房暴露试验架（台）上，定期检测受试防护涂层样品性能数据，以获得防护涂层在大气环境响应性能的变化规律，为开展大气环境对防护涂层性能影响的分析、评估及预测打下基础。

适用对象：大气环境试验技术可用于电子装备零部件、整机及系统的防护涂层体系在大气环境下的响应性能数据积累，大气环境对防护涂层性能的影响程度及过程分析，防护涂层在大气环境中的老化速率分析，防护涂层大气环境适应性工程化验证等方面。

3.5.2 自然环境加速试验技术

定义：自然环境加速试验技术是指在自然环境条件下，通过强化某些环境因素加速电子装备防护涂层性能劣化，以快速获得防护涂层在自然环境中性能变化规律的试验技术。

内涵：自然环境加速试验技术是通过一定的人工技术手段（太阳跟踪装置、黑箱体、玻璃箱体、温湿度控制装置及机械应力施加装置等），强化对电子装备防护涂层起主要影响的环境因素，以快速获得防护涂层在该环境因素影响下的响应性能变化规律，为快速开展自然环境对防护涂层性能影响结果的分析、评估及预测打下基础。

适用对象：由于目前自然环境加速试验技术主要集中在强化自然环境中的太阳辐射、温度及湿度环境因素方面，因此在考核电子装备零部件、整机及系统防护涂层体系在大气环境下快速优选、使用寿命评估及环境适应性设计指标验证等方面拥有广泛的应用前景。

3.5.3 环境对装备功能影响规律与失效分析技术

定义：环境对装备功能影响规律与失效分析技术是指在考虑电子装备整体功能的基础上，根据其主要防护涂层性能在各种环境试验后的变化规律而开展的，与防护涂层性能劣化相关的电子装备整体功能失效分析与评估技术。

内涵：环境对装备功能影响规律与失效分析技术以电子装备在环境下的响应性能变化规律为核心，围绕其开展电子装备防护涂层在各类环境下的失效机理、规律等进行分析、评估，为后续提出环境对电子装备性能的影响检测、预防或者减轻措施与对策奠定基础。

适用对象：环境对装备功能影响规律与失效分析技术主要应用于在各类环境影响下的防护涂层失效研究，以及涂层失效对电子装备整机功能与性能的影响方面。

3.5.4 环境适应性评价技术

定义：环境适应性评价技术是指针对电子装备防护涂层环境试验结果，应用各种现代分析手段（如电化学分析、红外光谱分析、表面能谱分析等），在分析其性能变化规律基础上，开展的失效分析与评估技术。

内涵：环境适应性评价技术以电子装备防护涂层工艺的环境响应性能变化规律为核心，围绕其开展在各类环境下的性能变化规律分析、评估及预测，是后续提出环境对电子装备防护涂层工艺性能的影响检测、预防或者减轻措施与对策的前提和基础。

适用对象：环境适应性评价技术主要应用于在各类自然环境的直接影响下，电子装备防护涂层的性能变化规律评估与失效分析领域。

3.5.5 环境试验剪裁技术

定义：环境试验剪裁技术是指依据产品研制合同或协议规定的环境适应性要求，对电子装备防护涂层在装备全寿命周期各阶段开展的环境试验及其内容进行剪裁的技术。

内涵：环境试验剪裁技术以有关标准或规范的试验方法为基础，根据电子装备预期的寿命期环境剖面、环境适应性要求和试验技术等进行综合分析、评估和权衡，确定开展防护涂层环境试验所需要的试验环境、试验方法、试验程序、试验顺序及试验条件等内容。

适用对象：环境试验剪裁技术主要应用于防护涂层在电子装备全寿命期各阶段间设计各类环境试验方案。

3.5.6 环境响应测量技术

定义：环境响应测量技术是指在开展环境试验时，采用各种现代测量手段对电子装备防护涂层的各种环境响应特性进行测量与分析的技术。

内涵：环境响应测量技术以各种现代检测技术为核心，针对电子装备防护涂层的主要性能参数，开展经历各种环境试验时响应特性测量和分析，是后续开展防护涂层环境试验评价的前提与基础。

适用对象：环境响应测量技术主要应用于防护涂层在电子装备全寿命期各阶段间，开展各种环境试验时的环境响应测量与分析。

3.5.7 设备要求与检定技术

定义：设备要求与检定技术是指分析各种电子装备防护涂层自然与实验室环境试验的特点，提出环境试验设备设施开发的通用技术要求和检定方法。

内涵：设备要求与检定技术以有关试验标准或规范为基础，以满足电子装备寿命期环境剖面与环境适应性要求为前提，确定电子装备防护涂层环境试验所需设备的通用技术要求及检定方法等内容。

适用对象：设备要求与检定技术主要应用于开发各类电子装备防护涂层环境试验设备过程中通用技术要求的提出，以及检定技术规范的制定。

3.5.8 环境数据信息系统共性技术

定义：环境数据信息系统共性技术是指建立电子装备防护涂层环境试验数据信息系统，以满足在线共享、分析、评价、预测产品环境适应性的通用性技术。

内涵：环境数据信息系统共性技术以现代计算机网络技术为基础，以电子装备防护涂层在环境试验期间的性能变化数据为核心，围绕其开展数据信息的模块化分析与整理、输入输出的标准化与规范化、网络安全性设计等，对提高防护涂层环境适应性评价效率具有重要意义。

适用对象：环境数据信息系统共性技术主要用于开展电子装备防护涂层环境数据信息系统设计（包括环境因子数据、环境试验数据及涂层优选结果数据等）和相似功能共享平台的建设。

参 考 文 献

[1] 总装备部电子信息基础部. 装备环境工程通用要求：GJB 4239—2001[S]. 北京：国家军用标准出版发行部，2001.

[2] 王光雍，李晓刚，董超芳. 材料腐蚀与装备环境工程[J]. 装备环境工程，2005，2（1）：1-6.

[3] 李英妮. 氟硅树脂涂料的研制与评价[D]. 济南：济南大学化学化工学院，2013.

[4] 宋君广，刘喜成，边伟龙，等. 纳米防渗碳涂料研究开发与应用[J]. 现代涂料与涂装，2017，(5)：26-30.

[5] 张赞，郭铭，康新征. 舰艇雷达罩涂料筛选与涂装工艺研究[J]. 现代涂料与涂装，2010，13（2）：58-61.

[6] 鲍秀森. 机载印制电路板组装件三防涂料筛选与涂覆工艺[G]. 中国电子学会. 第六届电子产品防护技术研讨会论文集. 2008：94-98.

[7] 莫祥昆，吴瑾. 丙烯酸聚氨酯涂层寿命评估及预测研究进展[J]. 苏州科技大学学报（工程技术版），2017，30：4-7.

[8] 刘涛，艾军，张丽芳，等. 基于图像处理技术的钢箱梁防腐涂层寿命预测实验研究[J]. 中国腐蚀与防护学报，2013，33（5）：407-412.

第4章

电子装备防护涂层环境失效行为

4.1 概述

电子装备防护涂层在使用过程中,不可避免地会受到环境因素(温度、湿度、阳光、雨水)的侵蚀,导致涂层微观组织发生变化,进而导致防护作用失效,被保护基体受到腐蚀,引起性能下降或功能失效,严重时易引发灾难。为了避免上述灾难发生,国内外研究学者通过试验研究涂层的失效行为及失效机理,以期能从根本上了解"为什么"会老化,是什么因素在对老化起着决定性的作用,如何避免这些情况发生或减缓其扩展过程。同时,防护涂层环境失效是确定环境试验决策和制定环境试验方案的主要依据,也是验证环境试验是否有效的主要手段。本章主要介绍电子装备防护涂层在不同自然环境中典型环境失效行为,分析失效过程及影响因素和电子装备防护涂层作用机理,并给出防护涂层常用的环境失效分析。

4.2 典型环境失效行为

电子装备防护涂层的失效原因有内因和外因两个方面。内因包括涂层结构、表面处理、材料组分、涂覆工艺等,如基材表面处理不到位的防护涂层,在恶劣海洋环境下服役不到 3 个月,涂层样品表面出现鼓包现象;又如某涂层涂覆厚度偏小,在海洋环境中服役不到 15 天出现腐蚀现象;再如防护涂层配套选择错误,装备下表面涂层在高湿度地区贮存半年后出现脱落。外因包括外部环境因素和机械应力,在环境因素方面,不同服役环境特点的差别对涂层的失效时间及失效模式的影响很大,如在我国内陆地区长期服役不发生失效的涂层,在岛礁环境中服役不到半年就发生失效，表面出现大量红锈，涂层对基材失去保护作用。本节重点从防护涂层种类、应用环境类型两个角度分析防护涂层的典型环境失效行为。

4.2.1 防护涂层的典型失效行为

为了研究电子装备防护涂层体系在湿热海洋大气环境下的失效特征，国内高校、科研院所依托具备典型湿热海洋大气环境特征的自然环境试验站点开展了相关研究工作。研究发现其主要失效现象包括失光、变色、粉化、起泡、剥落、长霉、腐蚀等失效现象，以下对各失效现象进行分析。

1. 失光

失光是材料光泽受气候环境的影响而降低的老化现象（见 GJB 6117—2007 中 4.3.3 节）。在各类户外环境下应用的防护涂层，最敏感的性能参数就是涂层光泽度。光泽度是漆膜表面把投射其上的光线向镜面反射出去的能力，反射光量越大，则光泽度越大，反之越小。涂层光泽度与表面微观粗糙度、颜料对光的吸收率和折射率有关。对于一般防护涂层而言，光泽度与微观粗糙度关系最为密切，所以光泽度的变化从侧面反映出表面状态的微观变化。

装备在太阳辐射强的地区服役时，如南部湿热沿海地区或高原地区，一般情况下 0~6 个月防护涂层的光泽度先升高，这是由于在太阳光、高温作用下，防护涂层中的残留自由基发生聚合，导致涂层表面更加平整紧密，对颜料的包裹性更好，光泽度升高，这个阶段防护涂层在太阳光的作用下也会发生降解，只是在该阶段聚合过程占有主导作用。随着太阳光进一步作用，防护涂层树脂基料的化学键发生断裂，对颜料的包覆能力变差，涂层表面粗糙度增大，光泽度逐渐降低。

光泽度变化通常被用作防护涂层老化问题早期的预测，失光等级大幅变化并不代表防护性能大幅下降，特别是对膜厚较大的防护涂层，所以 GB/T 1766—2008 规定，评价保护性涂层的综合老化性能等级时，失光率不参与评价，但光泽度可直观表达涂层表面信息，对研究防护涂层的老化过程至关重要，特别是老化过程初期，所以通常光泽度被作为防护涂层的重要性能参数。

2. 变色

变色是评价防护涂层气候老化程度的重要参数。防护涂层在自然环境下应用一段时间后，受太阳光、温度、湿度等环境因素的综合影响，涂层中颜料发生物理化学变化导致变色。涂层变色说明环境因素已透过树脂影响到颜料，此时树脂的包裹性已变差或部分丧失，所以一般情况下可认为变色是防护涂层粉化的前期表现。电子装备防护涂层变色实例如图 4-1 所示，其是丙烯酸聚氨酯涂层在西沙户外暴露 12

个月出现变色的。

图 4-1　电子装备防护涂层变色实例

3. 粉化

粉化是树脂受紫外光等因素作用，引起大分子链的降解、交联，从而使漆膜的内聚力改变，造成颜料微粒与树脂的分离，出现脱粉的现象（见 GJB 6117—2007 中 4.3.7 节）。粉化与应用环境中太阳光强度和辐照时间密切相关，据统计，在南海岛礁、青藏高原、西部干热沙漠等太阳辐射较强地区户外使用的防护涂层，1～2 年后均会出现不同程度的粉化现象。防护涂层粉化过程示意图如图 4-2 所示。

图 4-2　防护涂层粉化过程示意图

4. 起泡

电子装备防护涂层服役时受温度、湿度的综合影响容易出现起泡，特别是紧固件连接处、机箱盖板缝隙处等涂装施工质量不高或带有原始缺陷的部位，如图 4-3 所示。在广东、云南、海南等湿热地区服役的涂层容易出现起泡现象。

图 4-3　电子装备防护涂层起泡实例

5. 剥落

涂层发生剥落一般是附着力变差导致的，电子装备防护涂层的剥落一般是由起泡发展而成的，所以也常发生在紧固件连接处、结构件边缘等应力集中区域。电子装备防护涂层剥落示例如图 4-4 所示。

图 4-4　电子装备防护涂层剥落示例

6. 长霉

电子装备在湿热地区应用时，防护涂层表面容易出现长霉现象（见图 4-5），特别是一些非抗霉材料，如聚酯型聚氨酯清漆。霉菌生长容易导致印制电路板的绝缘性能下降，而霉菌分泌的代谢产物会导致金属结构件发生腐蚀。

图 4-5　电子装备防护涂层长霉示例

7. 腐蚀

电子装备防护涂层在使用过程中受太阳光、水分、盐雾等因素的影响，屏蔽作用逐渐减弱，当水分和腐蚀介质渗透至金属基材时就会发生电化学反应，出现腐蚀。电子装备防护涂层腐蚀示例如图 4-6 所示，其为氟聚氨酯涂层在西沙户外暴露试验 12 个月后微观腐蚀情况。

图 4-6 电子装备防护涂层腐蚀示例

4.2.2 不同种类涂层失效行为

防护涂层中树脂成膜物类型在一定程度上决定了其机械性能及耐候性，不同树脂成膜物在使用过程中出现的失效行为也存在差异。从涂料树脂种类特性着手研究不同涂料在典型环境下的失效行为，可为电子装备防护设计过程中涂料选择提供参考依据。

电子装备结构件防护涂层一般为底漆/面漆双层体系，底漆一般为环氧底漆，面漆常选择耐候性较好的漆种，如丙烯酸聚氨酯面漆、氟聚氨酯面漆、氟碳面漆、氨基面漆（室内使用）等，下面主要对这几种漆层的失效行为进行简单介绍。

1. 环氧底漆

目前常用的双酚 A 型环氧树脂涂层中含有芳香醚键，经太阳光照射后易发生断裂，从而导致涂层失去光泽，出现粉化，这也是环氧树脂涂料仅被用作底漆而非面漆的原因。

由于环氧底漆通常有面漆覆盖，其失效多发生在面漆出现破损后，或由于施工阶段操作不当早期引入的一些缺陷。例如，在户外施工过程中底漆各道之间或底漆面漆之间的施工间隔时间过长，受紫外光的影响出现粉化，导致附着力下降，进而在使用过程中容易出现脱落；当基材表面处理不当，残留一些盐分或油脂时，会导致环氧底漆与基材的附着力降低；而当采用胺固化剂在寒冷、潮湿环境下对环氧树脂进行固化时，胺固化剂有向涂层表面迁移的倾向，会导致"胺白"现象出现，同时与下一道涂层的层间附着力下降。

2. 聚氨酯面漆

目前采用的聚氨酯面漆多是丙烯酸聚氨酯面漆、氟聚氨酯面漆等，即多异氰酸酯、多羟基树脂组成的双组分体系，多羟基树脂包括丙烯酸树脂、聚酯树脂、氟树脂（分散于丙烯酸树脂溶液中）等。

与聚酯型聚氨酯面漆相比，丙烯酸聚氨酯面漆和氟聚氨酯面漆的耐候性和抗水解性较好，附着力也较优。聚氨酯面漆失效有时也是因为前期施工过程引入缺陷，如在湿度较大的地区施工时，异氰酸酯与空气中的水发生反应，生成二氧化碳气体，导致涂层内部出现空隙，影响涂层后期使用时的介质屏蔽性能。

同时，聚氨酯面漆在强太阳辐射区域长时间使用时，氨基甲酸酯键会发生断裂而出现粉化现象。

3. 氟碳面漆

氟碳涂料中氟树脂分子链上不含氟端的浸润性较好，含氟端的浸润性较差，导致大分子链的两端向不同方向迁移，而氟元素较多地集中在表面，使得氟碳树脂具有极低的表面能，所以氟碳面漆的性能与氟树脂对内部极性基团的包裹性密切相关，即与氟碳树脂中的含氟量密切相关，目前常用三氟氯乙烯类氟碳涂料含氟量一般为19%～28%，以四氟乙烯为基础的树脂含氟量可达35%。氟碳面漆的含氟量过高容易导致面漆附着力差，也影响与颜料的相容性，在使用过程中出现粉化、开裂现象；而含氟量过低则会影响涂层的耐水和耐光老化性能，在使用过程中容易出现起泡和粉化现象。

4. 氨基面漆

氨基树脂单独使用时容易出现附着力差、硬度高、涂膜脆等现象，与醇酸树脂等带有羟基的树脂组合应用时可提升附着力、调节硬度、提高柔韧性。醇酸树脂中往往存在不饱和键，在太阳光下，会提供氧化及自由基反应的活性点。另外，醇酸树脂表面固化比内部快得多，所以表面会出现干燥收缩，出现起皱现象。

4.2.3 不同自然环境下防护涂层环境失效行为

不同自然环境类型的环境特点有所不同，对电子装备防护涂层的影响作用存在较大差异。国内典型自然环境类型下的防护涂层失效行为如表 4-1 所示。

表 4-1 国内典型自然环境类型下的防护涂层失效行为

序号	环 境 类 型	主要环境影响因素	涂层主要失效行为
1	湿热海洋大气环境	盐雾、温度、湿度、太阳辐射	失光、变色、粉化、起泡、剥落
2	温带海洋大气环境	温度、湿度、盐雾、太阳辐照、凝露	失光、变色、起泡、剥落
3	湿热乡村大气环境	温度、湿度、太阳辐射	粉化、起泡、长霉
4	亚湿热工业大气环境	太阳辐射、温度、湿度、工业废气	起泡、粉化
5	暖温高原大气环境	太阳辐射、昼夜温差	失光、变色、粉化、开裂

续表

序号	环境类型	主要环境影响因素	涂层主要失效行为
6	湿热雨林环境	温度、湿度、霉菌	起泡、长霉
7	干热沙漠大气环境	高温、太阳辐照、温度变化、沙尘	失光、变色、开裂
8	寒冷乡村大气环境	低温、昼夜温差	开裂、剥落

针对表 4-2 中 6 种电子装备防护涂层，分别在紫外辐射强的暖温高原环境（拉萨试验站）、湿热时间长的亚热带乡村环境（广州试验站）和高温高湿高盐强辐射的湿热海洋大气环境（西沙试验站）下开展户外暴露试验，对比防护涂层的失效情况[1]。表 4-3 给出了拉萨试验站和广州试验站大气环境条件，表 4-4 给出了西沙试验站大气环境条件。

表 4-2 电子装备防护涂层样件信息

序号	基材	表面改性	底漆	面漆	干膜厚度/μm
B-01	玻璃钢板	—	环氧聚酰胺底漆	弹性聚氨酯面漆	200
B-02	玻璃钢板	—	环氧聚酰胺底漆	氟聚氨酯面漆（浅灰）	120
B-03	2A12	Ct·Ocd	锌黄底漆	丙烯酸聚氨酯面漆	100
B-04	2A12	Ct·Ocd	环氧锌黄底漆	氨基树脂面漆（海灰）	120
B-07	5A06	Ct·Ocd	锌黄底漆	丙烯酸聚氨酯面漆	100
B-08	5A06	Ct·Ocd	环氧锌黄底漆	氨基树脂面漆（海灰）	120

表 4-3 拉萨试验站和广州试验站大气环境条件

试验站	年平均气温/℃	年平均高温/℃	年平均低温/℃	年降雨量/(mm·a^{-1})	年降雨日数/d	日均日照时数/h
拉萨	7.5	15.3	0.8	420.5	60.1	8.3
广州	22.1	26.3	18.9	1736.1	149.2	4.5

表 4-4 西沙试验站大气环境条件

试验站	年均气温/℃	年均相对湿度/%	润湿时间/(h·a^{-1})	年降雨量/(mm·a^{-1})	年日照时长/(h·a^{-1})	盐雾沉降率/mg/(100cm^2·d)
西沙	27.1	79	5830	1600	2700	3.25

经 12 个月的暴露试验后，防护涂层在 3 个试验站经暴露试验后的老化评级结果如表 4-5 所示，防护涂层在 3 个试验站经暴露试验后的光泽度对比如图 4-7 所示，防护涂层在 3 个试验站经暴露试验后的色差对比如图 4-8 所示。

表 4-5　防护涂层在 3 个试验站经暴露试验后的老化评级结果

样品种类	拉萨站				广州站				西沙站			
	粉化		起泡		粉化		起泡		粉化		起泡	
	6M	12M	6M	12M	6M	12M	6M	12M	6M	12M	6M	12M
B-01	0	1	0	1	0	1	0	0	1	2	0	1
B-02	0	1	0	0	0	0	0	0	1	2	0	0
B-03	0	1	0	0	0	0	0	0	1	1	0	2
B-04	0	1	0	0	0	1	0	0	1	3	0	0
B-07	0	0	0	0	0	0	0	0	1	1	0	0
B-08	0	1	0	0	0	0	0	0	2	2	0	0

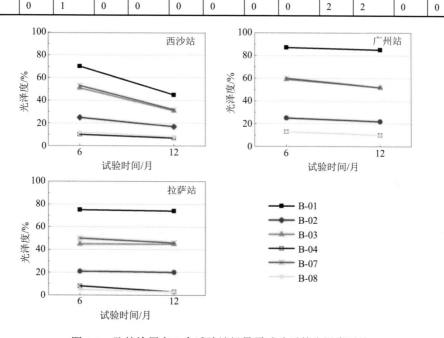

图 4-7　防护涂层在 3 个试验站经暴露试验后的光泽度对比

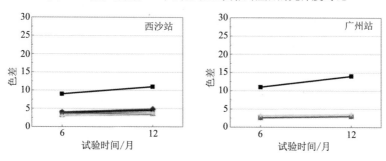

图 4-8　防护涂层在 3 个试验站经暴露试验后的色差对比

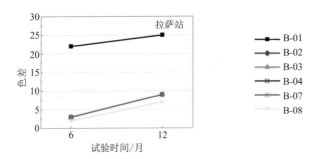

图 4-8 防护涂层在 3 个试验站经暴露试验后的色差对比（续）

在拉萨站强太阳辐射的影响下，大部分防护涂层发生粉化，失光程度大于广州试验站，且变化较快，玻璃钢板/环氧聚酰胺/弹性聚氨酯涂层体系发生起泡；在广州试验站的多数防护涂层未发生粉化和起泡现象；全部防护涂层在西沙试验站暴露 6 个月后均发生不同程度粉化，12 个月时 5 种防护涂层的粉化达到 2 级，其中 2A12/Ct·Ocd/锌黄环氧底漆/海灰氨基树脂涂层体系粉化等级为 3 级，在长时间高温、高湿的大气环境的影响下，起泡现象也较拉萨试验站和广州试验站严重。

与其他两个试验站比较，防护涂层在西沙试验站的失光现象最严重，且变化较快。变色现象拉萨试验站最严重，多数防护涂层在西沙试验站的色差值仅略高于广州试验站。

对西沙和拉萨两个试验站的弹性聚氨酯面漆进行表面微观样貌分析，如图 4-9 所示。

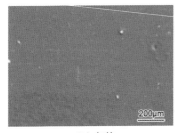
（1）初始

（2）西沙户外暴露 24 个月后

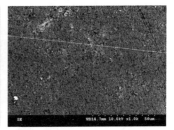
（3）拉萨户外暴露 24 个月后

图 4-9 涂层样件暴露试验前和暴露试验后的 SEM 图

由图 4-9 可知，试验前防护涂层表面致密，面漆树脂和颜料粒子结合紧密连续，在西沙户外暴露 24 个月后，表面出现大量孔洞，这是由于树脂基料老化降解对颜料的包覆作用变差，在雨水的冲刷下，颜料流失，导致出现孔洞。在拉萨户外试验 24 个月后，表面同样出现孔洞，但与在西沙试验站的试验结果相比，孔洞较小，这是由于西沙对防护涂层的环境综合影响更加突出。在拉萨户外暴露 24 个月后，面漆表面出现一些细小的裂缝，这是由于随着树脂链的降解面漆内聚力变小，在日夜温差的交替影响下出现开裂。

4.3 防护涂层失效过程及影响因素

4.3.1 防护涂层失效过程

对于完整、无初始缺陷的防护涂层而言，失效一般从表面降解开始，这一过程中防护涂层树脂基料部分化学键在紫外光的影响下出现断裂，导致表面粗糙度增加出现失光现象，断裂后重组出现生色基团导致防护涂层变色，分子键断裂生成的小分子对颜料的包覆作用变差导致涂层表面出现粉化，根据以往西沙试验站的自然暴露试验结果可知，常用防护涂层户外静置暴露 1 年基本会出现失光、变色现象，1.5 年后基本会出现粉化现象。

根据第 2 章所述，目前电子装备面漆一般采用丙烯酸聚氨酯类，面漆中酯、醚、胺等容易出现水降解的化学键较少，所以完好涂层并不容易出现水降解。但在太阳光的影响下，涂料树脂的分子链发生重排，出现酯、醚和水溶性小分子，水降解一般出现在光降解之后，而水降解形成的低能量化学键更容易引起进一步的光降解。光降解和水降解互相促进，但引起的宏观变化形式均是失光、变色或粉化。

光降解和水降解出现的水溶性小分子容易导致出现连续或间断的通道，水分在涂层内部的积聚可导致防护涂层出现气泡。涂层表面出现微孔，Cl^- 等小半径离子随着水分渗透至涂层内部，并通过扩散的方式进行传输，当 Cl^- 到达金属表面时，会促进阳极反应并破坏金属的钝化膜，阴极反应生成 OH^-，金属阳离子迁移到金属/涂层界面和 OH^- 结合形成碱性氢氧化物，并在金属表面积聚发生膨胀，导致涂层剥离。

防护涂层的失效过程如图 4-10 所示。

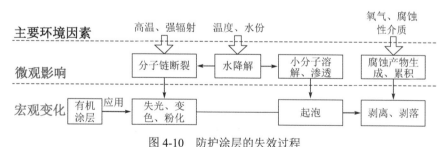

图 4-10 防护涂层的失效过程

4.3.2 防护涂层失效影响因素

电子装备防护涂层失效不但与环境因素相关，与涂层配套设计、基材结构及涂层缺陷、施工质量控制等因素均密切相关，本节对以上因素的涂层失效影响进行分析（见图4-11）。

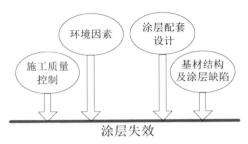

图4-11 装备涂层失效影响因素

1. 涂层配套设计

涂层配套设计的合理性决定了防护涂层的初始性能，又直接影响防护涂层使用过程的可靠性和寿命。一般而言涂层配套设计包括表面处理方式、底漆选择、（中间漆）面漆选择、厚度设计等内容。

涂层配套设计主要影响涂层体系界面的性能，设计不当主要引起防护涂层附着失效，宏观表现为起泡、剥落。

工业和信息化部电子第五研究所通过针对不同配套形式的防护涂层样件开展自然环境试验，研究不同配套形式对涂层性能的影响。

1) 表面改性方法对防护涂层的影响

针对表4-6中的3种防护涂层，选择三沙市永兴岛为自然环境试验站点，开展户外暴露试验，对比不同表面改性方法对防护涂层失效的影响。

表4-6 不同表面改性方法的防护涂层样件信息

编号	基材	表面改性方法	底 漆	面 漆
A1	10#钢	Fe/Ep・Zn30.c2C	锌黄丙烯酸聚氨酯底漆	丙烯酸聚氨酯磁漆
A2	10#钢	Fe/Ct・ZnPh	锌黄丙烯酸聚氨酯底漆	丙烯酸聚氨酯磁漆
A3	10#钢	达克罗	锌黄丙烯酸聚氨酯底漆	丙烯酸聚氨酯磁漆

对3种防护涂层样件的光泽、颜色、附着力和电化学性能参数进行检测。对比防护涂层失光、色差变化结果，可以看出经过24个月的自然暴露试验，3种涂层的光泽度和色差变化趋势基本一致（见图4-12），说明基材的表面改性对防护涂层的表面状态变化影响较小。

不同表面改性方式的防护涂层体系外观样貌如图4-13所示。

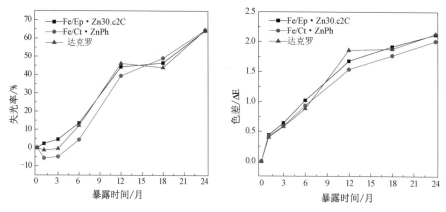

图 4-12 不同表面改性方式在热带海洋大气下的失光率和色差变化规律

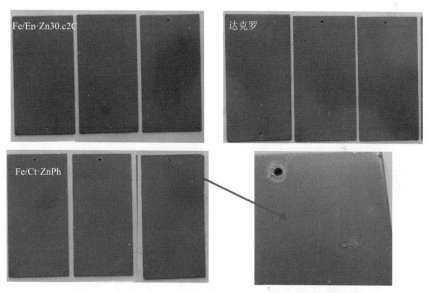

图 4-13 不同表面改性方式的防护涂层体系外观样貌

自然环境试验 18 个月后，磷酸锌盐表面处理的防护涂层样件（A2）出现起泡和基材腐蚀现象，另外 2 种表面改性方式的防护涂层样件无腐蚀、起泡、开裂等失效现象。说明在 3 种防护涂层体系中磷酸锌盐表面处理的样件对介质的屏蔽作用稍差。

试验过程中，参照 GB/T 9286—1998 和 GB/T 5210—2006 对样件的附着力开展测试，可以发现虽然三种防护涂层的划格附着力等级（划格法）和拉开破坏强度发生变化较小，但拉开破坏形式变化明显，不同表面改性方式的防护涂层附着力测试结果如表 4-7 所示。

表 4-7　不同表面改性方式的防护涂层附着力测试结果

涂层编号	试验周期	附着力结果		
		GB/T 9286/级	GB/T 5210	
			破坏强度/MPa	破坏形式[注]
A1	初始	0	4（3.21～4.73）	5%C/D，95%Y/Z
	6 个月	1	2（2.17～2.50）	100%Y/Z
	12 个月	1	5（4.12～5.19）	60%C/D，40%Y/Z
	18 个月	1	4（3.39～5.04）	35%C，15%D，50%Y/Z
	24 个月	1	4（2.79～4.30）	50%C，15%D，35%Y/Z
A2	初始	0	4（3.95～5.53）	5%C/D，95%Y/Z
	6 个月	1	3（2.90～4.65）	20%C，10%D，70%Y/Z
	12 个月	2	4（3.35～5.63）	50%C，50%Y/Z
	18 个月	1	4（3.46～4.33）	50%C，10%D，40%Y/Z
	24 个月	1	5（4.24～4.99）	35%C，55%D，10%Y/Z
A3	初始	0	4（3.20～3.86）	25%B/C，40%D，35%Y/Z
	6 个月	1	3（2.04～3.38）	45%C，15%D，40%Y/Z
	12 个月	1	3（2.34～2.99）	75%A/B，10%C，15%Y/Z
	18 个月	2	4（3.64～3.87）	40%B/C，50%C，10% Y/Z
	24 个月	1	4（3.97～4.24）	15%A/B，70%C，15%Y/Z

注：A/B 表示基材与表面改性层之间的附着破坏；B/C 表示表面改性层与底漆之间的附着破坏；C 表示底漆内聚破坏；C/D 表示底漆与面漆之间的附着破坏；D 表示面漆的内聚破坏；Y/Z 表示胶黏剂与铝锭之间的附着破坏。

对 A1、A2 防护涂层样件而言，随着试验的开展底漆内聚破坏占所有破坏形式的比例不断增加，在 12 个月时达到 50%；A3 涂层在开展自然暴露试验中出现基材与表面改性层（达克罗）、表面改性层与底漆之间的附着破坏，在开展户外自然暴露试验 12 个月时，基材与表面改性层之间的附着破坏甚至占了所有破坏形式的 75%。

比较 3 种不同表面改性方式的防护涂层样件，发现达克罗与锌黄丙烯酸聚氨酯底漆的附着力最差，在试验过程中容易出现附着失效。

进一步对比 3 种防护涂层开展 18 个月的自然环境试验后的电化学阻抗复平面图，如图 4-14 所示。

由图 4-14 可知，18 个月后电镀锌处理的防护涂层样件容抗弧半径最大，对电解质溶液的屏蔽作用最好，磷酸锌化学处理的防护涂层样件容抗弧半径最小，且在后端出现上扬现象，推测电解质溶液已渗透至底漆部位，这也是涂层出现腐蚀及底漆出现内聚破坏的原因。

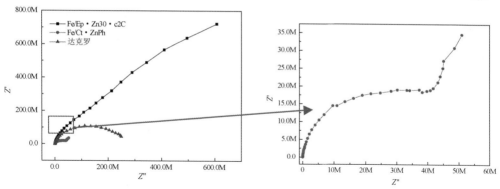

图 4-14　不同表面改性方法的防护涂层阻抗复平面图

2）不同面漆的防护涂层体系在海洋大气环境下的失效行为

选取基材、表面处理、底漆均相同但面漆不同的天线罩防护涂层，选择国内能代表热带海洋大气、温带海洋大气、亚湿热工业大气和干热沙漠大气环境的自然环境试验站开展试验，研究面漆对防护涂层失效的影响。西沙大气环境暴露试验中所使用的舰船电子装备涂层体系如表 4-8 所示。

表 4-8　西沙大气环境暴露试验中所使用的舰船电子装备涂层体系

序　号	基　材	前处理	底　漆	面　漆
C1	环氧玻璃布板	打磨	H01-101 底漆	丙烯酸聚氨酯半光磁漆（军绿）
C2	环氧玻璃布板	打磨	H01-101 底漆	无光聚氨酯透波磁漆（海灰）
C3	环氧玻璃布板	打磨	H01-101 底漆	弹性聚氨酯磁漆（黑色）
C4	环氧玻璃布板	打磨	H01-101 底漆	氟聚氨酯无光磁漆（浅灰）

分析 4 种面漆在 4 种典型大气环境下失光变化情况，如图 4-15 所示。

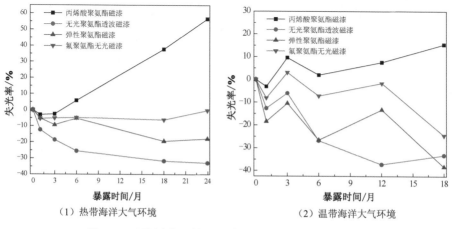

(1) 热带海洋大气环境　　　　(2) 温带海洋大气环境

图 4-15　不同大气环境下天线罩防护涂层的失光率对比

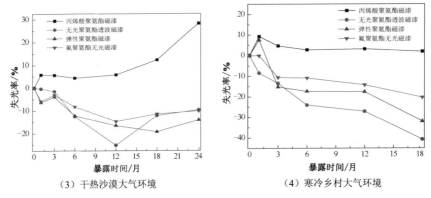

（3）干热沙漠大气环境　　　　　　（4）寒冷乡村大气环境

图 4-15　不同大气环境下天线罩防护涂层的失光率对比（续）

面漆作为防护涂层体系的最外层，直接受外界应用环境的影响，所以同一种面漆在不同环境下所表现的失光率不同，不同面漆受同一环境类型的影响失光率也有所不同，光泽度越高的面漆更容易发生失光。

分析 4 种涂层在不同暴露环境下的色差变化情况，如图 4-16 所示。

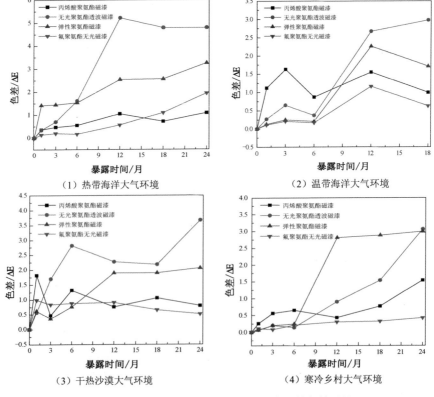

（1）热带海洋大气环境　　　　　　（2）温带海洋大气环境

（3）干热沙漠大气环境　　　　　　（4）寒冷乡村大气环境

图 4-16　不同大气环境下天线罩防护涂层的色差对比

颜色变化主要是由于面漆中的颜料在环境影响下发生物理化学反应导致的，与颜料种类、树脂聚合物分子链强度及包裹性密切相关。与军绿丙烯酸聚氨酯半光磁漆、浅灰氟聚氨酯无光磁漆相比，海灰无光聚氨酯透波磁漆和黑色弹性聚氨酯磁漆的色差变化幅度较大。

2. 涂覆基材结构及涂层缺陷

电子装备结构复杂，在涂覆防护涂料后常常有一些宏观或者微观缺陷，这些缺陷是导致涂层提前失效的重要原因。研究表明，涂层的失效一般起源于缺陷处，该处产生的腐蚀产物将加速涂层与基体的剥离。涂层的宏观缺陷一般都是可见的，诸如较大的孔洞、裂纹或裂缝等，这些缺陷通常贯穿整个涂层而直通基材表面。产生宏观缺陷的原因有很多，如喷涂工艺的施工质量，喷涂过程中由于涂层/基体的热膨胀系数不匹配性造成的残余应力，实际工况中的应力与温度，使用过程中的机械损坏等。关于涂层的微观缺陷，很多学者都进行了相关的研究。迄今为止，还没有得出公认的机理。研究表明，造成涂层微观缺陷的原因主要有以下几个方面：

（1）基体表面的不均匀性；
（2）表面预处理不当；
（3）基体与涂层界面的空隙；
（4）涂层内部的致密性不足；
（5）涂层颗粒运动产生的空穴等。

需要指出的是，不论是涂层的宏观缺陷还是微观缺陷，都与被涂覆物的结构和表面不均匀性有很大关系，这些不均匀性包括不同表面引起的涂层附着力不均匀，涂覆结构中存在的缝隙、高低不平、曲率差异等结构不均匀引发的涂层厚度和内部应力状态的不均匀，表面污染造成的表面状态不均匀等。相关研究表明，80%～90%的涂层提前失效是由于不正确的表面预处理，因为在这些表面预处理过程中，氯化物、硫酸盐等污染物残留在基体表面，导致涂层的涂敷质量不佳。

在实际应用和试验过程中也发现，防护涂层的早期问题多出现在结构件的边缘、连接部位，涂覆结构对涂层失效的影响如图 4-17 所示。

图 4-17 涂覆结构对涂层失效的影响

涂层的宏观缺陷，往往可以通过严格控制涂装工艺而得以减小或者避免，但涂层的微观缺陷是不能完全避免的。涂层内部的微孔及非平衡态等是造成基体与涂层发生腐蚀失效的关键因素。由于这些微观缺陷的存在，在涂层中形成了长径比很大的腐蚀通道，腐蚀性介质正是通过这些通道传输到涂层/基体的结合面区域，形成微观腐蚀原电池，进而使得基体发生腐蚀。

3. 环境因素

1）自然环境

在涂层从完好无损到失效的各个阶段，各类环境因素均会发生作用，但主导因素有所区别。涂层失效往往从表面开始，受到太阳光中紫外线的影响涂层表面发生降解，随着降解的加深，涂层中形成了水和各种腐蚀离子的渗透通道，随着时间的推移，涂层的空隙率不断加大；当水分、氧气及腐蚀性离子到达涂层/金属界面后，会发生电化学腐蚀，最终导致涂层失效。涂层失效的环境影响因素如图 4-18 所示。

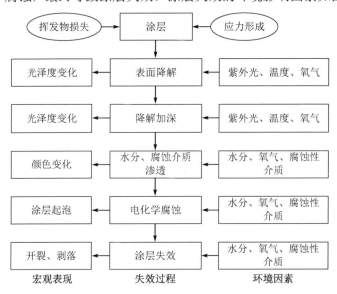

图 4-18 涂层失效的环境影响因素

另外，不同环境因素导致的防护涂层宏观失效现象有所不同，如太阳辐射导致涂层出现粉化，高温、高湿环境容易引起防护涂层起泡，腐蚀性介质的存在容易导致层下金属腐蚀引起涂层起泡，下面对不同环境因素对防护涂层的影响进行了分析。

（1）太阳光。

太阳光光谱的波长为 150～3000nm，而到达地球表面的波长为 295～3000nm。通常人们根据不同的波长范围将到达陆地的太阳光分为紫外光（UV）、可见光（VIS）

和红外光（IR）3 个主要光区，太阳光光谱波长范围及能量占比如表 4-9 所示。

表 4-9　太阳光光谱波长范围及能量占比

光 谱 名 称	波长范围/nm	占比/%
紫外光	295～400	6.8
可见光	400～800	55.4
红外光	800～2450	37.8

通过比较涂层吸收波长的能量和聚合物的键能可判断涂层是否可发生光氧化降解或是否能保持良好的光稳定性，如果聚合物链吸收的光子能量大于键离解能，聚合物链就会发生断裂从而导致涂层光化学降解。太阳光量子的能量与波长成反比［见式（3-1）］，所以相比可见光和红外光，短波紫外光部分的能量最大，对涂层的破坏性也最强。

$$E = Nh\nu = Nhc/\lambda = 119697.7/\lambda \tag{3-1}$$

式中，E—辐射能，单位为 kJ/mol；

N—阿伏伽德罗常数，$6.022\times10^{23}\mathrm{mol}^{-1}$；

h—普朗克常数，6.63×10^{-34} J/s；

ν—辐射频率；

c—光速，$2.998\times10^{8}\mathrm{ms}^{-1}$；

λ—辐射波长，单位为 nm。

不同波长光辐射能及典型化学键强度如表 4-10 所示[2]。

表 4-10　不同波长光辐射能及典型化学键强度

光波长/nm	辐射能/(kJ/mol)	化 学 键	强度/(kJ/mol)	太阳光是否具有断键能量
295	405.8	C—H	420—560	否
300	399.0	C—C	300—720	取决于相邻取代基团
313	382.4	C—Cl	320—460	取决于相邻取代基团
340	352.1	C—N	120—300	是
400	299.3	C—O	约 1000	否
500	239.4	C=O	500—700	否
800	149.6	O—H	370—500	大部分情况不能
—	—	O—O	150—210	是
—	—	S—O	约 550	否
—	—	Si—Si	330—370	是

可见太阳光紫外波段（295～400nm）对 C—N、O—O 和部分 C—C 等化学键均具有破坏作用。

在太阳光的作用下，涂层表面微孔和缺陷增多，使水分、氧气及腐蚀介质到达金属基材表面，产生腐蚀。

（2）水分。

当有水存在于有机涂层表面时，随着时间的推移，水通过涂层的各种缺陷（孔隙、裂纹、杂质等）进入涂层内和涂层下，而部分涂层的有机分子中存在容易被水攻击的键（如—NH—CH_2—，—CH=O，—CH_2—O—CH_2—等），水的渗入可能导致涂层发生水降解，生成小分子产物，同时体系内其他可溶添加剂也可能溶解、抽出或迁移，使涂层产生膨胀、收缩等宏观变化，这种变化会导致涂层应力分布改变，最终导致起泡、剥落等不良后果。水分的渗入可与部分颜料发生物理反应和化学反应，导致防护涂层发生变色。

在相对高湿度情况下，小范围的温度变化会导致凝露发生，一般情况下凝露会加速防护涂层的腐蚀。这也是对部分种类涂层采用 60℃、95%的湿热试验条件比采用 85℃、85%的湿热试验条件显得更加严酷的原因。

（3）温度。

温度是影响涂层老化的重要因素。当温度升高时，分子的热运动加剧，容易使分子链发生断裂或产生自由基，自由基攻击临近高分子链，形成自由基链式反应，导致涂层降解和交联；温度降低时，分子链的活动能力下降，涂层会发生脆化；而在涂层经历高低温冲击时会导致其产生内应力，出现龟裂、剥离甚至剥落等老化现象。在氧气共同作用下，防护涂层等高分子材料在高温环境中会出现降解和交联。

一般来说，温度升高10℃，化学反应会增加2～3倍，但当温度影响其他因素时，情况会有所不同，如温度升高导致水中气体溶解度降低，在凝露环境下可能会降低腐蚀速度。

（4）氧和腐蚀性离子。

化学介质也对涂层失效具有重要的影响作用，腐蚀介质水溶液中离子通过涂层的表面缺陷，渗透到有机涂层内部，扩散至涂层与基体金属的界面区域，形成微观腐蚀电池，可造成基体腐蚀。

海上和沿海大气中的化学介质，主要以盐雾的形式存在。大气中盐雾的分布与距海的距离密切相关，距离越近，盐雾的影响就越显著，对于临近海域环境下服役的电子设备，盐雾对涂层的影响是不可忽视的。

盐雾的主要腐蚀成分是氯离子，氯离子具备一定的水合能，容易吸附在金属表面的孔隙、裂缝，排挤并取代氧化层中的氧，把不溶性的氧化物变成可溶性的氯化物，使钝化态表面变成活泼表面，导致保护膜区域出现小孔，破坏材料表面的钝性，加速材料的腐蚀。在一定的温湿度条件下，氯化物水溶液或离解后的氯离子具有很强的渗透能力，更容易通过漆膜、镀层及微孔而逐渐渗入到材料体系内部，从而引起材料失效。对于防护金属的涂层而言,这种渗透可以深入到底材金属,发生电化学腐蚀。

(5)干湿交替的环境条件。

干湿交替是常见的自然现象,如昼夜交替中温度和湿度的变化可引起水在涂层表面的表面凝聚和蒸发,另外降水和晴天交替,以及海洋环境中浪花飞溅和潮差也均可以导致有机涂层体系经历干湿循环变化。干湿循环是影响涂层劣化和涂层下金属腐蚀的重要因素之一。

干湿循环导致涂层出现膨胀—收缩过程,增加了吸水能力,并加速水分渗透到基材表面。水的渗透能够在涂层内部产生内应力,这种内应力既可能是电极表面可溶性成分溶解产生收缩性内应力,也可能是溶胀产生膨胀性内应力,这些内应力会在干湿循环过程中释放出来,使涂层剥离鼓泡变形而从基体金属剥离。

(6)其他。

防护涂层失效除了受以上几种环境因素的影响,大气中污染物的存在(如硫氧化物气体、氮氧化物气体、碳氧化物气体)也会对防护涂层产生一定影响。一方面,大气污染物可以溶入有机涂层表面上所形成的水膜中,从而形成导电的电解质溶液,然后渗入涂层/金属界面发生腐蚀反应;另一方面,污染气体扩散到涂层内部,气体中的活性基团与分子链上的某些基团反应,可改变分子链结构,从而导致有机涂层老化。

2)平台环境

GJB 4239—2001 定义平台环境为"装备(产品)连接或装载于某一平台后经受的环境",对电子装备防护涂层而言,平台环境就是指"涂层涂覆于电子装备上后所经受的环境",所以不同平台应用的电子装备或同一电子装备的不同位置均可为防护涂层营造不同的平台环境,对防护涂层失效产生影响有所区别,下面举例说明。

某舰载电子装备机柜为长方体结构,顶盖板与箱体之间采用扣件连接,为达到水密的目的,中间采用橡胶密封条密封。机柜箱体生产工艺为无涂层垫块采用1Cr18Ni9Ti 不锈钢,上盖板采用 2A12 铝合金并进行喷塑处理。对机柜箱体进行 6 个月的海洋平台暴露试验,在定期对箱体外观的检查中发现,暴露 3 个月时扣件上无涂层金属件发生明显锈蚀,同时顶盖板螺钉孔上方防护涂层明显起泡;试验 6 个月时,扣件上无涂层金属件锈蚀进一步加重,而且顶盖板螺钉孔上方防护涂层严重腐蚀起皮,箱体外部腐蚀情况如图 4-19 所示。另外,在箱体内发现,箱体上盖板和箱体侧壁上出现了十分明显的凝露现象,箱体底部有大量积水,如图 4-20 所示。由此可见,试验 6 个月后该电子机柜的防护体系已经出现了明显失效,主要的失效模式为箱体腐蚀和内部凝露积水。

 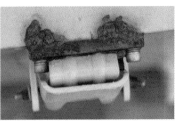

（a）初始　　　　　　（b）暴露 3 个月　　　　　　（c）暴露 6 个月

图 4-19　箱体外部腐蚀情况

 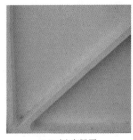 

（a）上盖板凝露　　　　　（b）侧壁凝露　　　　　　（c）底部积水

图 4-20　箱体内部凝露与积水

箱体的腐蚀不但影响其外观，还将影响到整个机柜的机械强度，严重时将造成机柜的解体。从图 4-19 的腐蚀形貌可以看出，箱体腐蚀主要出现于扣件的无涂层垫块和箱体表面扣件螺钉安装处。虽然扣件垫块所使用的不锈钢在单独使用时有较好的耐海洋环境能力，但作为构件使用，还必须考虑局部微环境的作用。由于喷塑层厚度不均匀和金属表面加工精度限制，在垫块和盖体间不管是采用螺接还是铆接，都无法避免缝隙的形成。不锈钢的耐蚀性主要依靠其钝化膜。钝化膜由致密的 Cr_2O_3 和 CrO_3 构成，可以有效阻止内部 Fe 与 H_2O、O_2 的接触。钝化膜主要靠合金元素 Cr 与 O_2 反应而修复。通常情况下，钝化膜的溶解和修复（再钝化）处于动态平衡状态，但当钝化膜的溶解速率大于修复速率时，不锈钢将发生腐蚀。研究表明，当构件之间存在缝隙时，在潮湿空气中，缝隙处会形成不易蒸发的水膜，阻碍 O_2 的补充，限制了钝化膜的自修复。海洋大气中，Cl^- 含量较高，并能取代钝化膜中的 O，生成可溶性氯化物，使基体金属发生腐蚀。

机柜盖板部件除螺钉孔上方严重腐蚀起皮外，其他表面无明显变化。由该部位的腐蚀过程可知，在潮湿大气中，螺纹内部不可避免会残留水气，形成不宜干燥的水膜。螺钉孔处由于喷涂效果较差，以及螺钉装配紧固过程中的磨损，使得 H_2O 分子透过喷塑层缺陷部位到达铝合金基体表面，又由于螺钉材料为 1Cr18Ni9Ti 不锈钢，这就造成了异种金属间的电偶腐蚀。腐蚀产物的体积效应对喷塑层产生推挤作用，造成喷塑层起泡、剥落。

电子装备机柜的一个重要功能是为内部电子装备提供一个适宜的工作环境[3]。水气的进入将使内部相对湿度升高,导致电路的腐蚀绝缘、耐压等电气性能下降。一旦内部出现凝露和积水,就可能造成电器短路,引起设备故障,甚至导致电子设备烧毁[4]。试验的机柜主要利用铝合金箱体、盖板及相关部件仪器构成一个水密空间来达到内部环境控制的目的。根据湿度理论,一定体积、温度下的空气中最大含水量是一个恒定值,通常称为饱和湿度,其大小可以用式(3-2)来表示。

$$e_w(t) = \alpha \exp\left(\frac{\beta \cdot t}{\lambda + t}\right) \tag{3-2}$$

式中,$e_w(t)$ 为温度 t 时的饱和含水量,α、β、λ 为 Magnus 参数。

由式(3-2)可见,当温度 t 降低时,空气中的饱和含水量随之降低。对一个气密性的箱体来说,由于内部体积一定,当空气中的含水量超过温度下降后的饱和湿度时,多余的水分将以液态水的形式凝结出来,形成凝露。导致凝露发生的温度下降程度可以通过露点公式计算:

$$t_d(t \cdot RH) = \lambda \frac{\left(\dfrac{RH}{100\%}\right) + \dfrac{\beta \cdot t}{\lambda + t}}{\beta - \ln\left(\dfrac{RH}{100\%}\right) - \dfrac{\beta \cdot t}{\lambda + t}} \tag{3-3}$$

式中,$t_d(t \cdot RH)$ 为密封容器中温度为 t、相对湿度为 RH 时的露点温度。

在本例中箱体内部相对湿度为 81%,温度为 31.5℃,带入式(3-3)可知其露点温度为 27.8℃。如果箱体内部为一个气密环境,而且温度变化周期较长,箱体内水气将不停地在气—液之间转换,内部的总含水量不变。然而,为了便于内部设备的维护和维修,该箱体采用的是水密而非气密结构,当温度升高时,内部相对湿度会降低。虽然此时低温阶段凝结出的水会逐渐蒸发,使内部相对湿度提高,但是低温阶段凝结出的水由于重力作用存在于箱体底部。由于箱体底部温度上升较慢,因此蒸发量将比较小。在本例中箱体内的相对湿度最低为 50%左右,而外部平台环境的平均相对湿度高于 85%。因此,当箱体内部相对湿度低于外部环境相对湿度时,水气分子会从高湿度的环境中通过密封界面逐渐向箱体内部扩散[5]。高温时段越长,进入箱体内部的水气就越多。当温度下降时,箱体各表面的温度会首先降低,箱体内部空气中的水分子就会在箱体内部凝结成水珠,如图 4-20(a)和图 4-20(b)所示。这也是低温阶段箱体内相对湿度变化较小的一个原因。水气在高温时通过箱体密封界面进入箱体,低温时在箱体内表面凝结并流至底部汇集,不断重复,形成了图 4-20(c)中箱体底部严重积水的现象。

4. 施工质量控制

涂料从某种意义上说还只是一种半成品，或是含有大量溶剂的液状物，或是未发生交联的分离组分，经涂装固化形成网状涂膜后才能发挥保护、装饰的功能。目前在民用领域推广涂料涂装一体化，由涂料生产商负责涂料选用、涂料配套、涂料施工全过程，而军用领域多是从涂料生产商购买涂料后由装备研制厂进行配套、施工，这也是同一配套体系多个装备研制厂应用性能大相径庭的原因。

涂料施工包括前处理、表面改性和涂装过程，如图 4-21 所示，各个程序均会影响涂层的质量，导致涂层出现失效。

图 4-21 涂料施工一般程序

涂层的前处理是保证整个涂层体系质量的基础和前提，包括除油、除锈与粗化过程，该过程若处理不当，防护涂层极易出现附着失效。据统计，钢铁表面的除锈质量对防护涂层寿命的影响程度为 49.5%[6]，可见其重要性。

表面改性目的是使涂料在基材表面形成一层均匀致密的保护膜，提高基材的耐腐蚀能力，但改性后的表面容易受到污染，影响与底漆之间的附着力，这也是表面改性和涂料涂覆之间间隔时间不能太长的原因。

涂装过程中环境控制不合理容易引入涂层缺陷，导致涂层的耐老化性能较差，如在涂装过程空气湿度控制不好，可导致表面清洁度不够或涂层固化不完全，致使涂层的耐老化性能不佳，所以一般情况下要求施工温度在 10℃～30℃，相对湿度不宜大于 85%。同时，涂装时喷涂压力、喷嘴型号、涂料黏度、涂料温度、与被涂表面的距离、喷幅等对涂层后期使用过程中耐老化性能均有影响。表 4-11 给出了涂敷阶段易出现的缺陷，带有这些缺陷的防护涂层在应用过程中容易被放大，影响涂层的防护性能。

表 4-11 涂敷阶段易出现的缺陷

缺陷名称	可能的原因	对涂层失效的影响
流挂	① 一次喷涂漆膜过厚； ② 黏度过小； ③ 环境温度低，固化慢； ④ 与被涂表面的距离过近	导致外观、厚度不符合要求，导致涂层的耐老化性能较差

续表

缺陷名称	可能的原因	对涂层失效的影响
缩孔	① 涂装件表面有油污存在; ② 树脂和稀释剂不配套; ③ 烘干室内不洁净	导致涂层的附着力较差,涂层内部产生水通道,导致涂层的耐水性较差
针孔	① 温度过高,涂膜表面干燥较快; ② 被涂表面未打磨充分; ③ 溶剂沸点较低,漆膜表面干过快; ④ 漆膜过厚,表面干燥后内部尚未干燥	导致涂层内部存在水通道,导致涂层的耐水性较差
咬底	① 底漆和面漆喷涂间隔时间过短; ② 前一道涂层交联不充分	导致涂层附着力较小
起皱	① 涂膜过厚; ② 涂装表面过热; ③ 未固化涂层暴露在高温环境下	导致外观、厚度不符合要求,附着力变小

4.4 电子装备防护涂层失效机理

4.4.1 光降解机理

电子装备常用的防护涂层树脂基料在太阳光的影响下均会发生降解,主要老化失效机理为自由基反应机理[7],如图 4-22 所示。

链的引发:
$$R-R \xrightarrow{h\nu} R\cdot$$
链的增长:
$$R\cdot + O_2 \longrightarrow ROO\cdot$$
$$ROO\cdot + RH \longrightarrow ROOH + R\cdot$$
$$ROOH \longrightarrow RO\cdot + \cdot OH$$
$$2ROOH \longrightarrow RO\cdot + ROO\cdot + H_2O$$
$$RO\cdot + RH \longrightarrow ROH + R\cdot$$
$$\cdot OH + RH \longrightarrow H_2O + R\cdot$$
链的终止:
$$自由基 \longrightarrow 产物$$

图 4-22 涂料树脂光氧老化过程

各类防护涂层在太阳光的影响下老化失效均是由链的断裂或交联导致的,但不同种类防护涂层老化表现形式有所不同。聚氨酯防护涂层在太阳光的影响下会出现泛黄和粉化现象,泛黄可能是由于聚氨酯树脂受太阳光长时间照射影响异氰酸酯中亚甲基会发生氧化,生成不稳定过氧化物,进一步生成发色基团醌酰亚胺结构,该结构会导致聚氨酯材料变黄[8]。聚氨酯中氨基甲酸酯键的断裂，可引起防护涂层出现粉化，断裂形式包括 C—N 键断裂和 C—O 键断裂[9,10]，C—N 键断裂生成氨基自由基和烷基自由基，并释放出 CO_2；C—O 键断裂生成氨基甲酰自由基和烷氧基自由基，而氨基甲酰自由基分解成氨基自由基和 CO_2，聚氨酯分子链断裂机制如图 4-23 所示。

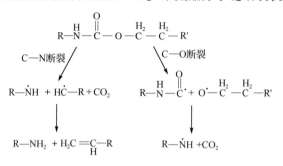

图 4-23 聚氨酯分子链断裂机制

聚氨酯涂层光老化过程中，太阳光中可见光部分和紫外光部分引起的降解机理有所不同，紫外光引起降解产物以伯胺为主，可见光老化产生的降解产物主要为羧酸[11]。

对目前电子装备常用丙烯酸聚氨酯防护涂层而言，紫外光老化行为分为前期（慢速光老化）、中期（快速光老化）、后期（慢速光老化）三个阶段。前期阶段光氧化产物逐渐聚集，接触角和色差等性能参数出现轻微变化；中期阶段聚集的光氧化产物导致涂层对紫外光强吸收，使得涂层光降解迅速，防护性能迅速下降；后期阶段基料流失导致表面可降解树脂变少，光氧化反应减弱，各指标变化平缓，降解机制也是 C—N 键和 C—O 键的断裂[12]。

对于丙烯酸类防护涂层，在有氧存在的情况下受到紫外线作用，主链上 C—C 键断裂生成游离基，以自由基形式反应后生成带有—C═C—和—COOH 的小分子，最终导致丙烯酸树脂降解，宏观表现形式是粉化[13]。

在紫外线作用下，醇酸树脂涂层的抗氧化能力与双键连接甲基吸收氢原子的能力密切相关。在使用过程中，醇酸树脂容易发生 Norrish type II 断裂，在老化过程中过氧基团通过重组和断裂分解为小分子量产物，如乙醛和甲酮[14]。

4.4.2 水降解机理

防护涂层在户外大气环境中除了受太阳光影响发生光降解，在湿热环境中，部分种类防护涂层容易出现水降解，特别是当树脂分子链中含有酯、醚、脲、醇、胺等极性基团时，如醇酸树脂、聚酯树脂等。

目前电子装备防护涂层常用面漆为聚酯型丙烯酸聚氨酯防护涂层，含有酯基、氨基、甲酸酯基等亲水基团，与水分子发生反应，并发生分子链断裂。

$$R-\overset{\overset{O}{\|}}{C}-O-R' \xrightarrow{H_2O} RCOOH + R'OH$$

$$R-\overset{H}{N}-\overset{\overset{O}{\|}}{C}-O-R' \xrightarrow{H_2O} RNHCOOH + R'OH$$

防护涂层树脂中各极性基团耐水解性能有所不同，其顺序是醚基>氨基甲酸酯>脲基>酯基[15]。

有机涂层的树脂分子链经过光降解后，会产生很多亲水性基团，所以对大多数涂层而言，水降解往往发生在光降解反应后。例如，聚氨酯涂层，R—NH—CO—NH—R'在紫外线的作用下生成 R—NH—C*=O 自由基，然后自由基链终止反应生成 R—NH—CO—O—R'，又在水分的作用下生成 R—NH—CO—H 和 R'OH，可溶性小分子可随水分进入涂层内部，然后在涂层中浓缩，结果在涂层表面下形成渗透池。渗透池是由半透膜（涂层）隔开的高浓度溶液（含水溶性小分子的溶液）和低浓度溶液（水分）组成的，这是一个非平衡体系，所以存在一个推动力促进两个不同浓度溶液的化学势趋于平衡，结果导致浓度高的水疱不断增大，最后涂层表面出现起泡现象。

4.4.3 腐蚀介质渗透过程

一般来说，无机盐、酸和碱很难通过大多数涂层，这是因为其物理尺寸较大，另外作为离子通常与有机涂层组成不兼容，但当这些化学物质能与涂层发生反应、或通过微孔等物理缺陷渗透时，会对涂层的最终防腐效果产生直接影响[16,17]。

腐蚀介质渗透的前奏是水的渗透，国内部分地区（如南海岛礁）的相对湿度常年在 70%以上，1 年中约 50%时间相对湿度在 80%以上，为水的渗透提供了良好的先决条件。在丙烯酸聚氨酯防护涂层使用过程中，水则会最先经由涂层中孔隙和缺陷处扩散至涂层内部。此时水的吸收现象主要是由于浓度梯度的扩散过程，满足 Fick 扩散行为[18]。

理想的 Fick 扩散行为，水分扩散系数是不变的，可用式（3-4）计算[16,19]：

$$\frac{M_t}{M_s} = 1 - \frac{8}{\pi^2} \sum_{n=0}^{\infty} \frac{1}{(2n+1)^2} \exp(\frac{-(2n+1)^2 D\pi^2}{L^2}t) \qquad (3\text{-}4)$$

式中，M_t 为任意时间 t 时的吸水量；M_s 为饱和阶段涂层内最大的吸水量；L 为自由膜厚度(cm)；D 为扩散系数，在整个浸泡时间内是常数。时间 t 较短（试验初期）时，可转化为式（3-5），水吸收分数 M_t/M_s 与时间的平方成正比，扩散系数可以从线性扩散区的斜率求得。

$$\frac{M_t}{M_s} = \frac{4\sqrt{D}}{L\sqrt{\pi}}\sqrt{t} \tag{3-5}$$

H_2O 在涂层中发生 Fick 扩散，需要满足以下假设：（1）涂层表面足够大,消除了边界效应；（2）在平行于平面方向上涂层有良好的均匀性；（3）水分子与涂层间无相互作用，即涂层内吸收的 H_2O 为自由水[20]。

对于非 Fick 扩散过程，较短时间内涂层的吸水量（单位面积内渗透量 M）与时间的关系可用式（3-6）表示[21]：

$$M = Kt^n \tag{3-6}$$

式中，K 和 n 为常数。对于 Ⅰ 类扩散（Fick 系统），$n=1/2$；对于 Ⅱ 类扩散，$n=1$。

当防护涂层有孔隙、裂纹、颗粒等缺陷时，则引入了表观扩散系数代替线性扩散系数，参照式（3-7）的经验公式[22]：

$$D_a = D_h + \frac{D_w \theta}{\phi_w} \tag{3-7}$$

式中，D_a 为实测水的表观扩散系数；D_h 为线性扩散系数；D_w 为气态 H_2O 在空洞中的扩散系数；θ 为涂层的孔隙率；ϕ_w 为吸水率（体积百分比）。

当水在醇酸涂层和聚氨酯涂层中扩散时，水在涂层中可能是以氢键置换的链传递方式进行传输的，当 RH 大于 30%时，扩散符合 Fick 第二扩散定律；当 RH 低于 30%时，吸水过程开始偏离 Fick 第二扩散定律，渗透过程中水与涂层分子发生了化学反应，部分水与涂层分子中的羰基 C═O 形成了氢键。

当水扩散至金属基体界面时，接下来氧和具有腐蚀性的离子会在涂层之间形成连续或非连续的水相。其中水会随着渗透到达两者界面处，累积达到一定程度会产生侧向压力，进而引起涂层湿附着力不断降低。这种侧向压力引起的失效现象根据湿附着力强弱程度有所不同，可将涂层失效分为两种：对于弱湿附着力体系，失效现象为涂层脱落，由于湿附着力是小于侧向压力而引起的；对于强湿附着力体系，由于侧向压力较小使得水在原始位置积累并出现腐蚀产物，此时失效表现为起泡。随着腐蚀的进行，腐蚀产物会不断地积累，达到一定程度时，湿附着力就会完全丧失，从而引起涂层剥落。

4.5 环境失效分析

4.5.1 失效分析过程

电子装备防护涂层失效分析过程的一般原则：(1) 从宏观分析到微观分析；(2) 先开展非破坏性测试，后开展破坏性测试。电子装备防护涂层失效分析过程如图 4-24 所示。

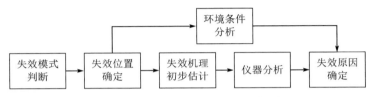

图 4-24 电子装备防护涂层失效分析过程

失效模式判断常常需要实地调查，调查过程中需要一个基本工具包[23]，涂层失效实地调查工具包如表 4-12 所示。

表 4-12 涂层失效实地调查工具包

序号	工具	用途
1	照相机	对采样区域进行拍照
2	多用途刀	取样、测试附着力
3	附着力测试胶带	测试附着力
4	便携式测厚仪	判断起泡
5	注射器和小玻璃瓶	用于提取水疱内溶液成分
6	pH 试纸	用于检查水疱内溶液 pH 值或周围环境 pH 值
7	样品拉链袋	保存取样

失效位置确定首先主要收集防护涂层的失效位置信息，为使用环境因素分析提供参考；然后分析预测防护涂层的主要环境影响因素，如温度、相对湿度、太阳光、润湿时间等内容；给出预测的失效机理，需要的话可以开展故障树分析，目的是初步为失效分析方法指定方向；最后收集失效涂层样品，对其开展仪器分析，寻找失效原因。

4.5.2 失效分析工作内容

针对电子装备防护涂层失效分析的工作内容主要包括以下 5 个部分：(1) 现场调查；(2) 收集资料；(3) 综合分析归纳，推理判断提出初步判断；(4) 开展结果重现性试验或证明试验；(5) 撰写失效分析报告。

现场调查主要针对失效区域的整体环境和局部环境特点进行分析，整体环境特点分析主要观察失效位置是处于敞开区域、半封闭区域，还是处于封闭区域；局部环境特点主要看其是否受诱发环境的影响，如周围是否有热源及腐蚀性介质产生等。

收集资料主要包括 3 个方面：(1) 涂层基本信息，包括基材表面处理工艺、喷涂方法及喷涂条件、涂层组成、成分及厚度信息等；(2) 涂层在老化失效过程中的外观、成分及性能变化情况；(3) 涂层在使用过程中环境数据的变化规律，主要包括温度、湿度、腐蚀介质、太阳辐照强度等。

综合分析归纳主要通过先进测试分析手段对老化前后涂层的形貌、成分及官能团的变化情况进行分析，测试其物理机械性能，分析老化前后涂层成分、官能团及性能的变化规律，并与环境参数建立一定的联系，初步确定影响其老化的主要环境因素。

通过适当的环境试验设计，进一步验证影响涂层失效主要环境因素推断的准确性，该部分主要通过实验室人工模拟试验方法来验证其有效性，如模拟温度、湿度共同作用的湿热试验，模拟海洋环境 Cl⁻ 腐蚀的盐雾试验等。

撰写失效分析报告主要包括试验对象、分析手段、试验结果、试验结论等内容。

4.5.3 失效分析方法

涂层在环境因素作用下，其宏观形貌、微观形貌及成分均会发生变化，其物理性能及机械性能也会发生变化，为了表征上述变化，通常利用先进的分析仪器及测试设备开展相关表征工作，常用防护涂层失效分析手段如表 4-13 所示。

表 4-13 常用防护涂层失效分析手段

序 号	检测类别	检测项目	检测手段
1	外观检查	宏观形貌	相机拍照
2		光泽	光泽度计
3		色差	色差计
4	微观形貌	1~10 倍观察	光学显微镜
5		50~2000 倍	金相显微镜
6		2000~30000 倍	扫描电子显微镜

续表

序 号	检测类别	检测项目	检测手段
7	成分分析	XPS	X射线光电子能谱分析仪
8		EDS	X射线能谱分析仪
9		红外光谱	傅里叶变换红外光谱仪
10	热性能	DSC	差式扫描量热仪
11	电化学交流阻抗测试	Bode图、Nyquist图	电化学工作站

在外观形貌表征上，宏观形貌表征的手段主要为肉眼观察和相机拍照，测试光泽度和色差可以初步获知防护涂层表面状态的变化情况。为了从微观形貌表征上述变化，可进一步选择放大倍数为1～10倍的光学显微镜、50～2000倍的金相显微镜或放大倍数更大的扫描电子显微镜进行观察。

在成分分析表征方面，重点表征涂层元素及官能团含量的变化情况，其中XPS和EDS含量表征可采用X射线光电子能谱分析仪和X射线能谱分析仪来实现；红外光谱的表征可采用傅里叶红外光谱仪来实现。

1. 傅里叶变换红外光谱仪（FTIR）

当防护涂层因树脂分子结构发生变化而出现失效时，如涂层树脂键断裂发生粉化，红外光谱分析可被有效应用，特别是采用衰减全反射红外光谱（ATR-FTIR）可实现无损测试，在各类防护涂层失效分析时备受青睐[20—23]。除用于防护涂层降解分析外，傅里叶变换红外光谱仪还可用于鉴别涂层种类、检测表面污染物和分析防护涂层固化情况。

2. 扫描电子显微镜（SEM）

SEM一般用于研究样品老化前后表面形貌结构的变化，放大10～10^5倍的图像不仅可以与宏观表面的变化进行对比，还可以提供不同失效阶段涂层的表面形貌，如孔隙率、微观结构等[24—29]。同时，将SEM与X射线能谱分析（EDS）结合起来，可在观察微观样貌的同时获知元素信息，对寻找涂层失效原因非常有用，如对剥落的底漆背面进行SEM—EDS分析，发现有硫元素的存在，可初步推断失效是由于表面处理不当导致的。

3. X射线光电子能谱分析仪（XPS）

XPS是一种有效的表面分析方法，可获知涂层老化前后的元素组成、含量和元素价态等信息，特别是C、O元素的含量比例及C元素的价态变化对涂层分析老化程度和机理分析比较有效[30]。但XPS只能检测涂层表面较小的区域，并且只能检测表面下5nm以内的涂层信息，因此检测结果的重复性不高，一般需要多次检测并与其他方法相结合。

4. 差式扫描量热仪（DSC）

DSC 主要用于涂层交联反应动力学研究和热塑性防护涂层的玻璃化转变温度的确定。目前电子装备防护涂层多是热固性，在使用过程中表面树脂键断裂会导致交联程度发生改变，可使用 DSC 进行确定，但对取样要求较高。

5. 电化学交流阻抗测试

在金属腐蚀过程中总伴随着一系列的电化学变化，通过检测电化学变化信号，可以实时获得金属腐蚀与涂层防护性能变化的动态信息。应用电化学理论对给出的信息进行分析处理，可以对涂层下金属腐蚀的动力学规律及涂层的防护机理进行研究，实现涂层防护性能的定量与半定量评价。

电化学交流阻抗测试（EIS）是向被测涂层体系加小振幅正弦交变信号进行扰动的，测定系统的阻抗谱或导纳谱，进行分析来获得体系内部的电化学信息。外加交变信号对体系扰动甚小，可以对涂层样品进行反复长时间测试而不致改变样品的性质，而且能在不同的频率范围内分别得到溶液电阻、涂层电阻、涂层电容、界面反应电阻、界面双电层电容等与涂层性能及涂层破坏过程有关的信息[31]。防护涂层在服役过程中，对电解质溶液屏蔽的能力不断下降，特别是在湿热或沿海地区应用的防护涂层，而 EIS 测试可用于研究防护涂层的屏蔽性能状态和渗透失效过程[32—34]。由于 EIS 测试反映的是所测面积的平均结果，所以无法分析涂层局部起泡、微裂纹等失效现象。

6. 电化学噪声（EN）技术

EN 技术是通过测量工作电极和参比电极之间或两个相同电极之间产生的自发电流或电压波动来分析金属腐蚀的方法。在测量过程中不需要对被测电极施加可能改变腐蚀过程的外界扰动，EN 技术是一种原位、无损的金属腐蚀检测技术，不需要预先建立被测体系的电极过程模型，通过数据处理即可得到腐蚀速率与机理方面的信息。EN 技术适用于评估溶剂型和水性涂层的抗腐蚀性[35]。即使在厚涂层的情况下，EN 技术也能获得有关涂层性能的定量信息，监测漆膜下的腐蚀[36]。通常，噪声电阻 R_n 与 R_{ct} 越大，涂层的保护性越好。当 R_n 大于 R_{ct}，以及 R_{ct} 的数量级低于 $10^5 \Omega \cdot cm^2$ 时，涂层下电极开始发生孔蚀，并且此时电极表面 C_{dl} 大于 $1\mu F/cm^2$ [37]。

4.5.4 失效分析实例

1. 防护涂层失效信息收集

一种丙烯酸聚氨酯防护涂层在西沙试验站开展 1.5 年户外大气自然环境试验,出现粉化现象,根据 GB/T 1766 判断粉化等级为 3 级,表 4-14 为丙烯酸聚氨酯涂层自然环境试验结果。

涂层样件信息为基材:6061 铝合金;尺寸为 150mm×75mm×3mm;基材表面改性为 Al/Et·A(S)·S;底漆为锌黄丙烯酸聚氨酯底漆;面漆为丙烯酸聚氨酯面漆;采用 FMP 20 型涂层测厚仪测得涂层干膜厚度为 55μm±5μm。

表 4-14 丙烯酸聚氨酯涂层自然环境试验结果

试验周期	失光率/%	色 差	附着力/级	粉化等级	综合老化性能评级
初始	0	0	0	0	0
1 个月	0.6	0.84	1	0	0
3 个月	9.9	1.40	1	0	0
6 个月	17.8	3.51	1	0	0
12 个月	26.0	3.81	1	2	3
18 个月	30.2	4.30	1	3	4

由表 4-14 可知,随着自然环境试验开展丙烯酸聚氨酯涂层的失光率和色差不断增大,试验 18 个月后样件失光率为 30.2%,失光等级为 2 级,色差为 4.30,变色等级为 2 级,同时样件出现明显粉化,粉化等级为 3 级,综合老化性能等级为 4 级。试验过程中涂层附着力由 0 级降为 1 级,变化幅度较小。可见该丙烯酸聚氨酯涂层在西沙试验站的主要老化行为是粉化。

2. 失效环境分析

永兴岛自然环境试验站户外大气环境条件如表 4-15 所示。

表 4-15 永兴岛自然环境试验站户外大气环境条件

环境因素	量 值
年平均温度/℃	27.7
年平均相对湿度/%	78.0
润湿时长/h	4332.7
年辐照总量/(MJ/m²)	6520.6
日照时长/h	2476.4
年平均盐雾沉降率/(mg/(100cm²·d))	3.253

永兴岛自然环境试验站环境温度和湿度始终保持在高水平,全年润湿时长为4332.7h,根据 ISO 9223: 1992 判定该地区为温暖湿润环境,相较国内其他地区,年辐照总量、日照时长及年平均盐雾沉降率均为高水平,均可对防护涂层性能产生影响。

3. 失效机理预估

防护涂层粉化主要是由于树脂分子链断裂而失去对颜料的包裹作用引起的,而防护涂层变色主要是颜料在外界环境的作用下发生物理化学变化导致的,如太阳光照射或水分渗透等,所以需要判断防护涂层对水分的屏蔽效果是否发生变化,这也是判断涂层是否能继续服役的重要指标。

研究树脂分子链断裂可应用 SEM、FTIR、XPS 等手段,而分析防护涂层对水分的屏蔽作用可采用 EIS 测试。

4. 仪器分析

1) SEM 形貌分析

丙烯酸聚氨酯涂层不同试验时间 SEM 形貌(4000 倍)如图 4-25 所示。

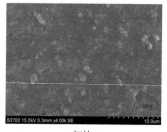
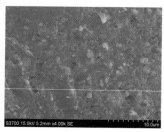

初始　　　　　　　　暴露 6 个月　　　　　　　　暴露 12 个月

图 4-25　丙烯酸聚氨酯涂层不同试验时间 SEM 形貌(4000 倍)

由图 4-25 可知,试验前涂层树脂基料对颜料包裹较好,表面平滑连续,存在少量细小微孔,暴露 6 个月后,涂层表面变得粗糙,表面出现孔洞明显变大,且数量增多,但树脂连续性依旧较好,此时丙烯酸聚氨酯防护涂层的宏观表现为失光、变色,并无明显粉化现象;暴露 12 个月后,丙烯酸聚氨酯树脂在太阳辐射、湿热环境的作用下发生降解,涂层表面平整性明显下降,表面出现微小孔洞,宏观表现为明显粉化。

2) ATR-FTIR 分析

丙烯酸聚氨酯涂层自然环境试验中红外光谱图如图 4-26 所示。

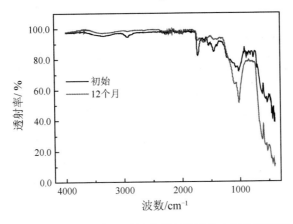

图 4-26　丙烯酸聚氨酯涂层自然环境试验中红外光谱图

由图 4-26 可知，试验前后防护涂层中在 3350cm^{-1} 处的吸收峰是由含缔合氢键的 O—H 和 N—H 伸缩振动吸收峰部分重叠形成的；2850cm^{-1} 处的吸收峰是—CH$_2$—的伸缩振动峰，经过 12 个月户外老化后吸收峰减弱，表明含有—CH$_2$—基团的长链发生裂解；自然环境试验 12 个月后，1720cm^{-1} 为氨基甲酸酯基团—NHCOO—中羰基—C=O 的吸收振动峰减弱，1532cm^{-1}、1445cm^{-1} 处仲胺—NH—吸收振动峰减弱，1602cm^{-1} 处—NH$_2$ 伯胺吸收峰变强，1013cm^{-1} 处的—C—O 特征吸收峰增强。红外结果表明经过 12 个月西沙永兴岛户外老化后，防护涂层中—CH$_2$—长链发生部分断裂，涂层固化基团氨基甲酸酯发生断裂形成—NH$_2$ 和羧酸基团。

3）XPS 分析

采用 X 射线光电子能谱仪对丙烯酸聚氨酯防护涂层中 C、N、O 原子浓度及价态进行分析，丙烯酸聚氨酯涂层自然环境试验 XPS 谱图如图 4-27 所示，丙烯酸聚氨酯防护涂层 C、N、O 原子浓度对比如表 4-16 所示。

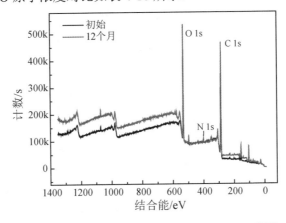

图 4-27　丙烯酸聚氨酯涂层自然环境试验 XPS 谱图

表4-16　丙烯酸聚氨酯防护涂层C、N、O原子浓度对比

试验周期	原子百分比/%			C1s/O1s
	C1s	N1s	O1s	
初始	72.14	2.60	25.26	2.86
12个月	64.59	2.49	32.92	1.96

自然环境试验中防护涂层光氧老化产生含氧基团，导致O原子浓度升高，由表4-16可知C 1s/O 1s比由初始的2.86降为1.96，这与ATR-FTIR分析结果一致，为进一步了解丙烯酸聚氨酯防护涂层的老化过程，采用XPS peak分峰软件对C1s进行分峰拟合分析，丙烯酸聚氨酯涂层C1s分峰拟合如图4-28所示，C 1s分峰拟合分析结果如表4-17所示。

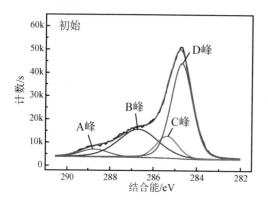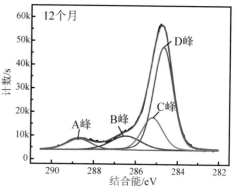

图4-28　丙烯酸聚氨酯涂层C1s分峰拟合

表4-17　C 1s分峰拟合分析结果

试验周期	A峰		B峰		C峰		D峰	
	结合能/eV	比例/%	结合能/eV	比例/%	结合能/eV	比例/%	结合能/eV	比例/%
初始	288.71	5.65	286.69	29.01	285.37	12.46	284.79	52.89
12个月	288.69	8.07	286.47	12.81	285.17	20.08	284.62	59.04

由图4-28、表4-17可知，未老化的丙烯酸聚氨酯防护涂层C1s谱由4个特征峰组成，分别是284.79eV的C—H和C—C特征峰、285.37eV处C—N和C—H特征峰、286.69eV处C—O特征峰和288.71eV处的C=O特征峰。西沙永兴岛户外自然环境试验12个月后，丙烯酸聚氨酯防护涂层C1s谱依旧由4个峰组成，分别是284.62eV（C—H、C—C）、285.17eV（C—N、C—H）、286.47eV（C—O）和288.69eV（C=O）。自然环境试验12个月致使防护涂层中C—O所占百分比由29.01%下降到12.81%，C=O所占百分比由5.65%升至8.07%，推测聚氨酯固化基团—NHCOO—中C—O基团发生断裂后形成C=O。结合SEM、FTIR和XPS的测试结果，可以发

现丙烯酸聚氨酯涂层在高湿热海洋大气环境下主要受强光照影响发生降解，降解机理符合图4-23。

4) EIS 测试结果分析

图4-29 给出了自然暴露试验下丙烯酸聚氨酯涂层低频阻抗模值变化曲线。

未老化丙烯酸聚氨酯防护涂层的低频阻抗模值在 $4.81×10^{10}Ω·cm^2$，具有优异的防护屏障性，经过 3 个月西沙永兴岛户外老化试验后，涂层的低频阻抗模值降为 $2.73×10^{9}Ω·cm^2$，经过18个月的老化试验后涂层的低频阻抗模降至 $3.56×10^{8}Ω·cm^2$。说明在自然暴露试验中，丙烯酸聚氨酯防护涂层的耐电解质渗透能力逐渐变差，但仍能起到较好的屏障性能。

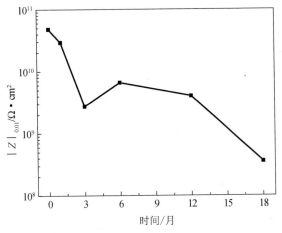

图4-29 自然暴露试验下丙烯酸聚氨酯涂层低频阻抗模值变化曲线

自然暴露试验下丙烯酸聚氨酯涂层初始和户外暴露18个月的阻抗复平面图，如图4-30所示。

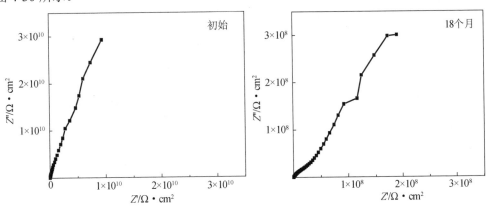

图4-30 自然暴露试验下丙烯酸聚氨酯涂层阻抗复平面图

自然环境试验初始，丙烯酸聚氨酯涂层表现出纯电容，此时腐蚀介质难以渗透至涂层内部，无腐蚀反应发生。试验开展 18 个月后，虚部与实部比值由 3:1 降为 3:2，且在奈奎斯特图后端存在上扬现象，推测此时水已经进入涂层内部并到达底漆部位，但由于底漆中锌铬黄离子发生水解反应，钝化基材避免发生腐蚀。

参 考 文 献

[1] 闫杰，邱森宝. 典型的气候环境对涂层材料性能的影响对比[J]. 电子产品可靠性与环境试验，2010，28（4）：11-14.

[2] GEORGE W. 材料自然老化手册[M]. 马艳秋，王仁辉，刘树华，等译. 第三版. 北京：中国石化出版社：2004.

[3] 孙海龙，王晓慧. 舰载电子设备三防密封设计技术综述[J]. 装备环境工程，2008，5（5）：49-52.

[4] 邬宁彪. 温度、湿度应力在电气·电子产品失效中的作用[J]. 印制电路信息，2005，（2）：14-20.

[5] 陈晓丽，周顺期. 密封包装容器内湿度变化规律研究[J]. 包装工程，2004，25（6）：21-23.

[6] 王跃波，钟宏伟，朱红专. 金属涂层失效机制及其对策[J]. 四川建材，2011，37（1）：30-31.

[7] JOHNSON B W, MCINTYRE R. Analysis of test methods for UV durability predictions of polymer coatings[J]. Progress in Organic Coatings，1996，27（1）：95-106.

[8] 山西省化工研究所. 聚氨酯弹性体手册[M]. 北京：化学工业出版社，2001.

[9] 贺传兰，邓建国，张银生. 聚氨酯材料的老化降解[J]. 聚氨酯工业，2002，17：1-5.

[10] 陈海平，乔迁，涂根国. 聚氨酯材料的化学降解机理[J]. 辽宁化工，2007，36：535-539.

[11] MERLATTI C, PERRIN F X, ARAGON E, et al. Natural and artificial weathering characteristics of stabilized acrylic – urethane paints[J]. Polymer Degradation and Stability，2008，93（5）：896-903.

[12] 耿舒，高瑾，李晓刚，等. 丙烯酸聚氨酯涂层的紫外老化行为[J]. 北京科技大学学报，2009，31（6）：752-757.

[13] 沈志勤. 丙烯酸树脂涂料老化机理和改善性能的探讨[J]. 江苏建材，2000，3：7-9.

[14] IRIGOYEN M, BARTOLOMEO P, PERRIN F X, et al. UV ageing characterisation of organic anticorrosion coatings by dynamic mechanical analysis, Vickers microhardness, and infra-red analysis[J]. Polymer Degradation and Stability, 2001, 74 (1): 59-67.

[15] PAPPAS S P. Weathering of coatings – formulation and evaluation[J]. Progress in Organic Coatings. 1989, 17 (2): 107-114.

[16] MISKOVIC-STANKOVIC V B, DRAZIC D M, TEODOROVIC M J. Electrolyte penetration through epoxy coatings electrode-posited on steel[J]. Corrosion Science, 1995, 37 (2): 241-252.

[17] CORTI H, FERNADEZ-PRINI R, GOMEZ D. Protective organic coatings: Membrane properties and performance[J]. Progress in Organic Coatings, 1982, 10 (1): 5-33.

[18] 杨丽霞,李晓刚,程学群,等. 水、氯离子在丙烯酸聚氨酯涂层中的扩散传输行为[J]. 中国腐蚀与防护学报, 2006, 26 (1): 6-10.

[19] WIND M M, LENDERINK H J W. A capacitance study of pseudo- fickian diffusion in glassy polymer coatings[J]. Progress in Organic Coatings, 1996, 28(4): 239-250.

[20] 胡吉明,张鉴清,谢德明,等.水在有机涂层中的传输 I Fick 扩散过程[J]. 中国腐蚀与防护学报, 2002, 22 (5): 311-315.

[21] PEREZ C, COLLAZO A, IZQUIERDO M. Characterisation of the barrier properties of different paint systems. part II. non-ideal diffusion and wateruptake kinetics[J]. Progress in Organic Coatings, 1999, 37 (4): 169-177.

[22] BELLUCCI F, NICODEMO L, MONETTA T, et al. A study of corrosion initiation on polyimide coatings[J]. Corrosion Science, 1992, 33 (8): 1203-1226.

[23] DWIGHT G W. 涂层失效分析[M]. 杨智,雍兴跃,等译. 北京:化学工业出版社, 2011.

[24] 张亮,唐聿明,左禹. 氟碳涂层在干湿交替环境下失效过程研究[J]. 化工学报, 2011, 62 (7): 1977-1982.

[25] 游革新,汪家琪. 环氧树脂防腐蚀涂层失效的红外分析[J]. 材料保护, 2018, 51 (6): 128-130.

[26] 彭军,李欣,郑岩青,等. 人工加速老化条件下丙烯酸树脂涂层宏观光学性能与微观结构的研究[J]. 合成材料老化及应用, 2017, 46 (3): 20-23.

[27] 胡明涛,鞠鹏飞,赵旭辉,等. 不同加速试验对环氧/聚氨酯涂层失效机制的影响[J]. 化工学报, 2018, 69 (8): 3548-3556.

[28] 马志平,谢静,刘亮,等. 聚酯粉末涂料紫外光人工加速老化过程的研究[J]. 涂

料工业, 2018, 48 (4): 52-56.

[29] 李倩倩, 李晖, 李朝阳, 等. 聚氨酯防腐涂层实验室光加速老化对比研究[J]. 涂料工业, 2018, 48 (9): 46-51.

[30] 李晓刚, 高瑾 张三平, 等. 高分子材料自然环境老化规律与机理[M]. 北京: 科学出版社, 2011.

[31] 徐永祥, 严川伟, 高延敏, 等. 大气环境中涂层下金属的腐蚀和涂层的失效[J]. 中国腐蚀与防护学报, 2002, 22 (4): 249-256.

[32] 宋林林, 解瑞, 朱承飞, 等. 模拟海洋大气环境中丙烯酸聚氨酯涂层的失效规律[J]. 腐蚀与防护, 2012, 33 (3): 226-230.

[33] 谭晓明, 王鹏, 王德, 等. 基于电化学阻抗的航空有机涂层加速老化动力学规律研究[J]. 装备环境工程, 2017, 14 (1): 5-8.

[34] GUILLAUMIN V, LANDOLT D. Effect of dispersion agent on the degradation of a water borne paint on steel studied by scanning acoustic microscopy and impedance[J]. Corrosion Science, 2002, 44 (1): 179-189.

[35] WOODCOCK C P, MILLS D J, SINGH H T. Use of electrochemical noise method to investigate the anti-corrosive properties of a set of compliant coatings[J]. Progress in Organic Coatings, 2005, 52 (4): 257-262.

[36] MOJICA J, García E, Rodríguez F J, et al. Evaluation of the protection against corrosion of a thick polyurethane film by electrochemical noise[J]. Progress in Organic Coatings, 2001, 42 (3-4): 218-225.

[37] MANSFELD F, HAN L T, LEE C C, et al. Analysis of electrochemical impedance and noise data for polymer coated metals[J]. Corrosion Science, 1997, 39 (2): 255-279.

第 5 章

电子装备防护涂层自然环境试验

5.1 概述

材料环境腐蚀是产品最普遍的失效形式之一,对产品的效能发挥和安全服役影响巨大。为了探寻产品腐蚀薄弱环节、揭示腐蚀原因,优选防护工艺,国内外开始在各典型气候区域建立自然暴露场,开展自然环境试验。随着产品应用环境愈加复杂,对环境综合影响效应的研究愈加深入,自然环境试验技术和相关试验设备也获得长足发展,试验对象也由材料、涂镀层工艺扩展到组件、设备、整机和系统。

现代装备系统均含有大量电子装备功能部件,具有组成结构复杂、应用环境多变、采用材料种类繁多的特点,导致其腐蚀防护工作开展难度大,作为电子装备腐蚀防护能力形成和提升的重要手段,防护涂层被广泛应用。防护体系的应用效果与应用环境特点、应用部位、涂覆基材等多个因素密切相关,在评价和选用过程中需要参考多类环境试验的结果,其中自然环境试验由于试验结果真实可靠的特点被广泛应用。本章以指导电子装备防护涂层优选为目标,重点介绍自然环境试验目的与作用、自然环境试验分类、国内外自然环境试验发展现状、自然环境试验技术内容、自然环境试验实施等。

5.2 目的与作用

GJB 4239 对自然环境试验的定义为"将装备(产品)长期暴露于自然环境中,确定自然环境对其影响的试验",突出"长期收集环境影响基础数据"的试验目的。GJB 4239《装备环境工程通用要求》实施指南给出了自然环境试验开展目的及适用时机,如表 5-1 所示。

表 5-1 自然环境试验开展目的及适用时机

目 的	应 用	适用时机
基础数据积累	作为环境分析的基础数据。系统积累同类产品及结构的环境适应性数据	指标论证阶段
"三新"件环境考核	对新材料、新工艺、新结构在设计采用前确定其环境适应性	研制阶段早期
材料的环境适应性数据积累	系统积累骨干材料、工艺、构件的环境适应性数据，作为环境适应性设计的基础依据	研制阶段初、中期
产品环境适应性考核	对研制定型、生产定型后的产品，考核环境适应性；对产生故障的产品，提供失效模式、原因和追溯性分析的依据，提供寿命评价的依据	设计定型、工艺定型后使用阶段

自然环境试验重点在指标论证初期和研制阶段早期开展，用于积累基础数据；在装备定型阶段，自然环境试验也可作为产品环境适应性考核的手段之一，但由于自然环境试验时间一般较长，研制进度通常不允许，目前开展较少，随着自然加速试验设备的研制和动态自然环境试验的发展，自然环境试验时间大幅度缩短，在定型阶段的应用会越来越多。

在开展自然环境试验的过程中，自然环境试验还有一个重要的任务是对自然环境因素进行监测分析，可为电子装备环境适应性设计要求提供支撑数据，也可为实验室环境试验项目、试验条件的剪裁提供参考依据。

5.3 自然环境试验分类

5.3.1 根据暴露方式划分

对自然环境试验的分类可采用多个方法，按是否对环境因素进行强化及强化方式来划分，可以分为自然暴露试验和自然环境加速试验两大类型[1]，如图 5-1 所示。

图 5-1 中，两类自然环境试验的主要划分原则：自然环境因素不经过强化，直接作用到试验对象上的试验类型，一般划分进自然暴露试验的范畴。而通过一定的技术手段，预先对某个或多个自然环境因素进行强化，再作用到试验对象上的自然环境试验类型，则划分进自然环境加速试验的范畴。对于自然暴露试验而言，按照试验对象所处的环境介质进行划分，又可进一步划分为大气自然环境试验、水自然环境试验及土壤自然环境试验 3 个次级类型，具体细节与大致用途如下。

1. 大气自然环境试验

大气自然环境试验如图 5-2 所示，它是将试验样品放置于典型大气自然环境中经受大气环境因素综合作用的试验[2]。按照试验平台划分，又可细分为户外大气自然环境试验、棚下大气自然环境试验、库房大气自然环境试验。

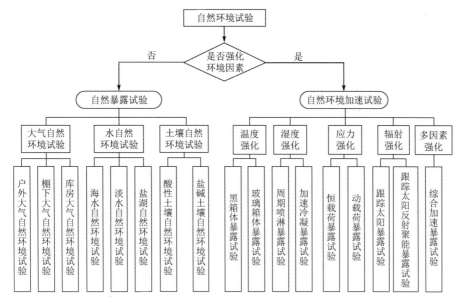

图 5-1 自然环境试验分类（涂层相关）

（1）户外大气自然环境试验

（2）棚下大气自然环境试验

（3）库房大气自然环境试验

图 5-2 大气自然环境试验

户外大气自然环境试验包括户外大气暴露试验和户外大气贮存试验。户外大气暴露试验主要用于研究或验证装备露天使用的环境适应性，持续积累材料工艺的环境适应性数据；考核装备选材的正确性、工艺和结构设计的合理性；评价相关性及确定实验室模拟加速试验方法的合理性。户外大气贮存试验模拟装备露天遮蔽贮存过程，评价包装状态下装备露天贮存的环境适应性[3]。

大气自然环境试验是应用最早、最基础的自然环境试验方法之一，也是电子装备防护涂层主要的应用环境，可用于收集防护涂层在各类环境下的长期效应数据，验证装备防护涂层应用的有效性。

2. 水自然环境试验

水自然环境试验如图 5-3 所示,其是将试验对象暴露于典型水环境中进行的试验方法。按照试验对象使用环境的区别,又可细分为淡水自然环境试验、海水自然环境试验、盐湖自然环境试验。

（1）淡水自然环境试验

（2）海水自然环境试验

（3）盐湖自然环境试验

图 5-3　水自然环境试验

我国水域面积分布辽阔,拥有包括三大淡水系、150 多盐湖及近 300 万平方千米的海域。特别是进入 21 世纪以来,随着国家安全战略的发展,如声呐、水下无人探测器等电子装备及相关水下工程得以开发与实施,致使电子装备的水环境适应性需求不断提升。因此,相对地选取合适的地点,建设水环境试验站网,开展包括淡水、盐湖、海水在内的水环境适应性试验研究,对合理选材、减少腐蚀损失,保证装备与产品安全具有重大的意义。

3. 土壤自然环境试验

土壤自然环境试验如图 5-4 所示,其是将试验对象暴露于酸性或碱性土壤环境中进行的试验方法。按照试验对象使用地理环境的区别,又可细分为酸性土壤自然环境试验、盐碱土壤自然环境试验。

（1）酸性土壤自然环境试验

（2）盐碱土壤自然环境试验

图 5-4　土壤自然环境试验

我国地域广阔，土壤类型多达 40 多种并呈现同纬度水平地带性分布[4]。大体上说，南方热带、亚热带地区主要以各种类型的酸性红壤为主，中部暖温带以棕壤和褐土为主，北部、西部寒温带以碱性盐渍土、漂灰土、草甸土为主，其分布与纬度基本一致。不过，由于气候条件不同，生物环境因素的影响也不同，对土壤的形成和分布也会带来重大的影响，导致不同地区同类型土壤的 pH 值和其他理化性质不同。因此选取合适的地点建立土壤环境试验站，积累电子装备防护涂层工艺（主要涉及各种塔架基座及管线部件等）在典型土壤环境中的腐蚀基础数据，以及开展其在典型土壤环境中的腐蚀规律及机理研究十分必要。

对比对自然环境因素不进行强化、直接利用真实自然环境的暴露试验，自然环境加速试验是通过适当技术手段，强化一种或多种自然环境因素，从而加速试验对象性能劣化。该方法综合了自然环境试验和实验室模拟环境试验的优点，具有真实、可靠和试验周期短的特点。因此，发展自然环境加速试验方法是目前国内外相关技术领域的一个重要发展方向。

按照强化环境因素的种类进行划分，自然环境加速试验又可进一步划分为温度强化、湿度强化、辐射强化、应力强化及多因素强化等次级类型，具体细节与大致用途如下[5,6]。

1）温度强化类试验

温度强化类试验如图 5-5 所示，其是将试验对象暴露于经过温度强化后的环境中进行试验的方法。按照强化技术方式的不同，目前主要采用黑箱体暴露试验与玻璃箱体暴露试验。

（1）黑箱体暴露试验

（2）玻璃箱体暴露试验

图 5-5　温度强化类试验

黑箱体暴露试验方法采用涂黑漆的金属箱体聚集热量，强化太阳辐射产生的温度环境，主要用于模拟车辆、外部密闭机箱等在经受太阳辐射和密闭箱体热效应产生的高温环境，可加快内部材料的高温老化过程。GB/T 31317 对黑箱体暴露试验的场地和设施、试验装置和仪器、试验过程等进行规定，适用于以金属和合金为基材的有机涂层、复合材料和胶黏剂等。

玻璃箱体暴露试验方法是通过在金属箱体上安装玻璃框盖的方式，强化太阳光中红外逆辐射的升温作用，用于模拟和强化军用车辆、飞机等含玻璃窗舱室的环境条件，加速电子装备防护涂层、有机塑料、橡胶等高分子材料的老化过程。

在西藏、甘肃和海南 3 个试验站对玻璃框、黑箱、强制通风玻璃框等 3 种自然环境加速试验方法的环境强化效果的对比研究[7]表明，3 种自然环境加速试验装置对自然环境的光照热效应均有明显的强化作用，其强化效果排序为强制通风玻璃框>黑箱>玻璃框。随着光照热效应的强化，内部相对湿度的冲击也得到了强化，其强化效果在海南和甘肃试验站均表现为强制通风玻璃框最大，黑箱次之，玻璃框最小，而在西藏试验站则黑箱最大，强制通风玻璃框次之，玻璃框最小。3 种自然环境加速试验装置的内部温度变化梯度大小与环境中太阳辐照量大小有关，其强化效果排序为西藏试验站>甘肃试验站>海南试验站。3 种自然环境加速试验装置的湿度冲击强化效果在海南试验站最好，强化效果在 2 倍以上；西藏试验站和甘肃试验站次之，均为接近 2 倍的效果。

2）湿度强化类试验

湿度强化类试验是为了强化大气中雨水及其中的腐蚀成分对产品的影响，充分利用自然环境条件并对试验样品表面定期喷淋液体介质[8]，根据喷淋液体介质的不同，湿度强化类试验包括海水喷淋暴露试验与淡水喷淋暴露试验。喷淋加速暴露试验如图 5-6 所示。

图 5-6　喷淋加速暴露试验

喷淋加速暴露试验方法是在暴露架上增加喷淋周期可调节、喷淋液体可选择的喷水装置，通过增加试样表面润湿时间，强化薄液膜影响，加速金属材料腐蚀和防护涂层失效的进程，适用于模拟和强化海上、岛礁、沿海等地区的环境条件。

3）辐射强化类试验

辐射强化类试验如图 5-7 所示，其是将试验对象暴露于太阳辐射强化后的环境中进行试验的方法。按照是否采用反射聚能技术，主要有跟踪太阳暴露试验与跟踪太阳反射聚能暴露试验。

（1）跟踪太阳暴露试验

（2）跟踪太阳反射聚能暴露试验

图 5-7　辐射强化类试验

跟踪太阳暴露试验方法，即在暴露架上安装转动控制系统，使其跟踪太阳转动，强化太阳辐射产生光化学和热效应，加速试验对象材料的老化。该方法特别适用于模拟和强化高原、沙漠、热带海洋等高太阳辐射地区防护涂层、有机塑料的使用环境条件，其加速倍数为传统大气环境暴露试验（45°倾角）的 2～3 倍。

跟踪太阳反射聚能暴露试验方法，即在上述追光式跟踪太阳暴露装置上增加反射镜系统[9,10]。太阳光照射到反射镜面上后，聚能反射到试验对象表面，会极大强化试验对象受到的辐射效应。该方法具有试验条件与自然环境接近、试验时间短的优点，特别适用于快速评价强太阳辐射地区应用防护涂层、有机塑料的耐老化性能，其试验加速倍数为常规大气暴露试验的 6～12 倍。针对湿热地区应用的材料，可在跟踪太阳反射聚能暴露试验中增加喷淋程序，在强化太阳光、湿度影响的同时，模拟了自然环境中的温度交替、干湿交替、明暗交替等过程，进一步提高试验和实际环境的相关性和加速性。跟踪太阳反射聚能暴露试验典型喷淋周期如表 5-2 所示[11]。

表 5-2　跟踪太阳反射聚能暴露试验典型喷淋周期

周期序号	白　　天		夜　　晚	
	喷淋时间	干燥时间	喷淋时间	干燥时间
1	8min	52min	8min	172min
2	无喷淋		无喷淋	
3	无喷淋		3min	12min
白天时间为 06:00 至 21:00，夜晚时间为 21:00 至 06:00				

4）应力强化类试验

应力强化类试验装置如图 5-8 所示，应力强化类试验主要包括各类对试验对象施加预载荷后进行自然暴露的试验方法。按照施加载荷的方式，目前主要分为恒载荷暴露与动载荷暴露两种试验方式。

（1）悬臂梁式恒载荷暴露试验

（2）圆环式恒载荷暴露试验

（3）动载荷暴露试验 1

（4）动载荷暴露试验 2

图 5-8　应力强化类试验装置

恒载荷暴露试验方法一般采用机械方式加载，如传统的悬臂梁式试验装置采用砝码加载，对试样施加恒定的拉应力载荷。该方法的优点在于装置结构简单、安全、可靠，适用于考核电子装备结构件，应力集中部位的防护涂层耐自然环境老化能力，但其缺点在于可施加应力载荷较小，对试验样件尺寸有较大限制，且占地面积过大、不可移动。因此，针对该方法的缺点，近年来在本领域又开发出结构简单、体积紧凑小巧、便于携带的弹簧式[12]、圆环式等恒载荷暴露试验装置，极大扩展了该方法在户外装备承力结构防护涂层体系评价方面的应用范围。

动载荷暴露试验是采用电控方式加载方法，即利用电控系统，完成试验过程的加载程序控制、数据显示、记录、断裂远程报警等。该试验方法适用于在交变载荷作用下，电子装备薄弱部位（连接件、接插头等）防护涂层的耐老化能力，近年来在考核航空、船舶、车辆等移动平台装备环境适应性方面得到了极大的应用。

5）多因素强化类试验

影响装备和材料腐蚀（老化）的主要因素，如光照、氯离子沉降、温度、湿度等存在协同效应。为了提高自然加速试验的相关性和加速性，近年来提出了多种主要因素同时强化的自然加速试验思路，研制了能实现太阳辐射、氯离子（其他污染物）、温度和干湿循环的多因素综合海洋气候环境自然加速试验系统[9]。同时采用（ISO 9223 规定的）标准金属、工程塑料、有机涂层进行试验验证，初步说明该系统具有良好的加速性和相关性，可用于海洋平台、海岛和舰船甲板上用材料、工艺及其制品的环境适应性快速试验和评价。该系统由日点轨迹双轴跟踪平台、带高透光玻璃顶盖的智能喷雾试验箱和综合控制柜构成（见图 5-9）。其工作原理是通过跟踪太阳，使试验箱里的样品表面始终正对太阳，最大限度提高太阳辐照强度；采用表面润湿传感器检测样品表面润湿度，据此控制喷雾；通过两侧风机控制风速，加快干湿循环；通过在喷雾溶液中加入氯化物，提高氯离子沉降率；通过跟踪太阳和/或使用加热系统，提高箱内空气和样品表面温度。其主要技术指标是太阳跟踪方法为日点轨迹跟踪，跟踪精度为±1°；喷淋方式为优化的自动控制和时间控制，喷淋介质为过滤海水；样品室尺寸为 1800 mm×1200 mm×400 mm[13]。

图 5-9　多因素综合海洋气候环境自然加速试验系统

5.3.2　根据自然环境类型划分

电子装备防护涂层的主要应用环境是大气环境，典型气候区的环境类型不同，对防护涂层的主要环境影响因素和作用机理也不同，所以在开展自然环境试验前需要对防护涂层寿命期所遇自然环境类型进行分析，确定试验方法。

自然环境类型划分可参照我国大气按照 GJB 8893.1 规定进行，我国大气自然环境类型可结合大气腐蚀性、地理特征和环境温湿度极值三个方面进行综合划分。

1. 按照大气腐蚀性分类

（1）海洋大气环境。近海和海滨地区及海面上的大气，即依赖于地貌和主要气流方向,被海盐气溶胶污染的环境大气。

(2)工业大气环境。由局部或地区性的工业污染物污染的环境大气,即工业聚集区的环境大气。

(3)乡村大气环境。内陆乡村地区和没有明显腐蚀污染物的小城镇的环境大气。

(4)城市大气环境。没有聚集工业的人口稠密区,存在少量污染的大气。

2. 按照地理特征分类

(1)高原大气环境;

(2)沙漠大气环境;

(3)丘陵大气环境;

(4)平原大气环境;

(5)雨林大气环境。

3. 按照 GB/T 4797.1 规定的环境温湿度极值分类

(1)寒冷;

(2)寒温Ⅰ;

(3)寒温Ⅱ;

(4)暖温;

(5)干热;

(6)亚湿热;

(7)湿热。

将上述环境类型组合,可给出代表我国所有地区的大气自然环境类型,如湿热海洋大气环境、暖温高原大气环境。表 5-3 给出了典型环境类型影响防护涂层环境适应性的环境特征。

表 5-3 典型环境类型影响防护涂层环境适应性的环境特征

序号	环境类型	主要环境特征参数						
		空气温度/℃	相对湿度/%	降水/pH值	太阳辐射/(MJ/m²)	日照时数/h	NOₓ/(mg/m³)	Cl⁻/(mg/100cm²·d)	SO₂/(mg/100cm²·d)
1	湿热海洋大气环境	19.4~33.4	47~100	5.4~7.0	5687~7107	2532~2720	—	0.79~4.065(湿浊法)	
2	温带海洋大气环境	-9.3~35.3	19~99	6.5~6.6	4698~5016	1227~1756	0.029~0.039	0.018~0.35	0.51~0.53
3	湿热乡村大气环境	7.5~35.9	20~100	3.7~6.7	4420~5237	2058~2201	0.005~0.01	0.024~0.048	0.042~0.057

续表

序号	环境类型	主要环境特征参数							
		空气温度/°C	相对湿度/%	降水/pH值	太阳辐射/(MJ/m²)	日照时数/h	NOx/(mg/m³)	Cl⁻/(mg/100cm²·d)	SO₂/(mg/100cm²·d)
4	亚湿热工业大气环境	0.7~44.0	14~100	3.9~7.0	2729~3604	1009~1645	0.01~10	0.001~0.020	0.20~1.70
5	暖温半乡村大气环境	-18.9~37.6	3~99	4.4~7.6	4807~5549	509~2047	0.03~0.23	0.002~0.19	0.06~0.37
6	暖温高原大气环境	-17.2~30.0	2~99	6.3~6.8	7353~8309	1611~3138	0.01~0.07	0.001~0.009	0.02~0.17
7	湿热雨林环境	5.4~37.3	7~100	5.4~6.8	5086~5866	1398~1910	0.01~0.04	0.001~0.03	0.01~0.04
8	干热沙漠大气环境	-29.5~41.8	6~99	6.7~7.9	6327~7627	2611~3317	0.01~0.17	0.006~0.91	0.06~0.40
9	寒冷乡村大气环境	-40.0~39.1	8~99	6.8~7.3	2007~4461	1024~2244	0.001~0.007	0.001~0.010	0.01~0.06

注：环境数据监测依托的自然环境试验站：
1—西沙试验站；2—青岛试验站；3—海南试验站；4—江津试验站；5—北京试验站；6—拉萨试验站；7—西双版纳试验站；8—敦煌试验站；9—漠河试验站。

5.3.3 根据试验目的划分

按照试验目的不同，可分为考核性试验和研究性试验。

考核性试验用于评估、验证产品的环境适应性，关注的是试验的有效性，要求试验环境与产品实际应用一致，产品在试验中的失效机理与实际尽可能一致，所以通常采用自然暴露试验，在机理清楚的情况下也可选用自然加速环境试验。

研究性试验主要包括两种：一种是积累长期自然环境效应数据的基础性试验；另一种是提高模拟性或加速性，采用改进的自然环境试验方法对产品开展试验，研究其性能变化规律。

5.3.4 动态自然环境试验

常规自然环境试验多为静态暴露试验，但装备在实际使用过程中并不是静置状态，经受环境也与静置暴露有所差别，为提高试验环境与实际环境的相关性，可采用动态自然环境试验的方式。

动态自然环境试验可以是将样品挂（装）在移动平台上，经历一种或几种自然环境条件的作用，评价自然环境变化对产品的影响；也可以是在同一个试验地点，将不同暴露方式结合，评价多个环境组合的影响；还可以是将自然环境试验和实验室环境结合，在充分真实自然环境影响的基础上，强化工作状态对产品的作用。例如，飞机基体结构件在开展试验评价中需要考虑停放和工作两种状态，停放状态主要受机场自然环境条件的影响，工作状态经受低温和疲劳环境条件作用，由于目前飞机均要求全天候、全地域执行任务，所以需要考虑各类典型自然环境的影响效应，为提高与实际服役环境的相关性可采用动态暴露试验的方式，对样品开展循环自然暴露试验，并在试验周期中进行低温疲劳试验。

5.4 国内外自然环境试验发展现状

有文献记载的自然环境试验始于1839年，主要是针对金属材料开展水上和岸上的挂片试验。19世纪时期，英国和美国等发达国家陆续对材料及防护工艺开展自然暴露试验，研究其在真实环境下的性能表现。第一次世界大战期间，装备因环境腐蚀出现了很多问题，大幅促进自然环境试验的进展。发展至19世纪80年代，环境工程概念逐步形成，自然环境试验作为重要的环境适应性试验项目被纳入其中，相关技术呈现出多元化发展。

5.4.1 自然环境试验站建设

自然环境试验结果取决于自然环境试验站环境条件，其有效性与自然环境试验站的选定密切相关，所以自然环境试验的发展一般得益于自然环境试验站的建设。

1. 国外现状

自然环境试验发展至今，世界各地已建有超过400个自然环境试验站，并形成多个站网体系。以美国为例，为满足国防建设需要，建有热带试验中心、寒带试验中心和西部沙漠试验中心，每个中心由多个试验站组成（见表5-4），并根据全球战略的需要，将装备的试验范围拓展到全球，热带环境有巴拿马、澳大利亚、菲律宾；沙漠地区有索马里、科威特；北极气候有阿拉斯加；海洋环境有马绍尔群岛、巴哈马群岛等。

表5-4 美军主要环境试验站

序号	试验站名称	建设地点
1	陆军达格韦试验场	犹他州
2	犹他试验与训练靶场	犹他州
3	战斗机武器中心	内华达州

续表

序　号	试验站名称	建　设　地　点
4	海军空战中心中国湖武器分部	加利福尼亚州
5	空军第30航天发射联队	加利福尼亚州
6	海军空战中心穆古角武器分部	加利福尼亚州
7	空军飞行试验中心	加利福尼亚州
8	陆军尤马试验场	亚利桑那州
9	陆军电子试验场	亚利桑那州
10	联合通用性试验中心	亚利桑那州
11	美国陆军夸贾林环礁导弹试验场	太平洋马绍尔群岛
12	陆军白沙导弹靶场	新墨西哥州
13	空军第46试验大队	新墨西哥州
14	空军研制试验中心	佛罗里达州
15	空军第45航天发射联队	佛罗里达州
16	空军阿诺德工程发展中心	田纳西州
17	海军空战中心帕图森特河飞机分部	马里兰州
18	陆军阿伯丁试验场	马里兰州
19	海军空战中心特伦顿飞机分部	新泽西州
20	大西洋水下试验与鉴定中心	巴哈马群岛
21	大西洋舰载武器训练中心	波多黎各

美国阿特拉斯（Atlas）气候服务集团、美国材料与试验协会（ASTM）、美国国家标准与技术研究院（NIST）、美国拉奎腐蚀技术研究中心、日本天然暴露试验中心等机构均建有多个自然环境试验站，为全球客户提供材料老化、腐蚀，并提供试验与咨询。其中 Atlas 气候服务集团在 2009 年全球建有 25 个自然环境试验站[14]，拥有菲尼克斯、迈阿密两个世界上最大的暴露场，并与 40 多个国家及多个国际组织长期有商务往来。目前世界上有多个试验站申请通过 Atlas 气候服务集团认可，进入全球自然环境网络，其中包括我国的广州、琼海、吐鲁番等试验站。

2. 国内现状

从 20 世纪 60 年代开始，在国家相关部门的支持下，航空、电子、兵器、材料等行业建立各自的自然环境试验站，发展至今已形成可覆盖国内典型大气、海水环境的军用和民用站网体系。国防科技工业自然环境试验站网包括 8 个大气环境试验站（西沙站、万宁站、拉萨站、漠河站、敦煌站、江津站、北京站、西双版纳站）、3 个海水环境试验站（青岛站、厦门站、三亚站），覆盖我国 7 大气候区域和 3 大海域，具备了材料、工艺、部件及小型整机的自然环境适应性试验、评价与验证能力，成为开展各类产品环境适应性研究的重要平台。2009 年组建的"国家材料环境腐蚀平台"目前拥有16个大气环境试验站、9个土壤环境试验站、7个水环境试验站，其中大气环境试验站覆盖了7个气候带，包括乡村、城镇、工业、海洋四种大气环境；土壤环境试验站包含酸性土、滨海盐土、内陆盐渍土等腐蚀性较强的土壤环境，覆盖国家重点建设区域；水环境试验站包括青岛、舟山、厦门、三亚4个海水站，郑州、武汉2个淡水站及塔尔木盐湖站，基本覆盖不同水域的环境特征。

国内自然环境试验站建设之初是以行业规划自然环境试验站的，所以目前国内自然环境试验站由多个单位分别管理运营。工业和信息化部电子第五研究所在西沙永兴岛、海南、广州、漠河、威海、西藏等地建有自然环境试验站，具备齐全的自然环境因素监测能力，可针对装备材料、工艺、构件及整机等开展户外、棚下、库房自然环境试验和自然环境加速试验。北京航空材料研究院、中科院金属研究所、中国电器科学研究院、钢铁研究总院、中国兵器工业第五九研究所、武汉材料保护研究所有限公司、云南北方光电仪器有限公司等单位建有大气环境试验站，并具备大气环境因素监测能力和全面的自然环境试验能力，试验站可针对各行业材料、构件、整机产品开展典型自然环境下的失效规律研究。国内部分大气环境试验站如表5-5所示。

表5-5 国内部分大气环境试验站

序 号	试验站名称	建 设 地 点
1	西沙永兴岛大气环境试验站	三沙市永兴岛
2	广州大气环境试验站	广州增城区
3	海南大气环境试验站	万宁番村
4	漠河超低温环境试验站	漠河北极村
5	威海大气环境试验站	威海经济开发区
6	西藏大气环境试验站	拉萨市东郊
7	北京大气环境试验站	北京西郊
8	沈阳大气环境试验站	沈阳市区
9	琼海大气环境试验站	琼海市
10	吐鲁番大气环境试验站	吐鲁番市
11	青岛大气环境试验站	青岛小麦岛
12	敦煌大气环境试验站	敦煌七里镇
13	江津大气环境试验站	江津城郊
14	漠河大气环境试验站	漠河城郊
15	万宁大气环境试验站	万宁山根镇
16	拉萨大气环境试验站	拉萨达孜县
17	武汉大气环境试验站	武汉市区
18	库尔勒大气环境试验站	库尔勒市
19	西双版纳大气环境试验站	西双版纳州大勐龙镇

5.4.2 自然环境因素观测与效应数据收集

1. 国外现状

国外早在 20 世纪 80 年代就开始采用非联邦自动气象站对自然环境因素自动检测[15]，可收集太阳辐射、土壤温度、气温、相对湿度、风速、风向和降水等 7 种环境因素。随着气象监测技术的发展，目前国外先进的自然环境试验站均已配备环境因素自动监测设备，可实现环境因素监测与传输并行。

国外对自然环境效应数据大规模收集的历史可追溯到 1916 年，ASTM 将 260 种钢试样在工厂、农村、海岸等地区进行了长期的自然暴露试验；从 1920 年开始在全国建立 128 个土壤试验点，开展土壤自然环境试验，在取得大量数据的基础上，制定了美国土壤腐蚀分级标准，并形成数据库、腐蚀手册及一系列的标准和规范。国外发达国家对环境效应数据收集一直沿用以上路线，突出环境效应数据收集的全面性和长期性，后期形成多种形式的应用工具，如标准、数据库、技术手册等。美国国家标准与技术研究所同美国腐蚀工程师协会合作，成立了腐蚀数据中心，并建立了数据库。其合作组成的微机系统可建成腐蚀数据 20 万个，文摘库 103 个，还有咨询专家库、腐蚀热力数据库（电位-pH 值图）[16]。美国路易斯安那州立大学在 1998 年开发了用于失效机理识别的集成数据库和专家系统[17]。日本钢铁公司开发了大气暴露试验的腐蚀数据库系统，用于帮助研究人员进行试验方案的制定和数据的分析[18]。在大气环境试验相关手册的编制方面，美国腐蚀工程师协会在 1985 年出版了腐蚀数据手册，美国金属学会于 1995 年出版了《腐蚀数据手册》（第 2 版）。

2. 国内现状

我国自动气象站开展得较晚，1986 年江津站开展气象数据自动采集系统的研制，1988 年底完成。该系统能实现温度、湿度、风向、风速、辐射、气压和雨量的自动采集。经过 1 年多的运行，发现系统的可靠性差，运转 2 年多后，系统陷入瘫痪[19]。随着国内仪器设计和制造水平的提升，目前自动气象监测系统已能监测太阳辐射、紫外辐射、温度、相对湿度、降雨、风向、风速等环境因素。目前国内对 SO_2、NO_x、Cl^- 等环境因素均是使用采样化学分析的方法进行的，无法测得实时数据，但目前相关自动监测设备正在研制。

随着国内各试验站点建设及自然环境试验站网的形成，对环境效应基础数据的收集工作逐步开展，涉及金属材料、塑料、橡胶、防护涂层等多种材料工艺。"九五"期间，工业和信息化部电子第五研究所组织了 30 多个研制厂开展了近百种军用装备工艺、材料的优选试验与研究工作，并在此基础上，编制了《电子设备三防技术手册》，为我军电子装备环境适应性设计水平的提升做出巨大贡献。

总体而言，目前国内对环境效应数据收集的体系化程度不高，同时形成的应用工具不多，造成数据应用滞后。

5.4.3 自然环境试验的应用对象

1. 国外现状

评价装备的环境适应性往往从材料自身开始，但仅仅对材料工艺进行试验是不够的，材料间的配合和整体结构的不同将在很大程度上对环境适应性造成影响。为了全面评价装备的环境适应性，在各方面条件允许的情况下，开展整机的环境适应性试验是必要的。国外发达国家常常采用整机、部件代替材料工艺的自然环境试验，俄罗斯相关环境试验通用标准中规定了优先考虑用整机进行环境试验的原则。美国等发达国家开展大量的零部件、设备和整机的暴露试验，这些试验能更加真实地反映装备的实际使用条件，使试验结果能全面真实地反映装备投入使用后可能出现的失效行为。

2. 国内现状

长期以来国内自然环境试验重点针对材料、工艺和一些简单结构件开展，制定的自然环境试验标准多数是面向材料类产品，如 GB/T 9276 是针对涂层产品，GB/T 3681 是针对塑料产品，GB/T 3511 是针对硫化橡胶产品，GB/T 14165 是针对金属和合金产品。随着对自然环境影响效应理解的深入，针对设备、整机的自然环境试验开展得越来越多，通过自然环境试验暴露的薄弱环境也越来越多，对产品环境适应性的提升起到很好地促进作用。GJB 8893.1 中规定了自然环境试验样品分为三种，其中 B 类样件为全尺寸系统、部件和元器件，C 类样件为装备、分系统、部件等的模拟件或缩比件，为整机自然环境试验提供标准依据。

5.4.4 自然加速环境试验技术

早在 20 世纪 60 年代，美国等发达国家就在自然环境试验和实验室人工模拟加速环境试验的基础上，开始探索研究自然环境加速试验技术，以此来弥补自然环境试验和实验室人工模拟加速环境试验的不足，拓展环境试验新技术、新方法。至今，自然环境加速试验技术已发展为一项成熟的环境试验技术，成为环境试验的三大试验技术之一。

1. 国外现状

美国是最早开展自然环境加速试验技术的国家，早在 20 世纪 60 年代就研制出了跟踪太阳暴露试验机，获得美国专利，并在有机高分子材料及制品的自然加速暴露试验中得到了广泛的应用，至今该试验装置已历经了旋转式太阳追踪型暴露试验装置、EMMA 程序式太阳跟踪集光型暴露加速试验装置、EMMAQUA 程序式太阳跟踪聚能暴露加速试验装置、EMMAQUA 超加速太阳跟踪聚能暴露加速试验装置及 UAWS 超加速太阳跟踪聚能暴露加速试验系统等发展阶段，并研发至第五代产品[6]。从美国开始开展自然环境加速试验技术研究以来，以美国为首的国外先进发达国家，在自然环境加速试验技术方面先后开展了大量的研究工作，相继研发出黑箱暴露试验装置、周期喷淋试验装置、CTH-GLAS TRAC 玻璃框下阳光暴露试验装置、模拟汽车仪表板使用环境的 IP/DP BOX 玻璃框下强制通风阳光暴露试验装置、模拟塑料及内饰件的 AIM-BOX 玻璃框下强制通风追踪阳光暴露试验装置等多种自然环境加速试验设备。

在大力发展自然环境加速试验技术的同时，各先进发达国家也纷纷对自然环境试验、自然环境加速试验、实验室人工模拟加速环境试验三者之间的加速性和可信度进行了深入研究，如美国阿特拉斯耐候试验集团的位于美国亚利桑那州的菲尼克斯沙漠自然环境试验场，通过使用自然环境加速试验设备对涂料样品进行暴露试验，得出了暴露 14 周等于朝南 45°自然暴露三年的结论等。大量的研究结果表明：自然环境加速暴露试验具有比自然暴露试验高的加速性，同时又具有比实验室人工模拟加速环境试验高的可信度。

相较于自然环境试验，自然环境加速试验具有更好的加速性，而相较于实验室人工模拟加速环境试验，自然环境加速试验与实际服役环境具有更好的相关性，所以自然环境加速试验得到大力推广。目前发达国家已把自然环境加速试验技术运用于各行各业，在材料和产品的环境适应性试验与评价中得到了大量而广泛的应用，并把其作为提高产品质量与市场竞争力的制胜法宝。例如，美国的福特、通用和克莱斯勒等著名汽车公司与阿特拉斯耐候试验集团合作，进行各种自然环境加速试验，以提高产品的环境适应性和市场竞争力。美国菲尼克斯沙漠自然环境试验场的户外暴露场划分了跟踪太阳反射聚能试验、IP/DP 箱、玻璃框、黑箱体试验等自然加速试验区域，据不完全统计，其拥有的各类太阳跟踪反射聚能装置就有 300 多台，旋转式太阳追踪型暴露试验装置有 400 台以上，其中最大的一台单轴跟踪太阳反射聚能装置的阳光反射面足足有 $30m^2$ 大小，整个装置占地约半个篮球场，具备开展大型产品的整机自然环境加速试验能力，且试验场的试验任务饱满，自然环境加速试验区的试验设备常年处于运行状态。

2. 国内现状

从 20 世纪初，我国自然环境试验开始得到越来越多的重视，至此相关试验技术迈入一个较迅猛的发展阶段。在"十五"和"十一五"期间，我国积极研究学习国外先进发达国家在环境试验方面的先进技术与试验手段，通过十年的艰苦努力，突破了多项自然环境加速试验技术难点，研制开发出了双轴跟踪太阳反射聚能试验、单轴跟踪太阳试验、黑箱体试验、玻璃框下自然加速试验、玻璃框下强制通风试验、周期喷淋自然环境加速试验等多种自然加速试验装置，在种类和数量上，实现了我国拥有具有自主知识产权的自然加速试验装置的突破，在自然环境加速试验技术研发及应用上也基本跟上了国外的发展步伐。

在"十二五"期间，以橡胶材料与防护涂层为试验对象，利用双轴跟踪太阳反射聚能装置、单轴跟踪太阳装置、黑箱体试验装置、玻璃框下自然加速试验装置、玻璃框下强制通风试验装置，开展了5种自然环境加速试验技术研究，与热带海洋、干热沙漠和高原低气压3个典型大气环境条件下自然环境试验进行对比，得到了不同自然环境加速试验方法的性能劣化曲线规律及加速倍率关系，掌握了不同自然环境加速试验方法对环境因素的强化效果。运用数据的假设检验与样品的微观分析相结合的方法，证明了试验材料的自然环境加速试验与自然环境试验具有等效性，同时编制了自然环境加速试验方法的相关规范及选用指南。

近五年来，紧跟武器装备研制和使用需求，自然环境加速试验手段配置与评价能力提升得到更多的重视与支持。我国在自然环境加速试验技术研究方面也投入了更多人力、物力和资金，先后研发出了模拟内部积热效应的全黑箱自然加速试验装置、可实现大型产品整机水平俯仰双角度跟踪太阳的双轴跟踪太阳自然加速试验平台，并对"十一五"期间研发的周期喷淋自然环境加速试验装置进行了全面的升级改造。另外自然环境下超高加速光老化试验技术正在攻关，同时紧跟国外先进环境试验技术发展步伐，积极研发可实现40倍紫外光聚集，80%红外光透射的超高加速光老化自然环境加速试验装置，以期自然环境加速试验技术在推动我国装备发展的道路上发挥出更多的技术支撑与基础保障作用。

5.4.5 自然环境试验标准建设

自然环境试验标准主要包括环境因素监测、试验实施和试验结果评估等，是自然环境试验有效开展的重要保障。

1. 国外现状

美国等发达国家环境试验工作开展得较早，试验方法和评价标准较齐全，仅美国Atlas的大气环境试验标准就多达850个，做到任何相关工作均有标准可依，保证试验数据具备有效性和可比性。另外，美国重视通过持续环境试验积累大量基础数据以用于制定和修订标准，并有系统科学的标准制修订工作运行机制，标准内容的科学性令人信服。

在环境条件方面,美军制定了 MIL-STD-210,研究了全球气候的特点、规律及极值情况等。在试验方法方面,美军制定了《国际试验操作规程》《美国陆军装备试验操作规程》和世界上环境试验方面的权威标准 MIL-STD-810F。民用的自然大气环境试验标准较为分散,主要分布在 ISO、ASTM、NACE 及各大公司的企业标准中。

在自然加速环境试验方面,国外发达国家已形成了较为系统的标准体系,并随着技术的发展,先后进行多次修订。现行标准包括:ISO 877、ASTM G90、ASTM D4141、ASTM D4364、SAE J1961、SAE J2229、SAE J2230、JIS K 7219 等。此外,一些大型跨国公司,如福特、通用等公司针对各自产品特点也制定了相应的企业标准。

2. 国内现状

我国自然环境试验标准化工作起步较晚,20 世纪 90 年代以后,各工业部门结合自身产品特点和需要制定了一些自然环境试验方法标准,其中兵器工业已形成《兵器产品自然环境试验方法》系列标准,为指导兵器产品开展环境试验提供了技术依据。

2001 年发布了环境工程顶层标准 GJB 4239,将自然环境试验列为三类环境试验方法之一,但后期关于自然环境试验方法的 GJB 标准制定迟缓,到 2017 年才正式发布 GJB 8993 标准,对自然环境试验的保障显然不够。在自然加速环境试验方面,2006—2014 年稀疏颁布了有关黑箱体、跟踪太阳、户外周期喷淋、聚光暴露等试验的国家标准,并未形成体系。同时,目前尚未出现自然环境加速试验的国家军用标准,这与我国自然环境加速试验的技术发展和应用程度并不匹配。

5.5 自然环境试验技术内容

对如防护涂层一样简单的产品开展自然环境试验可能会涉及多个技术内容,如试验样件设计、自然环境因素数据收集、试验夹具(装置)设计、性能测试、相关性分析、失效模式和机理研究等,这些内容会涉及多个学科和专业,所以较好地开展自然环境试验需要多个部门或多个专业技术人员合作完成。

5.5.1 试验样件设计

由于目前自然环境试验多用于材料、工艺环境效应基础数据收集,该工作中常采用标准样件,所以很多人认为自然环境试验的首选是采用标准样件。但实际情况是采用标准样件开展试验有时并不会发现实际存在的一些问题,如防护涂层标准样件一般为平板样件,在制备过程中涂敷工艺控制较容易,形成的涂膜质量相比结构复杂的实际产品更优,所以在试验过程中并不会出现产品常出现的边缘开裂、起泡等失效现象。可见,合理的试验样件设计对试验结果有效性至关重要。

由于防护涂层的失效与配套体系设计、涂覆结构特点、涂敷工艺控制等因素密切相关,在试验样件设计过程中需要保证配套体系、涂敷工艺控制与实际应用一致,同时模拟样件应尽量含有实际的结构类型,如紧固件连接、焊接、转角等。同时,在设计试验样品的时候,应充分考虑性能检测要求,如在研究防护涂层对结构强度的影响时,需要根据相关标准制备哑铃型样件。

通常在自然环境试验样件设计中需要考虑以下因素:

1. 试验目的

若自然环境试验目的是暴露产品主要故障模式,评价自然环境对产品性能和功能的影响,了解在自然环境的影响下产品平台形成的微环境,建议选择整机开展试验,但分析难度和花费较大。

若自然环境试验的目的是了解材料、工艺在典型自然环境下的适应性信息或建立通用数据库,建议制备标准样件开展试验,试验件工艺设计需要与实际工艺一致并满足性能测试要求。

2. 样件数量

开展自然环境试验的样件数量需要根据试验时长、取样周期、检测项目、试验站保障条件等具体情况进行计算。试验样件数量与试验目的密切相关,确定自然环境试验是用于统计分析或性能比对,还是用于机理分析。

例如,对一种电子装备防护涂层需要开展自然环境试验,用于收集影响效应数据,包括失光率、色差、电化学交流阻抗和附着力性能参数,试验时长定为 2 年,取样周期为 3 个月、6 个月、12 个月、18 个月、24 个月。失光率和色差测试在试验站上进行,由于测试过程对样件无损伤,可重复进行,为更好地分析性能变化规律和保证试验的流畅性,可确定 3 件样品专用于失光率和色差的测试;电化学交流阻抗和附着力测试未要求样件数量,但为保证测试结果的准确性,也选用 3 件样品;由于附着力测试为破坏性测试,每次需要取回样件再进行测试,电化学交流阻抗测试可安排在附着力测试之前进行;在 24 个月时可将失光率和色差测试样件取回进行电化学交流阻抗和附着力测试。由此可计算出防护涂层样件数量为 3+3×5=18 件。

3. 样件状态

样件状态包括样件包装、组合和工况状态等,也包括预置缺陷状态。防护涂层在腐蚀严酷度较低地区开展自然环境试验时性能较难出现变化,可以采用预置缺陷的方式(见图 5-10)[20],检测缺陷的扩展情况。

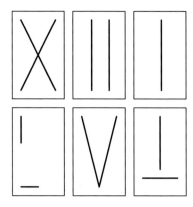

图 5-10 防护涂层预置缺陷常见方式

5.5.2 自然环境因素数据收集

虽然自然环境试验条件无法跟实验室环境试验一样根据实际需求进行控制，但在试验过程中需要对自然环境因素数据进行收集，以期能与产品自然环境中性能变化建立联系或分析产品失效原因。另外，自然环境因素数据作为装备使用环境文件的重要内容，对环境适应性设计和实验室环境试验方案制定也能提供重要支撑。

根据不同气候区域的环境特点，重点收集的自然环境因素种类可有所不同，如热带海洋大气环境重点收集温度、相对湿度、太阳辐射、降雨、盐雾等环境参数；干热沙漠地区重点收集太阳辐射、温度、沙尘暴时间、沙尘粒直径等环境参数；高原地区重点收集太阳辐射、温度、气压等环境参数。

为使自然环境数据真实可靠，一般采用实测方法进行收集。

大气环境因素可参照标准 GJB 8894.1 进行测定。利用气象自动监测设备对温度、相对湿度、降雨量、太阳辐射量、辐照强度、风速、风向、气压等环境参数进行监测，气象自动监测系统技术要求如表 5-6 所示。

表 5-6 气象自动监测系统技术要求

仪 器	测 量 范 围	允 差
干湿球温度表	−52.0℃～51.0℃	±0.2℃
最高温度表	−36.0℃～61.0℃	±0.5℃
最低温度表	−52℃～41.0℃	±0.5℃
温湿度两用计	−52.0℃～45.0℃ 0～100%	±1℃ ≤90%，±2%，＞90%，5%
雨量器	无要求	±0.2mm
遥感雨量计	无要求	±0.1mm

续表

仪　　器	测量范围	允　　差
风速器	0.5～60m/s	±0.2m/s（≤10.1m/s 时） ±1.5%（＞10.1m/s 时）
风向器	0～360°	±5°
水银气压表（定槽）	510～1100hPa	±0.2hPa
水银气压表（动槽）	510～1100hPa	±0.2hPa
气压计	510～1055hPa	±1hPa
分光谱表	（280nm，400nm，700nm）～3000nm	±0.01MJ/m^2
直接辐射表	280～3000nm	±1W/m^2

大气污染物监测对象包括氨、二氧化氮、氯离子、氯化氢、硫化氢、降尘量、二氧化硫和降水组分等。大气污染物测定方法如表 5-7 所示。

表 5-7　大气污染物测定方法

测定项目	采样方法	测定方法
氨	瞬时采样（测浓度）	HJ 533—2009
	连续采样（测沉降率）	纳氏试剂分光光度法
二氧化氮	瞬时采样（测浓度）	HJ 479—2009
	连续采样（测沉降率）	盐酸萘乙二胺分光光度法
氯离子	连续采样（测沉降率）	湿烛法，按照 GB/T 19292.3—2003 进行
		纱布法
氯化氢	瞬时采样（测浓度）	硝酸银容量法，按照 HJ 548—2009 进行
		离子色谱法，按照 HJ 549—2009 进行
		硫氰酸铁分光光度法
硫化氢	瞬时采样（测浓度）	气相色谱法，按照 GB/T 14678—1993 进行
	连续采样（测沉降率）	碘量法
降尘量	连续采样	重量法，按照 GB/T 15265—1994 进行
		分量法
二氧化硫	瞬时采样（测浓度）	甲醛吸收副玫瑰苯胺分光光度法，按照 HJ 482—2009 进行
		四氯汞盐吸收副玫瑰苯胺分光光度法，按照 HJ 483—2009 进行
	连续采样（测沉降率）	二氧化铅吸收二氧化硫硫盐法，按照 GB/T 19292.3—2003 进行
		硫酸盐化速率法
降水组分	连续法	pH 值，按照 GB/T 13580.4—1992 进行
		SO_4^{2-} 离子含量，按照 GB/T 13580.6—1992 进行
		氯化物含量，按照 GB/T 13580.9—1992 进行

如果环境因素数据实测难以开展，也可通过标准查阅的方式获得，虽然数据量

较少，但对自然环境试验的开展及实验室环境试验方案的制定也可以起到很好的参照作用。自然环境因素分析相关标准（部分）如表 5-8 所示。

表 5-8 自然环境因素分析相关标准（部分）

序 号	标 准 号	主 要 内 容
1	GJB 1172.1	各类环境极值的确定方法，与环境试验标准之间的关系
2	GJB 1172.2	地面气温极值
3	GJB 1172.3	地面空气湿度极值
4	GJB 1172.4	地面风速极值及随高度的变化
5	GJB 1172.5	地面降水强度极值
6	GJB 1172.6	高吹雪、雪负荷极值
7	GJB 1172.7	雨凇和雾凇的极值
8	GJB 1172.8	地面雹块直径和地面雹块重量极值
9	GJB 1172.9	地面低气压、地面高气压极值
10	GJB 1172.10	地面空气高密度、地面空气高密度极值
11	GJB 1172.11	地表温度、冻土深度和冻融循环日数极值
12	GJB 1172.12	空中高气温、空中低气温极值
13	GJB 1172.13	空中高绝对湿度、空中低绝对湿度极值
14	GJB 1172.14	空中风速、风的垂直切变极值
15	GJB 1172.15	空中降水强度极值
16	GJB 1172.16	空中高气压、空中低气压极值
17	GJB 1172.17	空中高空气密度、空中低空气密度极值
18	GJB 1172.18	大气臭氧极值
19	GB/T 4797.1	用温度、湿度参数表示户外气候类型
20	GB/T 4797.2	不同海拔的气压值和不同水深的水压值
21	GB/T 4797.4	划分了太阳辐射区域，为选择太阳辐射严酷度提供依据
22	GB/T 4797.5	规定了降水和风的基础特性、定量描述及环境条件分类
23	GB/T 4797.6	阐明尘、沙、盐雾特性
24	ISO 12944-2	钢结构所处的主要腐蚀环境等级划分和这些环境的腐蚀性

5.5.3 自然环境腐蚀严酷度等级划分

开展材料、工艺的自然环境试验，一般选择与实际应用环境严酷等级相同的试验站，所以在自然环境试验中，最重要的自然环境因素分析内容是自然环境严酷度等级划分。

环境腐蚀严酷度分类方法可分为 4 种：①依据腐蚀特征量划分等级；②依据相对湿度和腐蚀物质含量划分等级；③根据润湿时间划分等级；④依据各环境因素综合划分等级。

1. 依据腐蚀特征量划分等级

ISO 9223 标准根据金属材料失重和厚度损失对大气环境腐蚀等级分为 6 类：

C1——非常低的腐蚀性；

C2——低的腐蚀性；

C3——中等的腐蚀性；

C4——高的腐蚀性；

C5——很高的腐蚀性；

CX——极高的腐蚀性。

以金属腐蚀速率进行大气腐蚀性等级划分如表 5-9 所示。

表 5-9　以金属腐蚀速率进行大气腐蚀性等级划分

等级	腐蚀性	碳钢		铝
		质量损失/mg·m^{-2}·a^{-1}	厚度损失/μm·a^{-1}	质量损失/mg·m^{-2}·a^{-1}
C1	非常低	≤10	≤1.3	—
C2	低	$10<r_{corr}≤200$	$1.3<r_{corr}≤25$	≤0.6
C3	中等	$200<r_{corr}≤400$	$25<r_{corr}≤50$	$0.6<r_{corr}≤2$
C4	高	$400<r_{corr}≤650$	$50<r_{corr}≤80$	$2<r_{corr}≤5$
C5	很高	$650<r_{corr}≤1500$	$80<r_{corr}≤200$	$5<r_{corr}≤10$
CX	极高	$1500<r_{corr}≤5500$	$200<r_{corr}≤700$	>10

ISO 12944-2 给出不同大气腐蚀等级典型案例，如表 5-10 所示。

表 5-10　不同大气腐蚀等级典型环境案例

大气腐蚀等级	外部	内部
C1	—	加热的建筑物内部，空气洁净的环境
C2	低污染水平的大气，大部分是乡村地带	冷凝有可能发生的未加热的建筑
C3	城市和工业大气，中等的二氧化硫污染及低盐度沿海区域	高湿度和有些空气污染的生产厂房内
C4	中等含盐度的工业区和沿海区域	化工厂、游泳池、沿海船舶和造船厂等
C5	高湿度、恶劣大气的工业区域和高含盐度的沿海区域	冷凝、高污染持续发生的建筑和区域
CX	具有高含盐度的沿海区域及具有极高湿度和侵蚀性大气的热带亚热带工业区域	具有极高湿度和侵蚀性大气的工业区域

根据不同金属材料在我国部分大气环境试验站的腐蚀速率，对照 ISO 9223 划分的腐蚀等级表，确定了大气腐蚀等级，如表 5-11 所示[22]。

表 5-11 我国典型试验站大气腐蚀等级

试验站	钢		锌		铜		铝	
	暴露 1a	暴露 10a	暴露 1a	暴露 10a	暴露 1a	暴露 10a	暴露 1a	暴露 10a
北京	3	3	2	3	4	3	2	2
琼海	3	3	2	2	5	3	2	2
武汉	3	3	3	3	4	3	3	3
广州	4	4	3	4	5	4	3	3
青岛	4	4	3	4	5	4	4	4
江津	4	4	4	4	5	4	4	4
万宁	3	5	5	3	5	3	3	3

2. 依据相对湿度和腐蚀物质含量划分等级

相对于湿度，空气中腐蚀物质含量是影响基体金属腐蚀的主要环境因素，GB/T 15957《大气环境腐蚀性分类》规定了普通碳钢在不同环境下腐蚀等级与空气中相对湿度、腐蚀物质含量、腐蚀速率之间的对应关系，首先按照影响钢结构腐蚀的环境气体成分及含量，将环境气体划分为 A、B、C、D 四类（见表 5-12），然后依据碳钢在不同大气环境下暴露第一年的腐蚀速率实测结果，将大气环境腐蚀严酷度划分为六类（见表 5-13）。

表 5-12 大气环境气体腐蚀性分类

气体类别	腐蚀物质含量/$(mg \cdot m^{-3})$						
	二氧化碳	二氧化硫	氟化氢	硫化氢	氮氧化物	氯	氯化氢
A	<2000	<0.5	<0.05	<0.01	<0.1	<0.1	<0.05
B	>2000	0.5~10	0.05~5	0.01~5	0.1~5	0.1~1	0.05~5
C	—	10~200	5~10	5~100	5~25	1~5	5~10
D	—	200~1000	10~100	>100	25~100	5~10	10~100

注：当大气中同时含有多种腐蚀性气体时，则腐蚀级别应取最高的一种或几种为基准。

表 5-13 大气环境腐蚀严酷度六种类别

腐蚀类型		腐蚀速率/(mm/a)	腐蚀环境		
等级	名称		环境气体类型	年平均相对湿度/%	大气环境
I	无腐蚀	<0.001	A	<60	乡村大气
II	弱腐蚀	0.001~0.025	A	60~75	乡村大气、城市大气
			B	<60	
III	轻腐蚀	0.025~0.050	A	>75	乡村大气、城市大气和工业大气
			B	60~75	
			C	<60	

续表

腐蚀类型		腐蚀速率/(mm/a)	腐蚀环境		
等级	名称		环境气体类型	年平均相对湿度/%	大气环境
IV	中腐蚀	0.05～0.20	B	>75	乡村大气、城市大气和海洋大气
			C	60～75	
			D	<60	
V	较强腐蚀	0.20～1.00	C	>75	工业大气
			D	60～75	
VI	强腐蚀	1～5	D	>75	工业大气

注：在特殊场合与额外腐蚀负荷作用下，应将腐蚀类型提高等级，如：

（1）机械负荷。

① 风沙大的地区，因风携带颗粒（沙子等）使钢结构发生磨蚀的情况；

② 钢结构上用于（人或车辆）同行或有机械重负载并定期移动的表面。

（2）经常有吸潮性物质沉积于钢结构表面的情况。

3. 依据润湿时间划分等级

表面润湿时间是金属表面发生电化学腐蚀的时间，润湿时间越长，腐蚀总量越大[21]。不同暴露条件下的润湿时间等级划分如表 5-14 所示。

表 5-14　不同暴露条件下的润湿时间等级划分

等级	润湿时间/h·a^{-1}	实例
τ_1	$\tau \leqslant 10$	有空气调节的内部微气候
τ_2	$10 < \tau \leqslant 250$	无空气调节的内部微气候，潮湿空气中无空气调节的空间除外
τ_3	$250 < \tau \leqslant 2500$	干冷气候或某些温带气候下的室外大气，温带气候下适当通风的工作间
τ_4	$2500 < \tau \leqslant 5500$	所有气候的室外大气（除干冷气候外），潮湿环境中通风的工作间，温带气候下不通风的工作间
τ_5	$\tau > 5500$	潮湿气候的某些区域，潮湿环境中不通风的工作间

不同气候类型的润湿时间也有所不同，ISO 9223—1992 对不同气候类型的润湿时间给出规定。典型气候类型的润湿时间如表 5-15 所示。

表 5-15　典型气候类型的润湿时间

气候类型	年极值的平均值			润湿时间/h·a^{-1}（温度大于0℃相对湿度大于80%）
	最低温度/℃	最高温度/℃	相对湿度大于95%的最高温度/℃	
极冷	-65	32	20	0～100
冷	-50	32	20	150～2500
稍冷	-33	34	23	2500～4200
温暖	-20	35	25	

续表

气候类型	年极值的平均值			润湿时间/h·a^{-1}（温度大于0℃相对湿度大于80%）
	最低温度/℃	最高温度/℃	相对湿度大于95%的最高温度/℃	
干热	-20	40	27	10～1600
很干热	-5	40	27	
非常干热	3	55	28	
湿热	5	40	31	4200～6000
非常湿热	13	35	33	

4. 依据各环境因素综合划分等级

GB/T 4798 标准给出了电工电子产品在运输、安装、贮存和使用过程中遇到的环境条件参数类型和严酷度等级，而 GB/T 4798 根据不同的使用条件给出了环境参数等级，可指导用户根据不同应用情景合理选用环境试验条件，如表 5-16 所示。

表 5-16 GB/T 4798 系列标准内容

标准号	应用环境类型
GB/T 4798.1—2005	贮存
GB/T 4798.2—2008	运输
GB/T 4798.3—2007	有气候防护场所固定使用
GB/T 4798.4—2007	无气候防护场所固定使用
GB/T 4798.5—2007	地面车辆使用
GB/T 4798.6—2012	船用
GB/T 4798.7—2007	携带和非固定使用
GB/T 4798.9—2012	产品内部微环境

对于防护涂层自然环境适应性评价中涉及的环境严酷度，可借用电子设备贮存过程中气候环境条件等级来描述，如表 5-17 所示。

表 5-17 气候环境条件等级

环境参数	等级													
	1K1	1K2	1K3	1K3L	1K4	1K4L	1K5	1K6	1K7	1K8	1K8H	1K9	1K9L	1K10	1K11
低温/℃	20	5	-5	-5	-25	-25	-40	-55	-20	-33	-35	-65	-50	5	-20
高温/℃	25	40	40	40	55	40	70	70	35	40	40	55	40	40	55
低相对湿度/%	20	5	5	5	10	10	10	10	20	15	10	4	10	30	4
高相对湿度/%	75	85	95	95	100	100	100	100	100	100	100	100	100	100	100

续表

环境参数	1K1	1K2	1K3	1K3L	1K4	1K4L	1K5	1K6	1K7	1K8	1K8H	1K9	1K9L	1K10	1K11
低绝对湿度/(g/m³)	4	1	1	1	0.5	0.5	0.1	0.02	0.9	0.26	0.15	0.003	0.004	6	0.9
高绝对湿度/(g/m³)	15	25	29	29	29	29	35	35	22	25	25	36	26	36	27
温度变化率/(℃/min)	0.1	0.5	0.5	0.5	0.5	0.5	1.0	1.0	0.5	0.5	0.5	0.5	0.5	0.5	0.5
低气压/kPa	70	70	70	70	70	70	70	70	70	70	70	70	70	70	70
高气压/kPa	106	106	106	106	106	106	106	106	106	106	106	106	106	106	106
太阳辐射/(W/m²)	500			700			700			700			1120		
凝露条件	无	无	有	有	有	有	有	有	有	有	有	有	有	有	有
降雨条件	无	无	无	无	无	无	有	有	无	无	无	无	无	无	无
冰冻和霜冻条件	无	无	有	有	有	有	有	有	有	有	有	无	无	有	有

5.5.4 试验夹具（装置）设计

为提高自然环境试验中试验样品经历的环境与实际环境的相似性，可适当地设计试验夹具（装置），如研究拉伸与自然环境条件对一些结构件的影响时可设计恒定拉力的夹具；为研究自然环境下平台结构及通风形式对印制电路板防护涂层的影响，可设计模拟机箱平台（见图 5-11）。

图 5-11　模拟机箱平台示意图

性能测试、相关性分析、失效分析等技术内容分别在本书第 7 章、第 8 章和第 3 章中进行相关介绍，不再赘述。

5.6 自然环境试验实施

5.6.1 自然环境试验前信息收集

制定合理的自然环境试验方案，保障电子装备防护涂层自然环境试验的有效开展，需要一系列的信息输入，具体如下：

1. 电子装备部署区域

电子装备部署区域的信息影响自然环境试验地点的确定。信息内容包括电子装备部署的地理位置、部署地点的气候类型，如果在服役过程中会经历多个气候类型，则需要确定经历环境顺序及作用时间。

2. 电子装备应用平台

电子装备应用平台的信息影响自然环境试验方式的确定。防护涂层的应用平台与所涂覆基材的应用平台一致，如机载平台、舰载平台、车载平台、地面平台等，对印制电路板涂层而言，需要进一步确定外部机箱机柜的密封和通风形式。

3. 防护涂层信息

防护涂层信息影响样件设计和性能测试参数的确定。信息内容包括防护涂层基材信息、表面处理、底漆和面漆构成、涂层树脂种类、涂层干膜厚度等。

4. 防护涂层涂覆部位及暴露环境类型

防护涂层涂覆部位及暴露环境类型的信息影响样件设计和试验方式的确定。信息内容包括防护涂层涂覆基材的结构、应用过程中防护涂层的暴露方式等。

5. 防护涂层性能要求

防护涂层性能要求影响性能参数的确定。

另外，自然环境试验方案的确定与试验目的、试验成本、试验保障条件、样件维护要求等信息相关，需要在制定自然环境试验方案时确定。

5.6.2 自然环境试验方案确定要素

自然环境试验方案确定包含的要素如下：

1. 试验地点及环境

确定试验地点实际上就是确定自然环境试验的条件。

对验证性试验而言，若电子装备固定使用，则选用与电子装备部署区域具有相同环境类型的自然环境试验站开展试验；若电子装备在多个地点部署，则可选择最恶劣的环境类型开展试验，而在确定不同地点服役时间比例的前提下，可选择多个试验地点开展组合试验。

对研究性试验而言，应选择可代表各气候类型的自然环境试验站开展试验，以全面收集环境效应数据。

2. 样件类型及数量

确定试验样件是采用全尺寸装备样件、材料标准样件的，还是采用模拟样件的，包括样件的设计方案。

3. 暴露方式

自然环境试验种类很多，需要确定试验暴露方式。例如，试验是采用自然加速环境试验的，还是采用常规自然暴露试验的，是采用户外大气环境试验的，还是采用棚下大气环境试验的，还是将几种试验结合开展的。

4. 取样周期和性能检测

结合试验目的、试验成本、样件特点等信息确定试验总时长、取样时间、性能检测周期和检测内容。

5.6.3 自然环境试验文件要求

为保证电子装备防护涂层自然环境试验顺利开展和试验结果的有效性，需要在试验过程中编制相关文件，如表 5-18 所示。

表 5-18 自然环境试验过程文件

序 号	试验过程文件	输出时机	备 注
1	自然环境试验大纲	试验前	—
2	自然环境试验实施细则	试验前	根据任务需求，不需要编制大纲时，则编写实施细则。实施细则与大纲模版相同
3	自然环境试验投试报告	试验中，投试完成后	—
4	自然环境试验阶段总结报告	试验中，阶段报告	两者内容一致
5	自然环境试验总结报告	试验结束	
6	工作总结报告	项目结束，工作总结报告	—

根据试验目的及具体要求可对表 5-18 中的试验过程文件进行适当剪裁，但不应影响试验实施的流畅性。

1. 自然环境试验大纲（实施细则）

编制自然环境试验大纲（实施细则）是为自然环境试验实施规定一系列的要求，以确保自然环境试验按计划达到预定目的。自然环境试验大纲是编写实施细则和试验投试报告的依据。

当任务来源已有总体的试验大纲或总体方案，但试验大纲或总体方案中对自然环境试验描述不够详细时，则直接编制自然环境试验实施细则。

自然环境试验大纲（实施细则）主要内容包括：

（1）任务依据；
（2）试验性质；
（3）试验目的；
（4）试验样品；
（5）试验要求；
（6）测试要求；
（7）环境监测要求；
（8）试验结果处理；
（9）试验中断处理与恢复；
（10）试验组织及任务分工；
（11）试验保障；
（12）试验安全；
（13）试验实施流程图；
（14）试验报告；
（15）其他注意事项及说明；
（16）附件（包括样件性能检测表、环境因素监测表、试验运行记录表等）。

自然环境试验任务来源及试验目的的不同，对试验大纲（实施细则）内容重点、信息要求也会有所区别，因此可根据试验任务特点，对试验大纲（实施细则）的内容进行适当剪裁。

2. 自然环境试验投试报告

编制自然环境试验投试报告是试验负责人按照试验大纲落实试验的证明，是用于追溯试验实施过程的主要依据。

投试报告需要描述投试日期、投试人员、投试样品数量和分布样品编号等信息，以便后续查验核对。

自然环境试验投试报告包括以下内容：
（1）试验目的；
（2）编制依据；
（3）投试时间及人员；
（4）试样数量与分布；
（5）检测项目及周期；
（6）投试质量保障；
（7）其他注意事项及说明。

3. 自然环境试验（阶段/总结）报告

编制自然环境试验（阶段/总结）报告是对阶段或最终试验结果进行总结与分析，并为评价电子装备防护涂层对环境适应性要求的符合性提供信息支持，为电子装备环境适应性设计、评估、考核与验证提供数据支撑。

编制自然环境试验（阶段/总结）报告的主要依据为自然环境试验大纲（实施细则）、自然环境试验投试报告、自然环境试验过程的检测记录与分析结果、自然环境试验和检测过程中引用的标准和规范。

自然环境试验（阶段/总结）报告应包括以下内容：
（1）任务来源；
（2）试验目的和性质；
（3）试验依据；
（4）试验情况；
（5）试验结果与分析；
（6）试验（阶段）总结；
（7）下一步工作计划（需要时）；
（8）附件。

4. 工作总结报告

当在多个试验站点开展自然环境试验或开展多类自然环境试验时，需要编制工作总结报告，对工作总体情况进行归纳总结。重点包括大纲编制过程、试验实施过程、试验结果分析和试验结论、相关协作单位的工作情况等内容。

自然环境试验工作总结报告框架如下：
（1）概述；
（2）试验工作完成情况；

（3）组织管理情况；
（4）建议。

5.6.4　试验实施

确定自然环境试验实施方案后，开始实施试验，实施过程中根据要求编制相关文件，下面以户外大气自然环境试验为例介绍电子装备防护涂层自然环境试验的实施过程。

1. 试验前准备

包括样件检查验收和标识工作，对防护涂层样件种类、数量、试验曝露面及表面状态进行确认，对样件进行统一编号，编号中最好能体现试验站、样件类别、样件序号等内容，如有需要则对样件进行封边处理。

2. 试验前检测

样件经统一的状态调整后，观察样件外观，并根据大纲要求对样件光泽度、颜色和附着力等初始性能进行检测，并做好记录。

3. 样件安装

根据试验大纲要求将样件安装至暴露架上，暴露角度一般选择与水平面呈45°。防护涂层户外大气自然环境试验对暴露架的要求包括：放置位置一般应保证各个方向空气流通；暴露架应由不影响试验结果的惰性材料制成，如铝合金或经涂敷防腐涂料的钢材等；暴露架上样件应与金属绝缘，推荐使用陶瓷绝缘子固定样件；暴露架的底端离地面一般不小于0.5m。

4. 中间检测

对防护涂层样件性能进行周期检测，对于光泽度、颜色等非破坏性测试，测试结束后应尽快上架恢复试验，对附着力、柔韧性、耐磨性等破坏性测试，撤回样件后应尽快开展测试。测试过程做好记录。

5. 最终测试

当试验达到预定的试验持续时间或样件性能已超出规定的指标范围时，终止试验，并对样件性能进行最终测试。

5.6.5 试验记录

自然环境试验过程中需要对各类数据进行记录,保证自然环境试验中所有数据均有迹可循。

1. 环境因素监测数据记录

自然环境试验实施过程中,应对试验地点气候环境因素(或局部微环境)进行监测,包括温度、相对湿度、太阳辐射总量、紫外辐照量、总辐照度、紫外辐照度、盐雾沉降率、SO_2含量、NO_x含量等大气环境因素。开展海水自然环境试验时需要对盐度、溶解氧、流速等海水环境因素进行监测。

2. 样品性能检测记录

在制定自然环境试验大纲时需要对每项性能参数专门制作性能记录表,要求每一件试验样品均应有完整的检测记录,包括初始、中间和最终检测。记录表应包括样品名称、试验类型、试样方式、参考标准、试验开始时间、检测人和检测日期、审核人和审核日期等信息。

3. 运行记录

自然环境试验过程中对运行情况进行记录,主要包括:试验样品名称、架位、样件数量、检测时间、检测项目、取样日期及数量;试验过程中出现的异常现象及处理;试验样件的维护、保养等处理。

4. 样件失效信息记录

需要对自然环境试验中样件的失效现象进行描述,并记录失效发现日期,必要时给出失效的初步判断原因。

5.6.6 注意事项

在开展电子装备防护涂层自然环境试验过程时需要注意以下事项:

1. 样件技术状态

防护涂层样件的表面状态应与实际使用的状态保持一致或相近,开展自然环境试验的平行样件应具有相近的涂敷质量。试验前对样件表面状态进行确定,应无划痕、起泡、开裂、剥落等明显缺陷,有预置缺陷的除外。

2. 样件保存

在开展防护涂层的自然环境试验中,为对比直观获知试验样件的外观变化情况,通常会保存一些对比样件，保存环境温度推荐 15℃～35℃，相对湿度不高于 70%，保存期不宜超过 1 年。

3. 样件包装、运输和安装

在运输和安装过程中容易造成防护涂层的机械损伤，在腐蚀严酷度等级高的地区开展自然环境试验时这些损伤可能是致命的，所以在运输前应对样件合理包装并在运输中避免粗暴装卸，安装时也应避免夹具划伤。

4. 试验开始时间和试验时长

自然环境试验时间较短时（小于 1 年），一般选择从腐蚀性最高的季节开始，所以不同气候类型的自然环境试验站适宜的开始时间不同，如西沙自然环境试验站为 11 月～12 月，广州自然环境试验站为 6 月～8 月，漠河自然环境试验站为 12 月～2 月。对防护涂层而言，试验时长一般较长，试验开始时间选择对试验结果的影响较弱，但在腐蚀性高的季节开始试验依然可能较早筛选出性能较差的工艺。

参 考 文 献

[1] 王忠，陈晖，张铮. 环境试验[M]. 北京：电子工业出版社，2015.

[2] 中央军委装备发展部综合计划局. 军用装备自然环境试验方法 第 1 部分：通用要求：GJB 8893.1—2017[S]. 北京：国家军用标准出版发行部，2017.

[3] 中央军委装备发展部综合计划局. 军用装备自然环境试验方法 第 2 部分：户外大气自然环境试验：GJB 8893.2—2017[S]. 北京：国家军用标准出版发行部，2017.

[4] 曹楚南，王光雍，李兴濂，等. 中国材料的自然环境腐蚀[M]. 北京：化学工业出版社，2004.

[5] 杨晓然，王俊芳，殷宗莲. 气候环境试验技术进展及其应用[J]. 上海涂料，2013，51（9）：38-43；

[6] 杨晓然，张伦武，张勇智. 自然环境加速试验技术[J]. 装备环境工程，2004，1（1）：7-11.

[7] 肖敏，周漪，杨万均. 典型环境中三种自然环境加速试验方法的环境强化效果分析[J]. 装备环境工程，2014，11（2）：26-31.

[8] 中国钢铁工业协会. 金属和合金的腐蚀 户外周期喷淋暴露试验方法：GB/T 24517—2009[S]. 北京：中国标准出版社，2009.

[9] 杨晓然，袁艺，李迪凡，等. 高加速自然环境试验系统的研制[J]. 腐蚀科学与防护技术，2012，24（6）：489-493.

[10] 郑会保. 有机涂层环境适应性及表征技术研究进展[J], 合成材料老化与应用, 2014, 43（6）: 51-56.

[11] 中国钢铁工业协会. 金属和合金的腐蚀 大气腐蚀 跟踪太阳暴露试验方法: GB/T 24516.2—2009[S]. 北京: 中国标准出版社, 2009.

[12] 中国钢铁工业协会. 金属和合金的腐蚀 应力腐蚀室外暴露试验方法: GB/T 24518—2009[S]. 北京: 中国标准出版社, 2009.

[13] 彭京川, 郭赞洪, 杨晓然. 多因素综合海洋气候自然加速试验技术相关性和加速性验证[J]. 装备环境工程, 2016, 13（5）: 98-104.

[14] 杨晓然, 秦晓洲, 李军念, 等. 国外自然环境试验站网管理现状分析[J]. 装备环境工程, 2009, 6（1）: 55-58.

[15] MEYE S J, HUBBARD K G. 美国和加拿大的非联邦自动气象站（网）[J]. 气象科技, 1993（1）: 93-96.

[16] 张伦武, 汪学华, 肖敏. 军用环境试验的发展和趋势[J]. 环境技术, 2003,（4）: 1-6.

[17] WARREN L T, ZHAN Z H, MOUNT C R. An integrated database and expert system of failure mechanism identification: part I - automated knowledge acquisition[J]. Engineering Failure Analysis, 1999, 6（6）: 387-406.

[18] YOMAMOTO, MASAHIRO, et al. A corrosion database system for exposure tests[M]// NISHIJIMA S, IWATA S. Computerization and Networking of Materials Databases. 5th vol. West Conshohocken, Pennsylvania: ASTM International, 1997, 1311: 211-221.

[19] 杨晓然, 张伦武, 秦晓洲, 等. 自然环境试验及评价技术的进展[J]. 装备环境工程, 2005, 2（4）: 6-16.

[20] 曹晓东, 张平, 季小沛. 涂层耐中性盐雾试验的划线方法及试验后的评定[J]. 涂料工业, 2007, 37（11）: 61-62.

[21] 王光雍, 王海江, 李兴濂, 等. 自然环境的腐蚀与防护 大气 海水 土壤[M]. 北京: 化学工业出版社, 1997.

[22] 张伦武. 国防大气环境试验站网建设及试验与评价技术研究[D]. 天津: 天津大学, 2008: 27-28.

第 6 章

电子装备防护涂层实验室环境试验

6.1 概述

与自然环境试验相比，实验室环境试验通常具备试验应力可控、试验结果获取快且重现性好的特点，在电子装备防护设计过程中常被用于防护涂层的优选及寿命预测。但由于现阶段试验设备能力限制，在实验室内很难完全模拟自然中各环境因素综合影响效应，若同时考虑到实际服役过程中种种诱发环境的影响，实验室环境试验的模拟性将进一步降低，所以如何提升实验室环境试验方案的模拟性、保证试验结果的有效性是目前研究人员关注的重点，也是难点。

目前，国内外针对防护涂层的实验室环境试验的标准有很多，为提高试验的相关性，不断制定循环试验相关标准，各个标准中规定的试验条件各异，但同时对适用性解释较少，对应用的指导性较弱，所以现在趋向于根据防护涂层的应用环境及工况，有针对性地制定有效的实验室环境试验方案。

有效的实验室环境试验方案需要环境因素的有效选取、环境因素的有效施加、环境量值的有效确定来保证，其中涉及环境因素分析、机理研究、试验条件转化等多项技术内容，本章从实验室环境试验制定流程着手，分析各个环节涉及的技术内容和关键点，给研究人员确定合理的实验室环境试验方法、评价防护涂层环境适应性提供参考。

6.2 目的与作用

实验室环境试验在涂料研制、涂层选用、寿命评价等工作中均有应用，不同应用目的所采用的实验室环境试验方法有所不同。实验室环境试验目的如表 6-1 所示。

表 6-1 实验室环境试验目的

序号	实施目的	试验项目	应用阶段	备 注
1	涂料研制与改进	浸渍试验（耐水性、耐盐水性）、人工光老化试验（紫外、金属卤素灯）等	涂料研制阶段	该阶段以性能试验为主，试验要求简单快捷
2	涂料出厂检验	浸渍试验等	原材料采购阶段	该阶段以性能检测为主，试验要求简单快速
3	涂层工艺选用	安排与应用环境相关的试验项目，单项试验或循环试验	装备设计、研制阶段	将涂料制成标准样板或简单结构件后开展试验，该阶段试验项目应能反映各类环境因素对涂层的影响
4	环境鉴定	三防试验（湿热、霉菌、盐雾）、人工光老化试验等	装备鉴定阶段	一般随装备开展试验
5	涂层失效机理研究	根据涂层失效环境特点及主要环境影响因素确定	研制阶段、使用阶段	一般选择单因素试验的方式
6	涂层寿命评价	根据服役环境特点定制试验方法	研制后期、使用阶段	突出试验与实际服役环境之间的相关性

6.3 实验室环境试验制定过程与原则

6.3.1 制定过程

制定合理有效的实验室环境试验方案需要从试验对象和应用环境条件着手，并充分了解失效机理和考虑现有设备的试验能力。实验室环境试验方案制定过程如图 6-1 所示。

制定有效的电子装备防护涂层实验室环境试验方案一般步骤：首先对环境影响因素收集及分析，结合防护涂层在使用过程中的失效行为研究，选择确定引起失效的主要环境影响因素；然后根据试验设备能力合理选择环境效应模拟性较强的试验项目，结合各环境影响因素作用过程及作用机理确定试验顺序或循环方式，充分参照现有标准确定试验量值；最后根据使用环境影响因素作用时间、试验目的及实际采用试验量值确定试验时长，形成实验室环境试验方案并初步对其影响效应进行预计。

由图 6-1 可知，电子装备防护涂层实验室环境试验制定的基础是主要环境影响因素确定，在分析过程中重点关注环境作用形式、作用过程、作用时间和试验量值（包括均值、极值等）等内容。

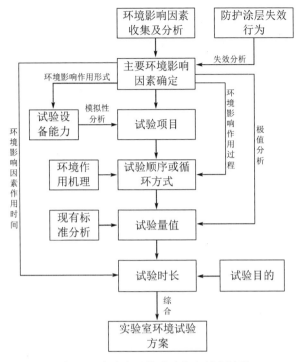

图 6-1 实验室环境试验方案制定过程

6.3.2 制定原则

由实验室环境试验方案制定过程可知，实验室环境试验方案的合理性和有效性要通过试验项目、试验顺序或循环方式、试验量值和试验时长 4 个方面来保证，而确定以上内容需要一系列的信息输入，如图 6-2 所示。

要确保试验项目、循环方式、试验量值、试验时长的合理性，必须保证各个输入信息的准确性，而这些保证措施也构成了实验室环境试验制定原则，具体如下：

1. 环境因素的代表性

GJB 6117 中"实验室环境试验"的定义为"在实验室内按规定的环境条件和负载条件进行的试验"，可见环境条件分析与确定是开展实验室环境试验的基础，环境条件的合理性直接决定了实验室环境试验的效果。环境条件的代表性一方面体现在环境因素在电子装备服役过程中出现的频率较高或持续作用时间较长；另一方面体现在环境因素对防护涂层的影响效应较明显。例如，在南海区域年润湿时间大于4300h（温度大于 0℃，相对湿度大于 80%的时长），占全年时长的 49%以上，湿热环境对防护涂层性能影响效应较明显，所以采用实验室环境试验方法对南海岛礁服役防护涂层进行环境适应性评价时必须考虑湿热环境影响。例如，漠河户外月平均温度低于0℃的时间大于6个月，虽然持续时间较长，但低温对部分防护涂层性能的影响一般较小，在设计实验室环境试验方案时可不予考虑。

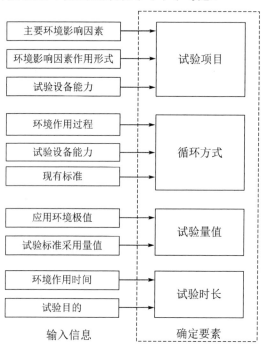

图6-2　实验室环境试验方案确定要素及输入信息

2. 环境因素施加的合理性

在确定主要环境影响因素后，还需要分析环境影响因素对电子装备防护涂层的作用形式，合理确定环境试验项目和试验程序。随着对环境影响因素作用机理研究的深入和环境试验新型设备的研发，模拟同一环境影响因素的试验方法及试验程序多种多样，需要从环境影响因素施加方式及作用机理一致性方面着手进行评估选择。以南海海洋大气为例，长期高温高湿的环境特点容易导致防护涂层变色和起泡，目前常采用湿热试验的方法评估湿热环境影响。湿热试验程序包括恒定湿热试验和交变湿热试验，其中恒定湿热试验主要用于评估吸收、吸附或扩散对产品的影响效应，而交变湿热试验还同时模拟了凝露和呼吸效应，在南海岛礁户外昼夜温差较小，湿气对防护涂层影响多以吸收、吸附、扩散的形式进行，所以单纯评价该区域湿热环境对防护涂层的影响时可采用恒定湿热试验的方法。

3. 循环方式的有效性

实验室环境试验的循环方式决定了各环境因素的综合作用效果,所以循环方式选择是否有效直接关系到实验室环境试验与实际应用环境之间的相关性。为保证该相关性,试验循环方式要求与实际环境因素的作用过程一致。还以南海岛礁为例,在典型日循环中 00:00—08:00 防护涂层由高温、高相对湿度和盐雾共同作用,此时防护涂层表面处于润湿状态;08:00—16:00 太阳光为防护涂层的主要影响因素,此时随着气温升高,空气相对湿度降低,12:00—14:00 空气相对湿度降为最低,约为60%,同时在太阳光的作用下,户外使用防护涂层的表面温度升高,最高可达到50℃以上,表面周围相对湿度急速下降,此时防护涂层表面处于干燥状态;16:00—24:00 空气温度持续降低,24:00 温度达到最低,相对湿度随之不断升高,此时样件表面处于润湿状态,同时受盐雾、高温和高湿影响。可见在这一日循环过程中,太阳辐射和湿度影响交替进行,所以在设计循环方式过程中,要注意干湿交替和明暗交替过程。

同时,循环方式还应符合防护涂层的失效过程。户外应用涂层失效起于表面,主要环境影响因素是太阳光;然后水降解过程并与太阳辐射互相促进,随着微孔的不断增多和变大,氧和腐蚀性介质开始渗透,并与底漆和金属基材发生反应,直至防护涂层剥离脱落失效。所以在设计户外应用防护涂层的实验室环境试验时往往将光老化试验作为循环开始。

4. 环境试验条件量值的覆盖性

实验室环境试验作为评价环境适应性的手段时,环境试验条件量值往往选取产品寿命期中遇到的真实环境的极端值,这一极端值往往是选取了一定时间风险率的合理极值,如温度、相对湿度往往为1%时间风险率的极值。若开展实验室环境试验为快速评价各类环境因素的影响效应,可在保证机理不变的前提下,适当提高试验条件量值,在这个过程中,需要充分借鉴现有标准。

5. 环境试验过程的连贯性

实验室环境试验应基于现有设备能力,同时试验过程具备较强的可操作性。试验及涂层性能测试安排应尽量保证连贯进行,将设备、人工操作等环节带来的影响降至最低。

6.3.3 关键技术

装备环境工程是将各种环境技术和工程实践用于减缓各种环境对装备效能影响或提高装备耐环境能力的一门工程学科[1],作为其中一项重要工作项目,实验室环境试验涉及多项关键技术。

1. 环境数据收集及分析技术

由电子装备防护涂层实验室环境试验方案制定过程及原则可知,试验方案制定需要基于环境数据收集和分析,其技术内容包括:

(1) 环境测量技术;
(2) 环境谱编制及环境严酷度划分;
(3) 环境条件相关标准跟踪分析;
(4) 环境数据库构建。

2. 环境影响效应分析技术

电子装备防护涂层实验室环境试验方案的合理性是建立在环境影响机理与实际使用基本一致的基础上的,所以环境影响效应研究工作至关重要,其重要技术内容包括:

(1) 环境因素耦合效应分析;
(2) 环境因素循环效应分析;
(3) 防护涂层各类典型环境下的失效行为及机理研究。

3. 环境试验条件确定技术

在环境因素分析和环境影响机理研究的基础上确定环境试验条件,在实施过程中涉及以下技术:

(1) 环境条件与环境试验的转换技术;
(2) 环境试验设备研发;
(3) 环境试验标准跟踪分析;
(4) 环境试验结果相关性分析。

6.4 电子装备防护涂层使用环境条件分析

充分利用环境因素分析结果,是制定合理实验室环境试验方案的基础,对电子装备防护涂层如此,对其他材料、工艺或设备亦然,所以实验室环境试验方案的确定始于环境条件分析。

使用环境因素分析主要用于确定实验室环境试验项目及试验量值,面向这一目标,其分析内容主要包括环境因素种类确定、环境严酷度等级确定、环境因素极值及作用时间、环境作用方式等。

6.4.1 使用环境因素类别

防护涂层与其涂敷的电子装备部组件的应用环境一致,而电子装备部组件应用环境由服役区域、应用平台和局部结构等相关,所以确定防护涂层的使用环境既要分析服役区域气候环境类型,又要考虑平台和局部结构的影响。图 6-3 为自然、平台和局部环境的关系,图 6-4 为电子装备防护涂层使用环境确定过程。

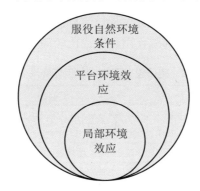

图 6-3 自然、平台和局部环境的关系

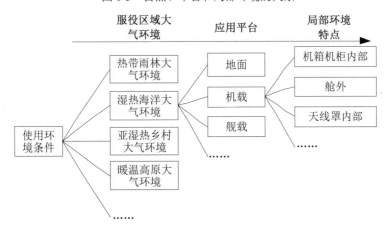

图 6-4 电子装备防护涂层使用环境确定过程

1. 自然环境

防护涂层在某一地区使用时,势必会受到当地自然环境因素的影响,自然环境特点、主要环境影响因素、因素量值及严酷度与应用地点相关。

国内典型的自然环境类型由 5.3.2 节进行介绍,自然环境因素观测与效应数据收集由 5.4.2 节进行介绍。

2. 应用平台环境分类

军用装备系统化、集成化、信息化的发展趋势使电子装备在整个系统中的地位愈加突出，使用范围也越来越广，应用平台也多种多样。外部环境能够反映整个装备或系统的服役环境恶劣程度，而平台环境多是电子装备部组件、材料和电子元器件的直接接触环境，所以研究平台环境条件特点对电子装备部组件防护涂层实验室环境试验方案制定具有重要支撑。

GJB/Z 299《电子设备可靠性预计手册》对电子设备的应用平台环境类型进行分类，经军用电子设备研制厂和部队使用、验证比较完善有效，如表 6-2 所示。

表 6-2　电子设备工作或非工作环境分类[2]

环境分类	代号	说明
地面良好	G_B	能保持正常气候条件，机械应力接近零的地面良好环境，如有温度、湿度控制的良好库房、坑道或实验室，其维护条件或有较良好的包装
导弹发射井	G_{MS}	导弹及其辅助设备所处的发射井
一般地面固定	G_{F1}	普通库房或通风较好的室内的固定机架，受振动、冲击影响不大的环境条件
恶劣地面固定	G_{F2}	只有简陋气候防护设施的地面环境或简易洞库，其环境条件较恶劣，如高温、霉菌、沙尘、盐雾或有害气体
平稳地面移动	G_{M1}	处在比较平稳的移动状态下，可遇到振动与冲击环境，如专用车辆及火车车厢环境
剧烈地面移动	G_{M2}	安装在履带车辆上，处于较剧烈的移动状态，受振动、冲击影响较大，通风及温、湿度控制条件受限制，维护条件差，如坦克车内的环境条件
背负	M_P	有人携带的越野环境、维护条件差
潜艇	N_{SB}	潜艇内的环境条件
舰船良好舱内	N_{S1}	行驶时较为平稳，且受盐雾、水汽影响较小的舰船舱内，如近海大型运输船和内河船只的空调舱
舰船普通舱内	N_{S2}	能防风雨的普通舰船舱内，常有较强烈的振动和冲击，如水面战船内或甲板以下的环境条件
舰船舱外	N_U	舰船甲板上的典型环境，经常有强烈的振动冲击，包括无防护、暴露于风雨日照的环境下
飞机座舱	A_1	典型的飞行员座舱环境，无太高的温度、压力和过于强烈的冲击振动
飞机无人舱	A_U	设在机身、机尾、机翼等部位的设备舱、炸弹舱，处在高温、高压、强烈的冲击振动等恶劣条件之下
宇宙飞行	S_F	在地球轨道上飞行，不包括动力飞行和重返大气层，如卫星中电子设备储备单元的安装环境
导弹发射	M_L	由于导弹发射、火箭推进动力飞行、进入轨道及重返大气层或降落伞着陆等引起的噪声、振动

由于防护涂层与所涂覆电子装备的平台环境一致,所以防护涂层的平台环境分类也可参照表 6-2 中的规定进行,也可根据防护涂层的应用特点对其平台环境进行有针对性的分类,其分类原则如下:

(1)电子装备舱内、舱外使用所经历的环境条件区别较大,选用防护涂层时对环境适应性的要求也有所不同,所以防护涂层的平台环境分类一般需要有舱外、舱内之分;

(2)结合防护涂层主要环境影响因素分析结果,舱内设备的诱发效应主要考虑的环境影响因素为温度和相对湿度;

(3)由于军用飞机 90%以上的寿命时间在地面停放,所以车载、机载和地面舱外设备可以考虑归并。

根据以上原则,电子装备防护涂层应用平台环境分类如表 6-3 所示。

表 6-3 电子装备防护涂层应用平台环境分类

环 境 分 类	说　明
地面设备舱内	主要环境影响因素包括温度、湿度、腐蚀性气体等,沿海、岛礁电子装备舱内环境影响因素包括盐雾等
车载、机载(不包括舰载机)、地面设备舱外	与自然环境大气相通,主要环境因素包括温度、湿度、太阳辐射、盐雾、腐蚀性气体
机载舱内	与舱外环境条件相比,主要考虑温度和湿度差别
车载舱内	与舱外环境条件相比,主要考虑温度和湿度差别
舰载舱外	与海洋大气环境相通,主要环境影响因素包括温度、湿度、太阳辐射、盐雾及腐蚀性气体
舰载舱内	与舱外环境条件相比,主要考虑温度和湿度差别

3. 应用平台环境特点

平台环境受自然环境和平台特性(包括平台结构、平台工作状态等)共同影响,所以不同平台在不同区域服役所营造的平台环境特点均有所不同。

1)舰载平台

① 温度。

在太阳辐射的热效应影响下,航母甲板上、机库内及飞机内部温度会超过外界空气的日循环最高温度。美国海军文件 *Shipboard exposure testing of aircraft materials aboard USS Ranger*(NAWCADWAR-94019-60,1994)中记录了核动力航母突击者号(USS Ranger)在西太平洋和波斯湾航行时测量的大气环境条件,其中甲板上的温度在白天太阳辐射强烈情况下最高能够达到 60℃。在航母执行大部分任务时,大气温度条件相对均匀,但通常高于 20℃,处于 22℃~29℃。航母甲板上部署的飞机内部,当设备放置在封闭的飞机上具有暴露于日晒发热表面的舱段内或封闭的简易仓库中时，在太阳光照作用下，机舱外表面温度急剧升高，设备周围的大气温度也相应升高，这时会诱发出更高的温度。根据我国对飞机机场停放时温度实测结果，在炎热的天气下，飞机内温度要比外界自然环境温度高10℃～20℃。GJB 1060.2—91指出，在辐射强度1110W/m^{2}的情况下，内部由太阳辐射引起的温升约为17℃。在10%风险率下（海面大气极值高温45℃），甲板上的高温极值条件为65℃。机库内受到环控条件的影响，高温极值为40℃。

航母甲板上的低温环境与海面情况相同，记录极值为-38℃，在5%的风险率下，其低温极值为-28℃。由于舰载机封闭结构的外表面常常是比外界空气更好地对夜空的辐射体，所以其内部设备容易遇到比昼夜循环最低温度还低的温度（低3℃～5℃）。根据GJB 1060.2—91，机库内最低温度一般控制在8℃。

② 相对湿度。

美国海军核动力航母突击者号（USS Ranger）在西太平洋和波斯湾航行时测量的甲板上的相对湿度通常为62%～84%。在甲板上部署的舰载机内部由于诱发高温，会把封闭空间内空气的含水量提高到外界环境条件以上，特别是部署在湿热的热带地区的时候。加上没有通风，太阳辐射和外界环境温度的昼夜变化，诱发机舱内外产生压差，从外界大气吸入并截留潮气。在白天温度高（包括太阳辐射的间接加热效应）、夜间温度低的地方（波斯湾和红海地区），这种现象尤为突出。潮气的逐渐积累能够导致机舱内湿度增大，露点温度升高，可能导致当昼夜循环至较低温度时出现饱和（发生凝露现象）。因此，机舱内的相对湿度经常可能达到100%。

由于缺乏实测数据，在此仅能以GJB 1060.2—91给出的舰载设备湿度环境要求作为参考。在1%的风险率下，甲板上的设备应耐受的高温高湿环境为25℃～29℃，相对湿度为93%～100%。机库内设备应耐受的高温高湿环境为40℃，相对湿度为90%～96%。

③ 盐雾。

舰载平台盐雾环境与自然环境中的盐雾环境相比，其差别体现在盐雾沉降量和pH值两个方面。

航母处于海洋大气包围之中，受到海水的时刻拍打，在航行过程中，自身动力系统也会激起海浪，溅起海水，这些过程都会激发盐雾的生成，造成舰载平台经受的盐雾环境更加严酷。停放在飞行甲板上的舰载机，还有可能直接受到溅起海水的影响。在机库内，由于甲板、舱门阻隔，内部盐雾浓度会大幅度降低，但由于扩散作用和呼吸作用的存在，盐雾也会侵入机库内部和机舱内部，对机载设备产生影响。

舰载平台除了经受海洋大气中盐雾环境的影响，还会受到其他化学介质的影响，这些化学介质主要包括硫化物、氮化物及CO、CO_2等，其来源主要是舰载平台上飞机、武器、甲板车辆的燃气。当太阳辐射和大气中水分与废气、蒸气和滴状液体发生反应时,会产生硝酸和硫酸酸雾,与海洋大气中的盐雾复合,形成酸性盐雾环境。当相对湿度超过临界湿度时,飞机表面形成连续水膜,易溶性污染物可以在大气中与盐雾微粒复合,形成酸性盐雾沉降在装备表面,也可能直接溶解在表面的微液膜内,形成酸性液膜。

舰载平台空间相对狭小,人员、设备、飞机等密度较大,飞机起飞、降落距离较短,使生活排放、设备工作、发动机排放的废气和热量集中在航母甲板上局部的空间中。美国海军曾对舰船燃料燃烧排放的 SO_2 浓度进行计算,当燃料中的 S 元素的质量分数为 0.7%～0.8%时,废气中 SO_2 含量为 330ppm,如果考虑舰载机的排放,这一值将会更高。表 6-4 是美国舰载机外表面水膜中所含燃料废气沉积物分析。各种废气使得舰载装备表面呈酸性环境,与高温、高湿和高盐雾等相结合,进一步加速舰载装备及防护涂层体系的腐蚀老化。

从我国军舰用燃料油(GJB 2913A—2004《军舰用燃料油规范》)的 S 含量水平分析,未来舰载平台的酸性气体排放量应与美军航母处于同一水平。可认为停放在航母甲板上时,经受的酸性盐雾 pH 值最劣值为 2.4～4.0。

需要说明的是,舰载机随航母出海时,经受的酸性盐雾环境并不是一成不变的,在舰载机密集起飞或着舰过程中,受到飞机发动机废气影响较大,酸性盐雾气氛或飞机表面液膜的 pH 值最低。甲板长时间无飞机起降或刚经过雨水冲刷后,表面液膜接近中性。

表 6-4　美国舰载机外表面水膜中所含燃料废气沉积物分析

航 母 名 称	pH 值	SO_4^{2-} 含量
Bon Hommne Richard	2.7	21%
Saratoge	2.8	33%
Shangri-La	2.4	—
Forrestal	4.0	—

④ 太阳辐射环境。

舰载平台对停放在航母甲板上的舰载机经受的太阳辐射环境没有影响。依据 GJB 1060.2—91,舰船露天部位的设备应能在温度 48℃、太阳辐射强度 $1110W/m^2$ 的环境下正常工作,在温度 52℃、太阳辐射强度 $1110W/m^2$ 的环境下不致损坏。

2)机载平台

机载平台在停放阶段和飞行阶段具有不同特点,在停放阶段,根据我国对飞机机场停放时温度实测结果,在炎热天气下飞机内温度要比外界自然环境温度高 10℃～20℃,GJB 1060.2—91 指出,在辐射强度 $1110W/m^2$ 的情况下,内部由太阳辐射引起的温升约为 17℃。

国内研究所收集了某型飞机 30 个架次飞行过程中设备舱内的温度数据,其中前后设备舱各取了 3 个测点。对实测数据的统计分析结果如下:

飞机前、后设备舱各测了 3 个测点的温度数据,对各设备舱内的 3 个测点温度分别取最大值,得到各个飞行架次前、后设备舱内所测温度的最大值,如表 6-5 所示。

表 6-5　各架次各测点的最大值(部分)

架次	测点							
	前设备舱/℃				后设备舱/℃			
	1	2	3	各架次最大值	4	5	6	各架次最大值
1	29.0	28.3	28.2	29.0	28.3	29.9	33.2	33.2
2	31.1	30.1	28.6	31.1	33.0	34.5	36.0	36.0
3	34.9	30.1	29.0	34.9	31.8	31.9	34.4	34.4
4	28.3	30.4	28.0	30.4	36.3	38.6	36.8	38.6
5	28.9	28.2	28.0	28.9	30.2	33.6	32.5	33.6
6	29.8	28.4	28.4	29.8	30.1	33.8	33.4	33.8
7	29.3	28.6	28.6	29.3	34.3	30.1	34.2	34.3
8	32.2	29.6	29.5	32.2	29.3	23.4	30.2	30.2
9	32.9	30.2	29.4	32.9	31.1	28.1	32.6	32.6
10	31.8	28.2	28.9	31.8	29.7	28.9	34.6	34.6
各测试点最大值	34.9	30.4	29.5	34.9	36.3	38.6	36.8	38.6

3)车载平台

GB/T 4798.5《电子电工产品应用环境条件第 5 部分:地面车辆使用》对地面使用车辆内部的环境条件进行分类,如表 6-6 和表 6-7 所示。

表 6-6　地面使用车辆环境条件分类

环境因素类型	严酷度等级					
	5K1	5K2	5K3	5K4	5K5	5K6
低温极值/℃	5	−25	−40	−65	5	−20
通风室高温极值/℃	40	40	40	55	40	55
不通风室内高温极值(发动机室除外)/℃	—	70	70	85	70	85
发动机室内高温/℃	60	70	70	85	70	85
不伴随温度急剧变化的相对湿度(内燃机驱动车发动机室除外)/%	75	95	95	95	95	95
不伴随温度急剧变化的相对湿度(内燃机驱动车发动机室内)/%	—	—	95	95	95	95
伴随温度急剧变化的相对湿度(不靠近制冷部位)/%	—	95	95	95	95	95
伴随温度急剧变化的相对湿度(靠近制冷部位)/%	—	95	95	95	95	95

表 6-7　地面使用车辆环境严酷度等级及适用范围

严酷度等级	适 用 范 围
5K1	适用于有气候防护、通风、加热场所的车辆内产品，或通风的室内产品
5K2	适用于封闭或部分打开、加热或无加热，以及不通风室内的产品
5K3	适用于寒冷气候区域户外使用的车辆，也适用于不通风室内和有湿表面室内的产品
5K4	适用于世界性气候区域的使用车辆
5K5	适用于湿热和恒定湿热气候类型的产品，热带雨林地区的湿热气候类型
5K6	适用于干热、中干热和极干热气候类型，靠近沙漠地区的干热地区气候

4. 机箱机柜内部环境特点

平台环境由自然环境和平台特性共同决定，机箱机柜是各种印制电路板、电子元器件的应用平台，其环境受机箱机柜体积、密封结构等因素影响。图 6-5 为不同密封结构机箱内部环境与自然环境关系图。

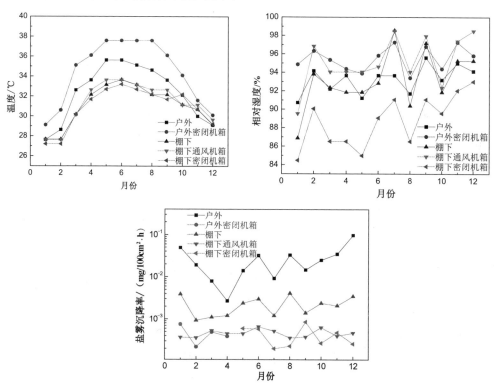

图 6-5　不同密封结构机箱内部环境与自然环境关系图

由于太阳辐照的影响，户外密闭机箱内部温度高于户外自然环境温度，最大差值为 2.97℃，户外密闭机箱的相对湿度最大值为 97.26%，高于户外自然环境中的相对湿度，最大差值为 4.14%。在棚下由于太阳辐照的影响较小，棚下通风机箱内部、棚下密闭机箱内部与棚下自然环境相比，温度差别较小，最大差值为 1.03℃，棚下密闭机箱内部的湿度小于棚下湿度，最大差值为 3.67%，而棚下通风机箱内部湿度则大于棚下湿度，最大差值为 7.52%。

几种环境的盐雾沉降率数值排序为户外＞棚下＞户外密闭机箱、棚下通风机箱、棚下密闭机箱。户外密闭机箱、棚下通风机箱和棚下密闭机箱的盐雾沉降率基本保持在 0.0005 mg/100cm^2·h 左右，说明机箱的密封结构对盐雾沉降率的影响较小。

5. 天线罩内部环境特点

天线伺服系统结构件防护涂层的应用环境包括Ⅰ型（暴露）环境和Ⅱ型（遮蔽）环境[3]，其中Ⅱ型（遮蔽）环境多是指天线罩内环境，如天线反射面板、天线基座、减速箱体多是在天线罩内使用的。实测某地区三个雷达罩内环境数据并与户外环境数据对比，研究天线罩对自然环境因素的转换作用，如图 6-6 所示。

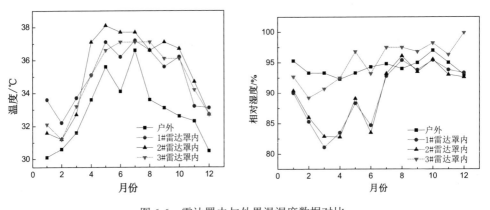

图 6-6 雷达罩内与外界温湿度数据对比

由于太阳辐照的热效应，3#雷达罩内温度均高于户外环境温度，最大差值为 4.1℃；而由于温度高于周围环境温度，相对湿度有所降低，低于户外相对湿度，最大差值为 12.2%。

在制定天线罩内防护涂层工艺的实验室环境试验环境谱时，可以考虑通过采用以上差值信息对户外自然环境数据修正确定。

6.4.2 环境分析工作内容

环境分析工作内容包括环境极值分析、环境因素作用时间分析、环境因素综合作用分析等，如图 6-7 所示。

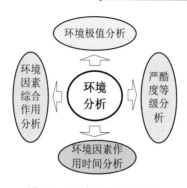

图 6-7 环境因素分析内容

1. 环境极值分析

环境极值可用于确定产品环境适应性设计和试验要求,因此世界各国非常重视环境数据的积累和分析,制定了相应的环境数据监测和极值分析标准。例如,美军标中的 MIL-STD-210《确定军用系统及设备设计和试验要求用的气候资料》、MIL-HDBK-310《军用产品研制用的全球气候数据》、MIL-STD-810G《环境工程考虑和实验室试验》等。这些标准不仅提供了全球范围内的详细环境数据,还给出了各种环境因素的极值归纳方法,以及对装备进行环境适应性设计和试验时对各类环境因素的考虑。MIL-STD-810G 标准中提出了三种环境极值:绝对极值(记录极值)、与出现频率对应的极值、长期极值。装备通常需要考虑工作极值和贮存极值,工作极值通常依据与出现频率对应的极值确定,贮存极值则由长期极值、绝对极值确定。美军标 MIL-STD-810G 中各气候区环境条件如表 6-8 所示。

表 6-8 美军标 MIL-STD-810G 中各气候区环境条件

气候区		日 循 环	工 作 条 件				贮存和运输条件		
			空气温度/℃		太阳辐射/ (W/m²)	相对湿度/%	空气温度/℃		相对湿度/%
			日低	日高			日低	日高	
热区		干热(A1)	32	49	0~1120	8~3	33	71	7~1
		湿热(B3)	31	41	0~1080	88~59	33	71	80~14
基本区	湿热区	恒高温(B1)	24(恒定)		可忽略	95~100	27(恒定)		95~100
		变高湿(B2)	26	35	0~970	100~74	30	63	75~19
	适中区	基本热(A2)	30	43	0~1120	44~14	30	63	44~5
		中间(A3)	28	39	0~1020	78~43	28	58	见注
		基本冷(C1)	-32	-21	可忽略	趋于饱和	-35	-25	趋于饱和
冷区		冷(C2)	-46	-37	可忽略	趋于饱和	-46	-37	趋于饱和
极冷区		极冷(C3)	-51		可忽略	趋于饱和	-51		趋于饱和

注:该区贮存条件下的相对湿度在不同情况下变化范围较大。

我国参照美军标 MIL-STD-210C，根据气象监测站历年来监测的环境数据，制定了 GJB 1172《军用设备气候极值》标准。该标准提供了我国范围内各主要环境因素的记录极值、工作极值和承受极值三种环境极值，为我国军用装备的环境适应性设计和试验提供了重要参考。其中气温指地面气温，即距离地面 1.5m 高度处百叶箱中温度表测得的空气温度。当高气温极值出现时，该地面气温仅略低于距地面 1m 高度处的环境气温，而贴近地表处的气温要高于地面气温 20℃～48℃；当低气温极值出现时，贴近地面处的气温要低于地面气温 1℃～15℃。GJB 3617—1999《军用设备海洋气候、水文极值》给出了全海区范围（0°～44°N，100°～134°E）内的海面气温、海面空气湿度、海面风速、海面空气密度等环境因素的极值数据。表 6-9 为中国地面和海面气温记录极值。

表 6-9 中国地面和海面气温记录极值

范围	记录极值		出现时间和站点
地面	高气温记录极值/℃	47.7	1986 年 7 月 23 日出现于新疆吐鲁番
	低气温记录极值/℃	−52.3	1969 年 2 月 13 日出现于黑龙江漠河
	高绝对湿度记录极值的混合比/ppm	34×10⁵	1968 年 8 月 2 日出现于广西梧州
	低绝对湿度记录极值的混合比/ppm	17	1969 年 2 月 13 日出现于黑龙江漠河
渤海海面	高气温记录极值/℃	41.8	1967 年 8 月 8 日出现于山东蓬莱港
	低气温记录极值/℃	−28.4	1985 年 1 月 28 日出现于辽东湾营口站
	高绝对湿度记录极值的混合比/ppm	26.1×10³	—
	低绝对湿度记录极值的混合比/ppm	0.251×10³	—
黄海海面	高气温记录极值/℃	40.0	1959 年 8 月 8 日出现于连云港海头湾
	低气温记录极值/℃	−22.5	—
	高绝对湿度记录极值的混合比/ppm	27.6×10³	—
	低绝对湿度记录极值的混合比/ppm	0.454×10³	—
东海海面	高气温记录极值/℃	41.1	1950 年 7 月 19 日出现于福州港
	低气温记录极值/℃	−10.1	—
	高绝对湿度记录极值的混合比/ppm	33.2×10³	—
	低绝对湿度记录极值的混合比/ppm	1.444×10³	—
南海海面	高气温记录极值/℃	40.5	1933 年 5 月 2 日出现于海口港
	低气温记录极值/℃	0.4	—
	高绝对湿度记录极值的混合比/ppm	34.4×10³	—
	低绝对湿度记录极值的混合比/ppm	3.553×10³	—

气温工作极值是一段时间内保证设备正常工作的临界连续变化。表 6-10 为中国地面和海面不同时间风险率气温工作极值。

电子装备防护涂层实验室环境试验

表 6-10 中国地面和海面不同时间风险率气温工作极值

范围	极值类别	时间风险率			
		1%	5%	10%	20%
地面	高气温工作极值/℃	45.5	42.9	41.1	40.0
	低气温工作极值/℃	−48.8	−46.1	−44.1	−41.3
	高绝对湿度工作极值的混合比/ppm	30×10⁵	25×10⁵	24×10⁵	23×10⁵
	低绝对湿度工作极值的混合比/ppm	26	35	45	62
渤海海面	高气温工作极值/℃	35.4	32.8	31.4	29.3
	低气温工作极值/℃	−16.9	−14.2	−12.4	−10.3
	高绝对湿度工作极值的混合比/ppm	23.6×10³	21.6×10³	20.7×10³	19.6×10³
	低绝对湿度工作极值的混合比/ppm	0.762×10³	0.969×10³	1.122×10³	1.356×10³
黄海海面	高气温工作极值/℃	35.5	33.1	31.3	29.4
	低气温工作极值/℃	−13.8	−10.7	−9.1	−7.2
	高绝对湿度工作极值的混合比/ppm	26.0×10³	24.4×10³	23.0×10³	21.6×10³
	低绝对湿度工作极值的混合比/ppm	1.034×10³	1.370×10³	1.579×10³	1.866×10³
东海海面	高气温工作极值/℃	36.8	35.2	34.2	32.4
	低气温工作极值/℃	−5.3	−3.1	−1.9	−0.5
	高绝对湿度工作极值的混合比/ppm	27.6×10³	25.4×10³	24.2×10³	23.0×10³
	低绝对湿度工作极值的混合比/ppm	2.217×10³	2.652×10³	2.934×10³	3.298×10³
南海海面	高气温工作极值/℃	35.5	34.1	33.1	30.9
	低气温工作极值/℃	4.4	6.3	3.7	48.9
	高绝对湿度工作极值的混合比/ppm	29.3×10³	26.4×10³	25.4×10³	24.0×10³
	低绝对湿度工作极值的混合比/ppm	4.715×10³	5.387×10³	5.814×10³	6.445×10³

时间风险率在设备环境适应性设计中就需要确定，依据包括设备重要性、失效对系统的危害程度、研制成本等。环境极值确定选用的时间风险率如表 6-11 所示。

表 6-11 环境极值确定选用的时间风险率

序 号	环 境 因 素	时间风险率
1	高温	1%
2	低温	20%
3	低气压	1%
4	降雨量	0.5%
5	风速	1%
6	盐雾	1%

温度、湿度极值与再现风险率相关，同时也与预计暴露期密切相关。表 6-12 为中国地面和海面空气温度、湿度极值（10%再现风险率）。

表 6-12 中国地面和海面空气温度、湿度极值（10%再现风险率）

范 围	极 值 类 别	预计暴露期			
		2 年	5 年	10 年	25 年
地面	高气温承受极值/℃	48.4	49.5	50.3	51.3
	低气温承受极值/℃	−52.4	−54.6	−56.0	−58.1
	低绝对湿度承受极值的混合比/ppm	16	12	10	7
渤海海面	高气温承受极值/℃	40.9	42.0	42.8	43.9
	低气温承受极值/℃	−29.2	−31.6	−33.4	−35.7
	高绝对湿度承受极值的混合比/ppm	26.4×10^3	27.7×10^3	28.5×10^3	29.9×10^3
	低绝对湿度承受极值的混合比/ppm	0.231×10^3	0.180×10^3	0.148×10^3	0.115×10^3
黄海海面	高气温承受极值/℃	38.0	39.0	39.7	40.7
	低气温承受极值/℃	−21.2	−23.2	−24.6	−26.7
	高绝对湿度承受极值的混合比/ppm	28.5×10^3	30.4×10^3	31.9×10^3	33.8×10^3
	低绝对湿度承受极值的混合比/ppm	0.634×10^3	0.532×10^3	0.469×10^3	0.387×10^3
东海海面	高气温承受极值/℃	40.0	40.7	41.4	42.7
	低气温承受极值/℃	−9.7	−10.9	−11.8	−13.1
	高绝对湿度承受极值的混合比/ppm	31.3×10^3	33.1×10^3	34.5×10^3	35.5×10^3
	低绝对湿度承受极值的混合比/ppm	1.65×10^3	1.50×10^3	1.39×10^3	1.25×10^3
南海海面	高气温承受极值/℃	38.9	39.6	40.2	40.9
	低气温承受极值/℃	0.0	−1.1	−1.9	−3.0
	高绝对湿度承受极值的混合比/ppm	32.1×10^3	34.1×10^3	35.5×10^3	36.5×10^3
	低绝对湿度承受极值的混合比/ppm	3.44×10^3	3.17×10^3	2.99×10^3	2.76×10^3

环境极值是确定实验室环境试验量值的重要依据，但为了增加试验的环境影响效应，可在观测环境极值的基础上适当提高试验量值，但需要确保不改变失效机理。针对塑料、橡胶、防护涂层等材料级产品，在制定实验室环境试验方案时试验条件一般高于自然环境极值，此时自然环境极值常作为试验条件的下限。

2. 环境影响因素作用时间分析

分析环境影响因素对电子装备防护涂层的作用时间，首先确定其所涂敷电子装备在寿命期内遇到的环境影响因素类型。装备寿命期一般指系统和设备从论证开始到退役所经历的全部时期，可划分为论证、方案、工程研制与定型、生产、部署、使用和退役 6 个阶段。随着装备寿命期变化，装备将会经历各种各样的事件和完全不同的外部环境状态。不同时间、不同位置发生的不同事件，不同状态和不同结构都将遇到不同的环境。为了简化分析，通常将装备寿命期简化为两个阶段：第一阶段是装备到达指定地点和时间所必须经历的运输和贮存；第二阶段是装备的应用环境。前者主要是后勤环境,即装备反复储存、航运操作和运输所遇到的环境;后者随装备所在的平台、应用模式不同而千差万别。

环境影响因素作用时间可用环境谱表示,环境谱是指一定时间内特定服役环境中各种环境影响因素的强度、持续性、发生频次及其组合。环境谱包括温度-相对湿度谱、降水谱和酸雨谱、雾谱和露谱、日照辐射谱、污染介质谱等。

1)温度-相对湿度谱

一般情况下,以 5℃为温度间隔、10%为相对湿度间隔,统计每个温度-相对湿度区间的作用时间,形成温度-相对湿度谱。根据具体区域的环境特点可适当调整温度和相对湿度区间,但必须涵盖该区域的环境极值。温度-相对湿度谱格式如表 6-13 所示。

表 6-13 温度-相对湿度谱格式

温度/℃	不同相对湿度作用时间/h					
	<50%	50%~60%	60%~70%	70%~80%	>80%	合计
<0						
0~5						
5~10						
10~15						
15~20						
20~25						
>25						
合计						

2)降水谱和酸雨谱

以 5℃为温度间隔,统计降水量或降水时数随温度的变化规律,形成降水谱。以雨水 pH 值为依据,统计特定 pH 值区间内的降水量或降水时数,形成酸雨谱。我国雨水 pH 值小于 5.6 则为酸雨,所以酸雨谱中需要包含 5.6 这一间隔。

3)雾谱和露谱

以 5℃为温度间隔,统计每个温度间隔雾和凝露的作用时间,形成雾谱和露谱。

4)日照辐射谱

统计太阳辐射量、紫外辐照量、日照时数随月份的变化规律,并计算日照时数占全年时间的比例,形成日照辐射谱。

5)污染介质谱

统计大气中 Cl^-、SO_2、NO_x、降尘等污染介质随月份的变化规律,形成污染介质谱。

电子装备不同服役区域、不同应用平台的环境条件迥异,对其防护涂层产生影响的主要环境影响因素有所不同,所以在编制环境谱时应有所区别,选取主要环境影响因素制定环境谱的基本原则包括：

（1）环境谱中应包括选取温度、相对湿度等基本环境因素；

（2）应选取对电子装备防护涂层老化影响较大的环境因素，剔除对防护涂层影响较小的环境因素；

（3）选择的环境因素应能反映服役区域气候特征。

环境谱的形成建立在大量环境因素数据积累的基础上，环境谱编制环境数据收集要求如表6-14所示。

表6-14 环境谱编制环境数据收集要求

序 号	环境谱类型		数据收集要求
1	温度—相对湿度谱		至少1年的温度、相对湿度小时数据
2	日照辐射谱	太阳辐照量	至少1年的月太阳辐照量
		紫外辐照量	至少1年的月紫外辐照量
		日照时数	至少1年的月日照时数
3	污染介质谱	盐雾	至少1年的月平均盐雾沉降率
		SO_2、NO_x	至少1年的月平均腐蚀气体浓度
4	降雨谱		至少1年内每次降雨的时长、降雨量和降雨期间的温度
5	酸雨谱		记录每次降雨的pH值

3. 环境因素综合作用分析

装备防护涂层在整个寿命期中极少持续受到单一环境因素作用，往往是在多种环境因素共同作用下逐渐发生退化、失效，而且每种环境因素的应力水平总是处在不断变化之中，因此要对这种复杂条件下的综合影响进行分析具有很大难度。通常情况下，我们需要对特定环境进行适当简化，从中提取两个或多个主要环境因素进行综合环境作用分析。

温度、湿度、太阳辐射、降雨、大气污染物、风、沙尘、振动等环境因素均能导致装备表面防护涂层破坏，且它们之间往往能够形成协同加速效应。例如，高温高湿环境要比单纯同等高温环境对防护涂层的影响更大；风在沙尘存在的情况下才会对涂层表面造成损伤；在湿热气候区多风季节，容易导致干湿交替过程频繁，与少风期相比，更容易导致金属腐蚀和涂层老化。典型两环境因素间的相互影响如表6-15所示。

表6-15 典型两环境因素间的相互影响

环境因素		复合影响效应
高温	湿度	高温会增加水气在涂层中的渗透率，加速老化
	低气压	这两个因素是相互依赖的：压力降低时，材料成分的放气速率加快；温度升高时，材料成分的放气速率也加快

续表

环境因素		复合影响效应
高温	盐雾	高温盐雾环境会加快涂层下金属基材的锈蚀速度
	太阳辐射	高温和太阳辐射会加剧有机涂层的老化
	霉菌	霉菌等微生物的生成需要较高的湿度,但在71℃以上霉菌将不能生长
	沙尘	高温会加快沙粒对产品的腐蚀速度。但是,高温也会降低沙粒和灰尘的穿透性。
	臭氧	从约150℃开始,高温下将产生臭氧;温度达到270℃时,在正常压力下就可能存在臭氧
低温	湿度	湿度随着温度降低而降低,低温会引起水汽凝结,甚至形成霜或冰
	低气压	对涂层影响不明显
	盐雾	低温能降低涂层下金属基材的腐蚀速度
	太阳辐射	太阳辐射的热效应会导致材料温度上升
	霉菌	低温影响霉菌生长。零度以下时,霉菌保持假死状态
	沙尘	低温会增大灰尘浸入的可能性
	冲击和振动	温度非常低时,材料脆性增加,受冲击和振动影响加剧
	加速度	低温与加速度的综合影响,同低温与冲击和振动的组合相同
	臭氧	在较低的温度下,臭氧的浓度增大
湿度	低气压	湿度会加强低压的影响
	盐雾	高湿度会减小盐雾的浓度
	太阳辐射	湿度会增大太阳辐射对有机涂层的影响,加速老化
	霉菌	湿度有助于霉菌等微生物的生长
	沙尘	沙尘对水汽有天然的亲和性,加速涂层劣化
	振动	湿度与振动相结合,将会增大电工材料被击穿的可能性
	臭氧	臭氧与潮气反应形成过氧化氢,有机涂层变质
盐雾	低气压	通常不会出现这个组合
	太阳辐射	太阳辐射的热效应使得盐雾腐蚀加速
	霉菌	这是一个不相容的组合
	沙尘	沙尘具有吸湿效应,加速腐蚀
太阳辐射	霉菌	太阳辐射中的紫外线具有显著的杀菌作用,热辐射效应同高温与霉菌的组合相同
	沙尘	涂层表面沙尘会减缓太阳光的老化效应
	臭氧	二者组将会加速有机涂层老化
霉菌	臭氧	臭氧能消灭霉菌

表6-16列出了装备典型服役环境的综合影响特征。

表6-16 装备典型服役环境的综合影响特征

典型环境	主要环境因素	综合影响特征
南海岛礁地区	高温、高湿、高盐雾、强紫外	高温高湿加快有机涂层降解速度,紫外导致有机涂层链段断裂,盐雾加速膜下金属腐蚀

续表

典型环境	主要环境因素	综合影响特征
南方沿海地区	高温、高湿、高盐雾	高温高湿加快有机涂层降解速度,紫外导致有机涂层链段断裂
内陆工业地区	污染气体、温度、湿度	SO_2等污染气体加快部分有机涂层链段降解
内陆乡村地区	温度、湿度	温度升高加快有机涂层内部链段运动速度,湿度增大致使有机涂层易水解基团降解
北方严寒地区	低温、风	低温致使有机涂层脆性增大
西部高原地区	低气压、紫外	低气压对电子装备防护体系无显著影响,紫外加速有机涂层降解
西北沙漠地区	沙尘、温度冲击、紫外	沙尘对防护涂层体系表面造成磨损,温度冲击增大有机防护涂层脆性,紫外加速有机涂层降解
航空器飞行期间	低气压、振动、冲击、加速度、紫外、温度冲击	低气压降低了电气设备的绝缘性能,紫外加速有机涂层老化降解,湿度和振动结合会增加电工材料被击穿的可能性
航天器飞行期间	紫外、原子氧、空间碎片、臭氧、温度冲击、振动	紫外和臭氧加快有机涂层老化降解,温度冲击增大有机涂层内部脆性,湿度和振动结合会增加电工材料被击穿的可能性
舰船飞行期间	盐雾、振动、温度冲击、紫外、湿度	紫外加速有机涂层老化降解,湿度和振动结合会增加电工材料被击穿的可能性

6.4.3 主要环境影响因素确定

主要环境影响因素往往通过分析防护涂层的失效行为进行确定,而在实际服役环境中,防护涂层失效一般是由多个环境因素的综合作用导致的。不同环境因素对涂层的影响具有一定的特点,主要环境影响因素需要借助单项实验室环境试验的手段进行确定。

防护涂层实现防护要求其具有优异的附着力、良好的电解质溶液屏蔽性能,所以确定主要环境影响因素就是分析环境因素对以上性能是否存在影响。根据本书4.3.2节可知,对防护涂层的主要环境影响因素为太阳光、水分、温度、氧和腐蚀性离子(盐雾和化学腐蚀介质)及干湿交替的环境条件等。

6.5 实验室环境试验种类

防护涂层实验室环境试验项目选取是由环境因素确定的,图6-8为模拟各环境因素影响的试验方法(涂层相关)。

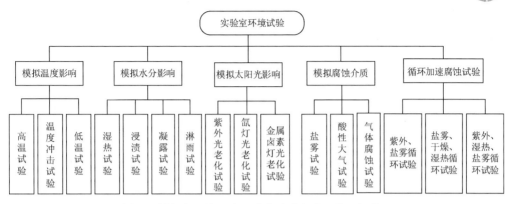

图 6-8 模拟各环境因素影响的试验方法（涂层相关）

6.5.1 模拟温度影响效应的环境试验项目

模拟温度对防护涂层影响效应的试验项目较少独立开展，往往与其他试验项目结合起来，考虑其综合或组合效应。例如，在太阳辐射试验中，通过设定黑板温度考核太阳光和高温的综合影响；在 ISO 12944—9 中规定的循环试验中增加低温暴露过程（−20℃），评价紫外光、盐雾和低温环境的循环作用影响。

1. 高温试验

户外使用的电子装备防护涂层在周围空气高温和太阳光热效应的作用下会经历高温环境，如在热带地区服役装备的防护涂层表面温度会达到 60℃ 以上，该温度长时间作用会造成其出现热氧老化。高温环境对防护涂层的太阳辐射老化、水介质渗透、电化学腐蚀等过程均有加速效应，多数情况下这些影响比高温本身造成的热氧老化更为明显。

对于高温环境试验条件，ISO 3248 提出在（125±2）℃开展 24h 的建议，而 GB/T 1735 在修改采用过程中取消了该条建议，要求试验温度和试验时间通过商定选取，本处修改扩大了标准的适用范围。

为分析热带海洋大气环境中各环境因素对电子装备防护涂层的影响，针对几种典型防护涂层在 75℃下开展高温试验，了解高温因素对防护涂层的影响，高温试验防护涂层样件清单如表 6-17 所示，电子装备防护涂层高温试验结果如表 6-18 所示。

表 6-17 高温试验防护涂层样件清单

样件序号	基 材	表面处理	底 漆	面 漆	厚度/μm	应用范围
S1	3A21	Al/Ct·Ocd	S06-N-2 锌黄环氧聚氨酯漆	S04-80 丙烯酸聚氨酯黑无光漆	40～50	机箱机柜

续表

样件序号	基 材	表面处理	底 漆	面 漆	厚度/μm	应用范围
S2	2A12	Al/Ct·Ocd	H06-2 锌黄环氧底漆	A05-9 氨基烘漆	40～50	机箱机柜
S3	玻璃钢	—	环氧锌黄底漆	丙烯酸漆	80～200	天线罩
S4	5A05	Al/Ct·Ocd	环氧锌黄底漆	A04-60 氨基磁漆	80～200	机箱机柜

表 6-18 电子装备防护涂层高温试验结果

样件序号	试验时间	色差 ΔE	失光率/%	附着力/级	外 观 评 价
S1	初始	0	0	1	样件表面无异常
	5 天	0.11	0	1	目测样件外观无明显变化，保护性综合老化等级为 0 级
	15 天	0.13	−1.5	1	目测样件外观无明显变化，保护性综合老化等级为 0 级
	25 天	0.18	−5.1	1	目测样件外观无明显变化，保护性综合老化等级为 0 级
	35 天	0.10	−4.8	1	目测样件外观无明显变化，保护性综合老化等级为 0 级
	45 天	0.08	2.7	1	目测样件外观无明显变化，保护性综合老化等级为 0 级
S2	初始	0	0	2	样件表面无异常
	5 天	0.29	6.4	2	样件表面很轻微失光，失光等级为 1 级，无其他明显变化，保护性综合老化评级为 0 级
	15 天	0.29	6.0	2	样件表面很轻微失光，失光等级为 1 级，无其他明显变化，保护性综合老化评级为 0 级
	25 天	0.31	5.2	2	样件表面很轻微失光，失光等级为 1 级，无其他明显变化，保护性综合老化评级为 0 级
	35 天	0.30	5.8	2	样件表面很轻微失光，失光等级为 1 级，无其他明显变化，保护性综合老化评级为 0 级
	45 天	0.39	8.2	2	样件表面很轻微失光，失光等级为 1 级，无其他明显变化，保护性综合老化评级为 0 级
S3	初始	0	0	1	样件表面无异常
	5 天	0.08	−0.2	1	目测样件外观无明显变化，保护性综合老化等级为 0 级
	15 天	0.11	−0.9	1	目测样件外观无明显变化，保护性综合老化等级为 0 级
	25 天	0.12	0.3	1	目测样件外观无明显变化，保护性综合老化等级为 0 级
	35 天	0.14	0.3	2	样件表面起泡，起泡等级为 1S2，无其他明显变化，保护性综合老化评级 1 级
	45 天	0.28	1.4	2	样件表面起泡，起泡等级为 1S2，无其他明显变化，保护性综合老化评级 1 级
S4	初始	0	0	2	样件表面无异常
	5 天	0.14	10.2	2	样件表面很轻微失光，失光等级为 1 级，无其他明显变化，保护性综合老化评级为 0 级

续表

样件序号	试验时间	色差 ΔE	失光率/%	附着力/级	外观评价
S4	15 天	0.15	9.9	2	样件表面很轻微失光，失光等级为 1 级，无其他明显变化，保护性综合老化评级为 0 级
	25 天	0.12	15.2	2	样件表面很轻微失光，失光等级为 1 级，无其他明显变化，保护性综合老化评级为 0 级
	35 天	0.14	15.4	2	样件表面很轻微失光，失光等级为 1 级，无其他明显变化，保护性综合老化评级为 0 级
	45 天	0.18	16.0	2	样件表面轻微失光，失光等级为 2 级，无其他明显变化，保护性综合老化评级为 0 级

由表 6-18 可知，高温环境对防护涂层的影响主要是光泽度，如氨基漆（S2 样件、S4 样件）在试验过程中均有失光现象，这是由于在高温环境下涂层中未交联树脂发生聚合导致树脂链重排，涂层表面平整度发生变化。表面处理不佳的防护涂层在高温试验中也容易出现起泡（S3 样件）。

2. 低温试验

众所周知低温容易导致材料硬化和催化，但一般而言防护涂层在自然低温的环境下性能基本可保持良好，所以涂层较少开展低温试验。但低温下机械冲击环境对防护涂层影响很大，不容忽视。

3. 温度冲击试验

理论上温度冲击环境主要影响涂层与基材及涂层层间附着力，但在开展产品的温度冲击试验中极少发现因温度冲击涂层附着力降低的问题。在研究环境因素的协同效应时发现，在温度冲击和太阳辐射循环影响下部分涂层会出现开裂、起泡问题。

目前国内尚无针对防护涂层低温试验、温度冲击试验的相关国家标准，低温和温度冲击环境对防护涂层的影响效应主要随产品环境试验进行评价。

6.5.2 模拟水分影响效应的环境试验项目

1. 湿热试验

湿热试验综合了温度、相对湿度的影响，在沿海和内陆湿热地区贮存、运输和应用的装备均需要开展该项试验。湿热试验引起的物理现象包括凝露、吸附、吸收、扩散和呼吸。不同试验类型所引发的湿热物理现象有所不同，如恒定湿热试验重点考察吸附、吸收、扩散对产品的影响，而交变湿热试验着重用于分析凝露、吸附、吸收、扩散和呼吸对产品的影响；不同试验对象重点关注的湿热效应也有所不同，如防护涂层等实心材料常开展恒定湿热试验用于评价吸附、吸收影响的效应，而对具有空心结构的设备而言，采用交变湿热试验更能复现凝露、呼吸的影响。

湿热试验条件的严酷度由温度值、相对湿度值和试验时间共同决定，试验目的不同选用的试验条件也有所不同。例如，美国空军加速谱为评价亚热带沿海地区服役飞机涂层的服役寿命，设计的试验谱中湿热试验部分条件为43℃、95%；GB/T 1740为评价防护涂层耐高温、高湿环境的能力，推荐采用的湿热试验条件为47℃、96%；为评价非气密元件的湿热劣化效应，GB/T 2423.50推荐湿热试验条件为85℃、85%；而国内部分企业评价显示器湿热环境适应性所采用的湿热试验条件为60℃、95%。

对印制电路板防护涂层体系而言，为突出湿热试验中凝露的影响，常采用图6-9中的湿热试验谱开展试验。

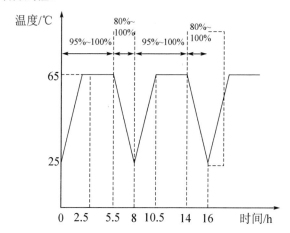

图6-9 印制电路板防护涂层耐湿试验条件

电子装备防护涂层在湿热试验过程中会出现失光、变色、附着力下降、起泡、生锈等失效现象，根据GJB 150.9A对表6-17中的几种防护涂层样件开展了湿热试验，分析其影响效应。电子装备防护涂层湿热试验结果如表6-19所示。

表6-19 电子装备防护涂层湿热试验结果

样件序号	试验时间	色差ΔE	失光率/%	附着力/级	外 观 评 价
S1	初始	0	0	1	样件表面无异常
	5天	0.10	0.7	1	目测样件外观无明显变化，保护性综合老化等级为0级
	10天	0.12	3.3	1	目测样件外观无明显变化，保护性综合老化等级为0级
	20天	0.19	2.8	1	目测样件外观无明显变化，保护性综合老化等级为0级

续表

样件序号	试验时间	色差 ΔE	失光率/%	附着力/级	外 观 评 价
S1	30 天	0.23	5.6	1	样件表面很轻微失光，失光等级为1级，无其他明显变化，保护性综合老化评级为0级
	40 天	0.10	2.6	1	样件表面很轻微失光，失光等级为1级，无其他明显变化，保护性综合老化评级0级
	50 天	0.09	6.0	1	样件表面很轻微失光，失光等级为1级，无其他明显变化，保护性综合老化评级0级
	60 天	0.80	9.9	1	样件表面很轻微失光，失光等级为1级，无其他明显变化，保护性综合老化评级0级
S2	初始	0	0	2	样件表面无异常
	5 天	0.39	−2.9	2	样件表面很轻微失光，失光等级为1级，无其他明显变化，保护性综合老化评级为0级
	10 天	0.50	−0.8	2	样件表面很轻微失光，失光等级为1级，无其他明显变化，保护性综合老化评级为0级
	20 天	0.65	4.5	2	样件表面很轻微失光，失光等级为1级，无其他明显变化，保护性综合老化评级为0级
	30 天	0.77	9.6	2	样件表面很轻微失光，失光等级为1级，无其他明显变化，保护性综合老化评级为0级
	40 天	0.73	11.2	2	样件表面很轻微失光，失光等级为1级，无其他明显变化，保护性综合老化评级为0级
	50 天	0.77	17.7	2	样件表面轻微失光，失光等级为2级，无其他明显变化，保护性综合老化评级为0级
	60 天	0.86	24.3	2	样件表面轻微失光，失光等级为2级，无其他明显变化，保护性综合老化评级为0级
S3	初始	0	0	1	样件表面无异常
	5 天	0.06	1.4	1	目测样件外观无明显变化，保护性综合老化等级为0级
	10 天	0.04	1.7	1	目测样件外观无明显变化，保护性综合老化等级为0级
	20 天	0.15	1.5	1	目测样件外观无明显变化，保护性综合老化等级为0级
	30 天	0.14	0.8	2	目测样件外观无明显变化，保护性综合老化等级为0级
	40 天	0.19	0.5	2	目测样件外观无明显变化，保护性综合老化等级为0级
	50 天	0.25	1.3	2	目测样件外观无明显变化，保护性综合老化等级为0级
	60 天	0.19	3.1	2	目测样件外观无明显变化，保护性综合老化等级为0级
S4	初始	0	0	2	样件表面无异常
	5 天	0.93	5.5	2	样件表面很轻微失光，失光等级为1级，无其他明显变化，保护性综合老化评级为0级
	10 天	1.26	3.4	2	样件表面很轻微失光，失光等级为1级，无其他明显变化，保护性综合老化评级为0级

续表

样件序号	试验时间	色差 ΔE	失光率/%	附着力/级	外观评价
S4	20 天	1.65	13.1	2	样件表面横轻微变色，变色等级为 1 级，很轻微失光，失光等级为 1 级，无其他明显变化，保护性综合老化评级为 0 级
	30 天	1.99	13.2	2	样件表面横轻微变色，变色等级为 1 级，很轻微失光，失光等级为 1 级，无其他明显变化，保护性综合老化评级为 0 级
	40 天	2.25	16.3	3	样件表面横轻微变色，变色等级为 1 级，轻微失光，失光等级为 2 级，无其他明显变化，保护性综合老化评级为 0 级
	50 天	2.36	25.7	3	样件表面横轻微变色，变色等级为 1 级，轻微失光，失光等级为 2 级，无其他明显变化，保护性综合老化评级为 0 级
	60 天	2.41	30.8	3	样件表面横轻微变色，变色等级为 1 级，轻微失光，失光等级为 2 级，无其他明显变化，保护性综合老化评级为 0 级

由表 6-19 可知，与高温试验相比，湿热试验中防护涂层的变色现象更加显著，附着力下降也更加明显，这是由于水分的吸收和扩散导致的。

2. 冷凝试验

在湿热地区和沿海地区涂层表面常存在凝露现象，如在黄海部分地区凝露时长达到 4049h，占全年时长的 46.2%，对防护涂层特别是基材为多孔材料的防护涂层耐湿性是个严峻考验。冷凝试验是模拟自然环境下的凝露效应，GB/T 13893 对防护涂层 3 种冷凝试验方法进行规定。

3. 浸渍试验

浸渍试验可以通过改变浸渍溶液模拟不同的应用环境，如采用 NaCl 溶液模拟海洋环境，采用 H_2SO_4 和 HNO_3 混合溶液模拟工业大气环境。为了突出干湿交替过程对防护涂层影响，可采用周期浸渍试验。

在涂料的研发和工艺设计过程中，设计人员常采用简单的浸渍试验考核涂膜的耐水性或耐化学品性能，但该试验方法与实际应用差别较大，主要用于多种涂层的横向比较。

6.5.3 模拟太阳光影响效应的环境试验项目

太阳光的环境效应包括热效应和光老化效应，太阳光的热效应主要由红外部分产生，与高温试验不同，太阳辐射的热效应具有方向性，并产生热梯度，所以它可导致材料不同部位以不同速率膨胀和收缩，从而产生内应力并破坏材料结构，材料的热膨胀系数越高，其热效应越明显。光化学效应主要由太阳光中紫外部分产生。

太阳光的热效应和光化学效应互相促进，热可影响光化学反应速率，加速其破坏作用，反过来，光化学反应可以改变材料表面粗糙度和颜色，从而影响热量的吸收和反射。对塑料、橡胶和防护涂层等高分子材料而言，太阳光老化效应占主导作用，目前模拟太阳光影响的环境试验方法主要包括紫外光老化试验和氙弧灯光老化试验。

1. 紫外光老化试验

紫外光老化试验与灯源选择密切相关，目前常用的紫外光源包括 UVA-340、UVA-351 和 UVB-313 三种。UVA-340 灯源主要模拟太阳光中短波紫外线部分（300nm～340nm），UVA-351 灯源主要模拟太阳光中透过玻璃后的短波紫外线，其辐射能量峰值在 351nm 处；UVB-313 灯源的光谱主要集中在 280nm～360nm，其中低于 300nm 的辐射占总辐射的 10%以上，与太阳光中紫外部分差别较大，容易引起实际应用过程中不存在的老化，试验结果与实际相关性较差，目前主要用于快速筛选涂层材料和评价耐紫外线性能。

紫外光老化试验有多种试验程序可供选择，包括连续暴露、紫外/冷凝、紫外/喷淋等。在考察透过玻璃的紫外线对材料的影响时，常采用连续暴露的方式开展试验，如汽车内饰材料、油墨或靠近窗边的聚合物材料等；紫外/冷凝试验程序综合模拟了明暗交替、干湿交替和夜间冷凝三类户外环境条件，主要考察相对湿度大、昼夜温差较大地区应用的非金属材料的耐候性；紫外/喷淋试验程序综合模拟了明暗交替、干湿交替和淋雨等户外环境因素，考察多雨地区使用的非金属材料的耐候性。

国内外紫外光老化试验的参照标准繁多，其中 ASTM 在紫外光老化相关术语、仪器操作规范、试验方法、实施惯例等方面进行规定，适用材料范围较广，对试验实施指导性较强。紫外光老化试验 ASTM 相关标准如表 6-20 所示。

表 6-20 紫外光老化试验 ASTM 相关标准

序号	标 准 号	标 准 名 称
1	ASTM G113	非金属材料自然和人工老化试验相关术语
2	ASTM G151	非金属材料实验室光源暴露加速试验装备操作规范
3	ASTM G154	非金属材料荧光紫外线暴露用仪器操作规范
4	ASTM C1442	使用人工老化仪器对密封胶进行测试的操作规范
5	ASTM C1501	建筑物密封材料颜色稳定性实验室加速老化试验规范
6	ASTM C1519	使用实验室加速老化试验设备对建筑结构密封剂耐候性评价规范
7	ASTM D904	胶黏剂在人造光下的暴露试验规范
8	ASTM D1148	橡胶变质的标准试验方法—浅色表面暴露于紫外或紫外/可见光及热环境下变色
9	ASTM D4329	塑料荧光紫外线暴露试验规范
10	ASTM D4587	涂料及相关涂层的荧光紫外线暴露/冷凝试验规程
11	ASTM D4674	暴露在室内办公室环境下的塑料颜色稳定性加速试验的实施规范

续表

序号	标准号	标准名称
12	ASTM D4799/D4799M	沥青材料加速老化试验条件及试验方法
13	ASTM D5208	可光解塑料制品的荧光紫外线暴露试验规范
14	ASTM D5894	涂漆金属盐雾/紫外循环试验规范
15	ASTM D6625	用荧光UV冷凝光和水暴露仪器评价涂漆板上涂敷的抛光剂防护性能的试验规范

同时，ASTM 相关标准列举了一些紫外光老化试验典型试验条件，并对适用范围进行规定，紫外光老化试验典型试验条件如表 6-21 所示。

表 6-21 紫外光老化试验典型试验条件

序号	灯源	紫外辐照度/(W/m²)	控制点	循环过程	适用范围
1	UVA-340	0.83±0.02	340nm	8h 紫外 BPT：70℃±3℃ 4h 冷凝 BPT：50℃±3℃	汽车涂层、塑料
2	UVA-340	0.89±0.02	340nm	4h 紫外 BPT：60℃±3℃ 4h 冷凝 BPT：50℃±3℃	工业用涂层
3	UVA-340	0.89±0.02	340nm	4h 紫外 BPT：60℃±3℃ 20h 冷凝 BPT：50℃±3℃	户外木器漆
4	UVA-340	0.89±0.02	340nm	4h 紫外 BPT：60℃±3℃ 4h 冷凝 BPT：50℃±3℃	一般金属防护涂层
5	UVA-340	0.89±0.02	340nm	20h 紫外 BPT：50℃±3℃ 4h 冷凝 BPT：40℃±3℃	光降解塑料
6	UVA-340	0.77±0.02	340nm	8h 紫外 BPT：60℃±3℃ 4h 冷凝 BPT：50℃±3℃	浅色橡胶
7	UVA-351	0.76±0.02	340nm	24h 紫外 BPT：50℃±3℃	玻璃下非金属材料

续表

序号	灯源	紫外辐照度/(W/m²)	控制点	循环过程	适用范围
8	UVA-313	0.71±0.02	310nm	4h 紫外 BPT：60℃±3℃ 4h 冷凝 BPT：50℃±3℃	非金属材料

在实际应用过程中，可参照以上试验条件进行，也可根据使用环境、产品特点及试验目的进行调整。

在紫外光老化试验条件确定过程中，需要遵循以下原则：

1）充分了解防护涂层的实际服役环境

与其他实验室人工环境试验相同，紫外光老化试验条件的确定需要分析防护涂层实际的服役环境，室外使用的材料需要考虑温度、湿度、太阳辐照量、空气中污染物浓度、降雨量等，玻璃下使用的材料需要考虑温度、湿度、太阳辐照量等因素。有条件的可以分析防护涂层在服役过程中的失效模式及机理，进而分析涂层的主要敏感环境因素。

2）分析防护涂层种类和组成

防护涂层的化学成分及结构不同，导致其敏感环境因素及影响过程有所不同，需要根据防护涂层的类型选用不同的试验程序及条件。例如，ASTM 标准规定不同的材料采用不同的紫外灯源、辐照度及试验程序，已达到不改变失效机理的情况下提高试验加速性和相关性的目的。

3）以现有标准为基础，减少试验条件制定的盲目性

紫外光老化试验涉及的因素较多，若无标准的指导，试验条件则很难确定，所以试验方案制定要以现有标准为基础。

紫外光老化试验方案制定的主要内容包括灯源选择、循环过程制定、温度确定、辐照度确定、试验时间确定。

1）灯源选择

紫外光老化试验的灯源选择与材料的使用环境、试验目的有关。考察户外环境对材料的耐候性常选用 UVA-340 灯源，而考察玻璃下材料的耐光老化性能则选用 UVA-351 灯源；若考察实验室人工老化试验和实际使用环境之间的相关性，可选用 UVA 系列灯源，若加速筛选材料则可选用 UVB 系列灯源。

2）循环过程制定

紫外光老化试验可将紫外光照、冷凝及喷淋等试验程序进行组合，进而模拟光照、高温、凝露、淋雨等自然现象，在制定紫外光老化循环过程时需要充分了解材料的使用环境及对材料具有影响作用的环境因素。另外，循环过程中各部分试验时

长可根据实际的环境因素统计结果确定,如明暗交替时间可根据日照时长制定,而喷淋程序时间比可按照降雨时长计算得出。

3)温度确定

高温可引起非金属材料的高温老化并加速紫外光老化过程,各标准中推荐紫外辐照、冷凝及喷淋各阶段的黑板温度值。黑板温度近似于样件表面最高温度,黑板温度的选择往往以材料使用当地夏天最高地面温度(接近于试样最高表面温度)为依据。我国许多地区,夏天最高气温为35℃~44℃,地面最高温度为60℃~70℃,所以黑板温度可在该区间选择。但一些聚合物(如PVC)的老化降解对温度很敏感,这种情况下建议采用较低的黑板温度值。

4)辐照度确定

目前紫外光老化试验通常采用的辐照度为 0.48~1.55W/m^2,通常采用应用环境中的最大值。

可根据试验目的适当提高紫外辐照度,如 ASTM 标准对各类涂层紫外光老化试验开展时所采用的辐照度规定为0.83W/m^{2}或0.89W/m^2,这样就提高了试验的加速效果,但在加速的同时要保证与实际使用过程中的失效机理相同。

5)试验时间确定

高分子材料的紫外光老化试验时间往往由试验目的决定。当优选耐候性较好的材料时,开始可不约定试验时间,将考核的几种材料同时开展试验,试验过程中对材料的各个性能进行测试分析,当几种材料的性能出现较大变化且趋势固定时,停止试验。

如果试验方法已和使用环境建立良好的相关性,可根据材料的使用寿命和加速倍数计算出试验时间。由于材料的多样性,试验设备及地区气候的差异性造成了相关性计算的复杂化,所以采用这种方法时要求考核的材料种类、使用环境、试验设备与相关性计算时的相同。

另外,可以考虑材料的使用地区环境的辐射量,控制紫外光老化辐射总量与自然暴露辐射总量相当。

2. 氙弧灯光老化试验

氙弧灯光老化试验箱可模拟光照、温度、湿度、降雨等综合环境效应,又可模拟自然环境中的明暗和干湿交替。氙弧灯的光谱分布与太阳光很相似,特别是紫外和可见光部分,是目前模拟性最好、使用最多的人工光源。

氙弧灯在波长1000~2000nm近红外区存在很强的辐射峰,并会产生大量的热,需要选择合适的冷却装置减少热量,现阶段常用冷却方式包括水冷和风冷。另外,氙弧灯可以通过不同的滤镜组合,模拟不同的阳光类型,常见的滤镜有日光滤光器、窗玻璃滤光器和紫外滤光器等。

电子装备防护涂层实验室环境试验 第章

现阶段常用高分子材料氙弧灯光老化试验的标准包括，GB/T 16422.2、GB/T 1865、ASTM 2565、STM D4459、ASTM D5071、ASTM D6695、ASTM G151、ISO 4892.2、ISO 11341 等。标准中对试验条件、试验步骤及试验所用设备进行了规定。

与紫外光老化试验相同，制定合理的防护涂层的实验室光老化试验方案，包括人工光源选择、循环过程确定、试验温度确定、辐照度确定、试验时间确定等 5 个方面。

针对表 6-17 中 4 种电子装备防护涂层，开展氙弧灯光老化试验，研究防护涂层的光老化行为。电子装备防护涂层氙弧灯光老化试验结果如表 6-22 所示。

表 6-22 电子装备防护涂层氙弧灯光老化试验结果

样件序号	试验时间	色差 ΔE	失光率/%	附着力/级	外 观 评 价
S1	初始	0	0	1	样件表面无异常
	5 天	0.18	−3	1	目测样件外观无明显变化，保护性综合老化等级为 0 级
S1	10 天	0.21	−0.2	1	目测样件外观无明显变化，保护性综合老化等级为 0 级
	20 天	0.19	4.0	1	样件表面很轻微失光，失光等级为 1 级，无其他明显变化，保护性综合老化评级 0 级
	30 天	0.37	12.4	1	样件表面很轻微失光，失光等级为 1 级，无其他明显变化，保护性综合老化评级 0 级
	40 天	0.28	11.9	1	样件表面很轻微失光，失光等级为 1 级，无其他明显变化，保护性综合老化评级 0 级
	50 天	0.27	13.7	1	样件表面很轻微失光，失光等级为 1 级，无其他明显变化，保护性综合老化评级 0 级
	60 天	0.39	12.3	1	样件表面很轻微失光，失光等级为 1 级，无其他明显变化，保护性综合老化评级 0 级
S2	初始	0	0	2	样件表面无异常
	5 天	0.46	−2.0	2	目测样件外观无明显变化，保护性综合老化等级为 0 级
	10 天	0.57	−0.1	2	目测样件外观无明显变化，保护性综合老化等级为 0 级
	20 天	0.38	5.3	2	样件表面很轻微失光，失光等级为 1 级，无其他明显变化，保护性综合老化评级 0 级
	30 天	0.65	13.2	2	样件表面很轻微失光，失光等级为 1 级，无其他明显变化，保护性综合老化评级 0 级
	40 天	0.91	13.4	2	样件表面很轻微失光，失光等级为 1 级，无其他明显变化，保护性综合老化评级 0 级
	50 天	0.75	14.4	2	样件表面很轻微失光，失光等级为 1 级，无其他明显变化，保护性综合老化评级 0 级
	60 天	1.09	16.7	2	样件表面轻微失光，失光等级为 2 级，无其他明显变化，保护性综合老化评级 0 级

续表

样件序号	试验时间	色差 ΔE	失光率/%	附着力/级	外 观 评 价
S3	初始	0	0	1	样件表面无异常
	5 天	0.13	-2.8	1	目测样件外观无明显变化,保护性综合老化等级为 0 级
	10 天	0.15	-3.8	1	目测样件外观无明显变化,保护性综合老化等级为 0 级
	20 天	0.31	0	1	目测样件外观无明显变化,保护性综合老化等级为 0 级
	30 天	0.46	4.1	1	目测样件外观无明显变化,保护性综合老化等级为 0 级
	35 天	0.48	4.8	1	目测样件外观无明显变化,保护性综合老化等级为 0 级
	40 天	0.49	5.3	1	目测样件外观无明显变化,保护性综合老化等级为 0 级
	50 天	0.72	5.0	1	样件表面起泡,起泡等级为 1S2,表面很轻微失光,失光等级为 1 级,无其他明显变化,保护性综合老化评级 1 级
	60 天	0.96	4.8	2	样件表面起泡,起泡等级为 1S2,表面很轻微失光,失光等级为 1 级,无其他明显变化,保护性综合老化评级 1 级
S4	初始	0	0	2	样件表面无异常
	5 天	2.72	18.8	2	样件表面很轻微变色,变色等级为 1 级,表面轻微失光,失光等级为 2 级,无其他明显变化,保护性综合老化评级 0 级
	10 天	2.91	32.2	2	样件表面很轻微变色,变色等级为 1 级,表面明显失光,失光等级为 3 级,无其他明显变化,保护性综合老化评级 0 级
	20 天	2.26	38.7	2	样件表面很轻微变色,变色等级为 1 级,表面明显失光,失光等级为 3 级,无其他明显变化,保护性综合老化评级 0 级
	30 天	2.28	45.0	2	样件表面很轻微变色,变色等级为 1 级,表面明显失光,失光等级为 3 级,无其他明显变化,保护性综合老化评级 0 级
	40 天	2.43	66.2	3	样件表面很轻微变色,变色等级为 1 级,表面严重失光,失光等级为 4 级,无其他明显变化,保护性综合老化评级 0 级
	50 天	2.20	73.9	3	样件表面很轻微变色,变色等级为 1 级,表面严重失光,失光等级为 4 级,无其他明显变化,保护性综合老化评级 0 级
	60 天	2.16	81.3	3	样件表面很轻微变色,变色等级为 1 级,表面完全失光,失光等级为 5 级,无其他明显变化,保护性综合老化评级 0 级

由表 6-22 可知,与高温、湿热相比,氙弧灯光老化作用下防护涂层光泽度下降明显,特别是 S4 样件在试验 10 天后防护涂层就出现明显失光,试验 40 天后严重失光。对比 4 类防护涂层,S3 样件的保光性最好。

6.5.4 模拟腐蚀介质影响效应的环境试验项目

1. 盐雾试验

盐雾试验是评价有机涂层防腐蚀性能的最常用方法,也被认为评定与海洋大气有密切关系的材料性质的最有效方法，它是通过模拟温度、湿度及微小电解质的共同作用来实现的。盐雾试验虽是经典的检测方法，但与实际环境常常存在很大差别。有研究表明，涂层/金属体系在连续盐雾试验后生成的腐蚀产物、涂层的剥离程度和起泡状态等几个方面均与自然暴露试验得到的结果有很大不同。尽管如此，盐雾试验由于操作简单及前期积累数据量较多依然被各行业青睐。

防护涂层盐雾试验包括恒定盐雾和干湿交替盐雾，干湿交替盐雾模拟了因昼夜变化引起的涂层表面干湿交替状态，该过程容易导致涂层膨胀—收缩，从而增加其吸水能力，加速水渗透到金属表面的过程。有机聚合物涂层吸水过程是从涂层/溶液界面开始的，表面涂层吸水后促使临近表面的聚合物离子膨胀，孔通道变小，阻碍表层水进一步向聚合物内部扩散。相反，涂层失水过程虽然也是从聚合物表面开始的，但是表面失水后，临近表面的聚合物离子收缩，孔通道变大，从而有利于水从内到外输送，加快防护涂层劣化，所以干湿交替盐雾试验更符合实际作用，加速性往往比恒定盐雾试验更大。

另外，盐雾试验也可分为中性盐雾和酸性盐雾，其中酸性盐雾试验包括乙酸盐雾试验（AASS）和铜加速乙酸盐雾试验（CASS）。酸性盐雾试验适用于铜+镍+铬或镍+铬装饰性镀层，也适用于铝的阳极氧化膜；针对钢制品上的防护涂层，可在盐雾溶液中加入少量电解质硫酸铵（0.35wt%$(NH_3)_2SO_4$），从而增加溶液的渗透速率，提高盐雾试验的加速性。

ASTM G85 对 5 种改性盐雾试验方法进行规定，包括醋酸酸性盐雾试验、循环酸性盐雾试验、循环酸性海水试验（SWWT）、循环 SO_2 盐雾试验、稀电解液喷雾与干燥循环试验，该标准已被美国国防部采用[5]。ASTM G85 规定各改性盐雾试验程序适用范围如表 6-23 所示。

表 6-23 ASTM G85 规定各改性盐雾试验程序适用范围

程序号	试验方法	适用范围
A1	醋酸酸性盐雾试验	适用于分析、研究在钢或锌压铸件底面电镀装饰铬时改变电镀工艺参数的效果，以及评价产品质量
A2	循环酸性盐雾试验	适用于金属、合金及防护涂层
A3	循环酸性海水试验	适用于 2000、5000 和 7000 系列铝合金耐剥离腐蚀的热处理的生产控制，同样适用于为解决腐蚀性能改变热处理参数的试验研究
A4	循环 SO_2 盐雾试验	适用于评价沿海工业区、舰载平台上应用的金属、合金及防护涂层
A5	稀电解液喷雾与干燥循环试验	适用于钢制品上的涂层

目前国内评价防护涂层性能所采用的盐雾试验方法通常为中性盐雾试验，表 6-24 给出了典型防护涂层中性盐雾试验条件及要求。

表 6-24 典型防护涂层中性盐雾试验条件及要求

序号	防护涂层类别	盐雾试验时间/h	参照标准	性能要求
1	AM05-2 防霉氨基无光漆	168	GB/T 1771	生锈等级 0（S0）；起泡等级 0（S0）；开裂等级 0（S0）；轻微变色
2	F04-20 各色高含氟氟碳高光磁漆	1000	GJB150.11	不起泡，不剥落
3	B04-62 各色丙烯酸聚氨酯半光磁漆	72	GJB150.11	不起泡，不剥落
4	H06-21 锌黄环氧酚醛底漆	72	GJB150.11	不起泡，不剥落

由表 6-23 可知，部分涂料研制厂家开展的盐雾试验时间太短，并没有考虑到盐雾因素长期作用的结果，在应用单位选用涂料的过程中参考价值不大。ISO 12944 推荐了钢结构防护涂层在不同大气腐蚀性类别及不同耐久性要求下的中性盐雾试验的时间，如表 6-25 所示。

表 6-25 钢结构防护涂层中性盐雾试验时长推荐

大气腐蚀性类别	耐久性等级			
	≤7 年	7～15 年	15～25 年	≥25 年
C1	—	—	—	—
C2	—	—	—	480
C3	120	240	480	720
C4	240	480	720	1440
C5	240	480	720	1440
CX	480	720	1440	采用循环试验的方式

为了解中性盐雾试验对电子装备防护涂层性能的影响，针对表 6-17 中防护涂层开展了盐雾试验，电子装备防护涂层盐雾试验结果如表 6-26 所示。

表 6-26 电子装备防护涂层盐雾试验结果

样件序号	试验时间	色差 ΔE	失光率/%	附着力/级	外观评价
S1	初始	0	0	—	样件表面无异常
	8 天	0.21	-1.2	—	目测样件外观无明显变化，保护性综合老化等级为 0 级
	16 天	0.25	-5.7	—	目测样件外观无明显变化，保护性综合老化等级为 0 级
	20 天	0.26	-5.1	—	目测样件外观无明显变化，保护性综合老化等级为 0 级
	32 天	0.66	2.2	—	目测样件外观无明显变化，保护性综合老化等级为 0 级
	40 天	0.52	2.1	—	目测样件外观无明显变化，保护性综合老化等级为 0 级
	50 天	0.60	-0.2	—	目测样件外观无明显变化，保护性综合老化等级为 0 级
	60 天	0.66	-3.4	—	目测样件外观无明显变化，保护性综合老化等级为 0 级

续表

样件序号	试验时间	色差 ΔE	失光率/%	附着力/级	外 观 评 价
S2	初始	0	0	—	样件表面无异常
	8 天	0.65	-7.4	—	目测样件外观无明显变化，保护性综合老化等级为 0 级
	16 天	1.21	-11.2	—	目测样件外观无明显变化，保护性综合老化等级为 0 级
	20 天	1.25	-11.9	—	目测样件外观无明显变化，保护性综合老化等级为 0 级
	32 天	1.45	-16.1	—	目测样件外观无明显变化，保护性综合老化等级为 0 级
	40 天	1.38	-14.7	—	目测样件外观无明显变化，保护性综合老化等级为 0 级
	50 天	1.62	-17.7	—	样件表面很轻微失光，失光等级为 1 级，无其他明显变化，保护性综合老化评级 0 级
	60 天	1.58	-11.2	—	样件表面很轻微失光，失光等级为 1 级，无其他明显变化，保护性综合老化评级 0 级
S3	初始	0	0	1	样件表面无异常
	5 天	0.13	-2.8	1	目测样件外观无明显变化，保护性综合老化等级为 0 级
	10 天	0.15	-3.8	1	目测样件外观无明显变化，保护性综合老化等级为 0 级
	20 天	0.31	0	1	目测样件外观无明显变化，保护性综合老化等级为 0 级
	30 天	0.46	4.1	1	目测样件外观无明显变化，保护性综合老化等级为 0 级
	35 天	0.48	4.8	1	目测样件外观无明显变化，保护性综合老化等级为 0 级
	40 天	0.49	5.3	1	目测样件外观无明显变化，保护性综合老化等级为 0 级
	50 天	0.72	5.0	1	样件表面起泡，起泡等级为 1S2，表面很轻微失光，失光等级为 1 级，无其他明显变化，保护性综合老化评级 1 级
	60 天	0.96	4.8	2	样件表面起泡，起泡等级为 1S2，表面很轻微失光，失光等级为 1 级，无其他明显变化，保护性综合老化评级 1 级
S4	初始	0	0	2	样件表面无异常
	5 天	2.72	18.8	2	样件表面很轻微变色，变色等级为 1 级，表面轻微失光，失光等级为 2 级，无其他明显变化，保护性综合老化评级 0 级
	10 天	2.91	32.2	2	样件表面很轻微变色，变色等级为 1 级，表面明显失光，失光等级为 3 级，无其他明显变化，保护性综合老化评级 0 级
	20 天	2.26	38.7	2	样件表面很轻微变色，变色等级为 1 级，表面明显失光，失光等级为 3 级，无其他明显变化，保护性综合老化评级 0 级
	30 天	2.28	45.0	2	样件表面很轻微变色，变色等级为 1 级，表面明显失光，失光等级为 3 级，无其他明显变化，保护性综合老化评级 0 级
	40 天	2.43	66.2	3	样件表面很轻微变色，变色等级为 1 级，表面严重失光，失光等级为 4 级，无其他明显变化，保护性综合老化评级 0 级
	50 天	2.20	73.9	3	样件表面很轻微变色，变色等级为 1 级，表面严重失光，失光等级为 4 级，无其他明显变化，保护性综合老化评级 0 级

续表

样件序号	试验时间	色差 ΔE	失光率/%	附着力/级	外观评价
S4	60 天	2.16	81.3	3	样件表面很轻微变色，变色等级为 1 级，表面完全失光，失光等级为 5 级，无其他明显变化，保护性综合老化评级 0 级

盐雾试验主要用于评价防护涂层抗腐蚀介质渗透的能力，腐蚀介质渗透容易导致防护涂层附着力下降和起泡。

2. 耐盐水试验

耐盐水试验是将涂层直接浸泡在盐水介质中，在规定的试验条件下经一定时间后检查漆膜的变化和破坏情况。防护涂层的用途不同，可选择不同的腐蚀介质进行试验。电化学方法评价涂层/金属体系的失效过程往往是在浸渍试验的过程中完成的，采用的介质通常为 3.5%的 NaCl 溶液。

在低纬度海洋大气环境中应用的防护涂层，空气中湿度较大，盐雾含量较大，在太阳辐射的作用下，涂层表面容易出现干湿交替的环境。可通过周期浸润试验的方式（浸泡+烘干）进行模拟。

3. 酸性大气试验

工业大气中 NO_x、SO_2 可引起防护涂层的化学老化，酸性大气试验就是用于模拟工业污染对防护涂层的影响。GJB 150.28A 规定了两个试验严酷度等级供选，等级 1 用于模拟暴露时间少、酸度低区域服役的装备；等级 2 用于模拟在潮湿、高度工业化区域内自然暴露大约 10 年的装备。

6.5.5 循环加速腐蚀试验方法

在真实环境中，防护涂层并非只受到单一影响因素的作用，而是在各个因素的综合作用下出现性能下降甚至失效，因此根据涂层的实际使用环境考虑各因素的综合影响十分必要。

由于目前环境试验设备研制能力限制，很难将多个因素综合于一个试验箱内，所以目前模拟防护涂层多因素影响的试验方法多为循环试验。目前国内外关于循环加速腐蚀试验的标准有很多，其模拟环境因素、试验谱块及适用范围均有所区别。国内外防护涂层循环加速腐蚀试验方法汇总分析如表 6-27 所示。

表6-27 国内外防护涂层循环加速腐蚀试验方法汇总分析

序号	标准号/非标试验谱	循环号	模拟大气环境因素								实现方法	适用范围
			太阳辐射	温度	相对湿度	盐雾	干湿交替	凝露	酸雨	腐蚀性大气		
1	GB/T 31588.1	循环A	×	√	√	√	√	×	×	×	中性盐雾、干燥、湿热试验循环	适用于一般色漆和清漆
		循环B	×	√	√	√	√	√	×	×	中性盐雾、冷凝、干燥试验循环	适用于舱内防护涂层
		循环C	×	√	×	√	√	√	√	×	稀电解质溶液盐雾、冷凝、湿热循环试验	适用于钢材上的防护涂层
		循环D	×	√	×	√	√	×	√	×	盐雾、湿热、干燥循环	适用于一般色漆和清漆
2	GB/T 20853	—	×	√	√	√	×	×	√	×	酸性盐雾、湿热、交替潮湿试验循环	适用于金属及其合金、金属覆盖层、化学转化覆盖层、有机覆盖层
3	GB/T 24195	循环A	×	√	√	√	×	×	√	×	酸性盐雾、干燥、湿热试验循环	适用于金属及其合金、金属覆盖层、阳极氧化涂层、的有机涂层
		循环B	×	√	√	√	×	×	√	×	中性盐雾、干燥、湿热试验循环	适用于钢材上的防护涂层上带转换涂层的阳极涂层
4	GB/T 28416	循环A	×	×	×	√	√	×	×	√	中性盐雾、气体腐蚀循环	适用于含有金属材料的产品
		循环B	×	×	×	√	×	×	×	√	中性盐雾、气体腐蚀循环	
5	GB/T 2423.18	循环A	×	√	√	√	×	×	×	×	中性盐雾、湿热循环	适用于寿命期大部分时间暴露在海洋环境或近海环境中
		循环B	×	√	√	√	×	×	×	×	中性盐雾、湿热循环	适用于经常暴露在海洋环境中,但通常受封闭物保护远海环境或近海环境中

续表

序号	标准号/非标试验谱	循环号	模拟大气环境因素								实现方法	适用范围
			太阳辐射	温度	相对湿度	盐雾	干湿交替	凝露	酸雨	腐蚀性大气		
6	ASTM G85	循环 B	×	√	×	√	√	×	×	×	中性盐雾、干燥循环试验	适用于金属材料上的防护涂层
		循环 D	×	×	×	√	×	×	×	√	中性盐雾、二氧化硫循环试验	适用于考核盐雾的综合效应,如舰载环境防护涂层的综合性能
		循环 E	×	×	×	√	×	×	×	×	稀电解液盐雾、干燥循环试验	适用于钢制品上的涂层
7	ASTM D5894	—	√	√	√	√	√	√	×	×	紫外/冷凝、稀电解质盐雾/干燥循环试验	适用于评价海洋环境下的防护涂层和富锌涂
8	NACE TM0304	—	√	√	√	√	√	√	×	×	紫外/冷凝、人工海水盐雾/干燥循环试验	适用于海洋大气区和浪花飞溅区水性建筑涂料的性能评估
9	Norsok M 501	—	√	√	√	√	√	√	×	×	紫外/冷凝、中性盐雾/干燥循环试验	适用于评价海洋大气环境下钢结构涂层的耐蚀性能
10	ISO 12944-9	—	√	√	√	√	√	√	×	×	紫外、中性盐雾、冰冻循环试验	适用于验证在-20℃~80℃温度下应用涂层体系的性能
11	CASS 谱	—	×	√	√	√	√	√	√/× 注1	×	湿热、紫外、盐雾循环、温度冲击试验	适用于评价亚热带地区使用的防护涂层体系使用寿命

注1: CASS 谱可以采用中性盐雾模拟盐雾,也可以采用酸性盐雾模拟盐雾,还可以采用中性盐雾和酸性盐雾组合的方式模拟盐雾。

研究人员在确定电子装备防护涂层循环加速试验条件时，可根据表 6-26 中规定进行选取，选取过程中需要清楚防护涂层应用地点、气候、应用部位和暴露条件等基本信息。

1. GB/T 2423.18 试验效应

根据 GB/T 2423.18 严酷等级 2 中的循环试验条件，对 1 种电子装备结构件防护涂层体系开展循环加速腐蚀试验，防护涂层信息表如表 6-28 所示。

表 6-28 防护涂层信息表

基材	表 面 处 理	底 漆	面 漆	厚度/μm	应 用
6061	Al/Ct.Ocd	H06-2 环氧锌黄底漆	A05-10 氨基烘干磁漆	100～120	舱内机箱机柜外表面

试验过程中对防护涂层的失光率、色差、电化学交流阻抗等性能进行测试，GB/T 2423.18 循环试验中涂层失光率、色差变化情况如图 6-10 所示。

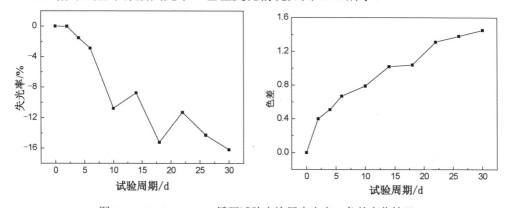

图 6-10 GB/T 2423.18 循环试验中涂层失光率、色差变化情况

在温度、湿度和盐雾的交替影响下，防护涂层基本无失光现象，反而色差不断增大，这是由于随着试验的开展，防护涂层抗电解质溶液渗透的能力不断减弱，溶液渗透深度不断增加导致颜色发生变化。为更好地分析试验中涂层抗渗透能力的变化，开展电化学交流阻抗谱分析，如图 6-11 所示。

在试验初始，$\log|Z|$ 对 $\log|f|$ 为一条直线，相位角在 80°以上，说明此时防护涂层对电解质溶液具有优异的屏蔽性能，随着试验的开展，样件阻抗模值和相位角不断变小，阻抗弧直径不断变小，说明试验导致防护涂层的屏蔽性能下降。试验开展 30d 后，$|Z|_{0.01}$ 由 $10^{10}\Omega \cdot cm^2$ 降至 $10^8\Omega \cdot cm^2$，相位角由 80°降至 40°以下，说明随着试验开展电解质溶液渗透的位置不断加深，但并未渗透至基材，对基材依然有保护作用。

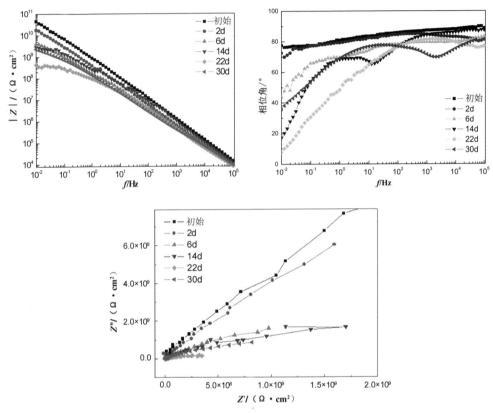

图 6-11　GB/T 2423.18 循环试验中涂层电化学阻抗谱图变化情况

为评价 GB/T 2423.18 的试验方法的有效性，以色差、$|Z|_{0.01}$ 为依据，计算与真实海洋大气环境下自然环境试验结果的相关性和加速性，如表 6-29 所示。

表 6-29　GB/T 2423.18 循环试验与自然环境试验秩相关系数计算表

试验周期/月	自然环境试验				试验周期/d	GB/T 2423.18 严酷等级 2				秩相关系数	
	色差	排序	$|Z|_{0.01}$	排序		色差	排序	$|Z|_{0.01}$	排序	色差	$|Z|_{0.01}$
0	0	1	2.41×10¹⁰	4.5	0	0	1	4.55×10¹⁰	5	1.00	0.79
1	0.4	2	2.03×10¹⁰	4.5	1.7	0.27	2	4.09×10¹⁰	5		
3	0.7	3	1.24×10¹⁰	4.5	5.0	0.54	3	4.36×10⁹	2		
6	0.9	4	6.04×10⁹	1.5	10.0	0.84	4	2.43×10⁹	1		
12	1.3	5	2.46×10¹⁰	4.5	20.0	1.22	5	1.08×10¹⁰	5		
18	1.7	6	5.63×10⁹	1.5	30.0	1.42	6	2.31×10⁹	2		

以色差结果为相关性计算依据，秩相关系数为 1.00，以 $|Z|_{0.01}$ 为相关性计算依

据，秩相关系数为 0.79，平均秩相关系数为 0.90，为强相关。

由于自然环境试验和 GB/T 2423.18 循环试验色差服从指数分布，分别对其进行拟合，拟合方程如下：

$$y_1 = 1.9155 - 1.7939e^{-t_1/9.6899} \qquad R^2 = 0.9544 \qquad (6-1)$$

$$y_2 = 1.6391 - 1.5241e^{-t_2/15.412} \qquad R^2 = 0.9674 \qquad (6-2)$$

式中，y_1 为自然环境试验中防护涂层色差；t_1 为自然环境试验时长，单位为月；y_2 为 GB/T 2423.18 循环试验中防护涂层色差；t_2 为自然环境试验时长，单位为天；R 为相关系数。

根据式（6-1）和式（6-2）可知，取不同色差对应的两种试验的试验时间，如表 6-30 所示。

表 6-30 试验时间与色差对应表

试验时长	不同色差对应试验时间/天							
	0.2	0.4	0.6	0.8	1.0	1.2	1.4	1.6
自然环境试验时长 T	12.99	49.01	90.14	138.06	195.48	267.11	362.38	505.06
GB/T 2423.18 循环试验时长 t	0.88	3.19	5.90	9.20	13.39	19.18	28.55	56.45
ASF（T/t）	14.76	15.36	15.28	15.01	14.60	13.93	12.69	8.95

由表 6-30 可知，循环加速腐蚀试验 ASF 在 8.95～15.36，绘制 ASF 随时间的变化趋势图，如图 6-12 所示。

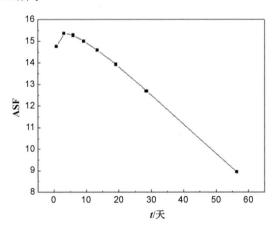

图 6-12 ASF 随时间的变化趋势

由图 6-12 可以看出，加速转化因子随试验的时间的延长不断减小，对曲线进行回归分析，得出 ASF 随时间变化的方程，如式（6-3）所示。

$$ASF = 16.08e^{-0.01x} \qquad R^2 = 0.9450 \qquad (6-3)$$

根据表 6-28 可知防护涂层自然环境试验 18 个月的 $|Z|_{0.01}$ 结果与 GB/T 2423.18 循环试验 30d 基本一致，可以算出 GB/T 2423.18 循环试验的加速因子 AF=18.25。

2. GB/T 31588.1 循环 A 试验效应

根据 GB/T 31588.1 循环 A 的试验条件对表 6-31 中的印制电路板防护涂层开展循环试验，样件设计参照 SJ 20671 进行。

表 6-31 印制电路板防护涂层体系信息表

样件序号	基材	表面处理	涂层	厚度/μm	应用
P1	FR4	水清洗	聚氨酯清漆	15～25	印制电路板
P2	FR4	水清洗	有机硅清漆	30～45	

试验过程中对样件外观、绝缘电阻、介质耐电压、品质因数、损耗角正切等性能参数进行测试。GB/T 31588.1 循环 A 试验中印制电路板电性能变化情况如图 6-13 所示。

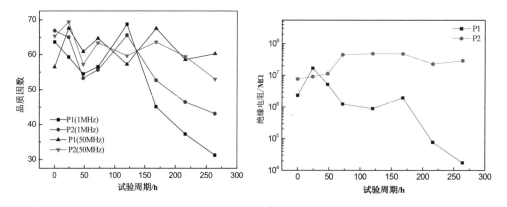

图 6-13 GB/T 31588.1 循环 A 试验中印制电路板电性能变化情况

试验过程中，P1 样件品质因数、绝缘电阻下降明显，试验 264h 时，绝缘电阻降为 $1.74 \times 10^{10}\Omega$，1MHz 下的品质因数由 63.64 下降至 31.24（下降了 50.9%），50MHz 下的品质因数由 66.88 下降至 43.16（下降了 35.5%）；P2 样件绝缘电阻、1MHz 下的品质因数在试验过程中小范围波动，50MHz 下的品质因数在波动中下降。

为评价 GB/T 31588.1 循环 A 的有效性，以绝缘电阻、1MHz 品质因数为依据，计算与真实海洋大气环境下的自然环境试验结果的相关性和加速性。GB/T 31588.1 循环 A 与自然环境试验秩相关系数计算表如表 6-32 所示。

表 6-32　GB/T 31588.1 循环 A 与自然环境试验秩相关系数计算表

样件种类	试验周期/月	自然环境试验				试验周期/h	循环 A				秩相关系数	
		绝缘电阻/MΩ	排序	品质因数	排序		绝缘电阻/MΩ	排序	品质因数	排序	绝缘电阻	品质因数
P1	0	4.03×10^6	2	64.48	5	0	2.33×10^6	3.5	63.64	5.5	0.71	0.97
	1	7.14×10^6	2	63.30	5	12	9.51×10^6	3.5	61.47	5.5		
	3	1.91×10^7	5	55.94	2.5	36	1.09×10^7	6	56.99	3		
	6	4.29×10^7	5	61.06	5	72	1.24×10^6	3.5	56.52	3		
	12	2.19×10^7	5	56.02	2.5	144	1.42×10^6	3.5	56.11	3		
	18	3.60×10^6	2	32.35	1	216	7.64×10^4	1	37.25	1		
P2	0	4.51×10^6	2	65.31	4	0	7.62×10^6	1.5	56.46	2	0.79	0.77
	1	7.40×10^6	2	72.58	6	12	8.33×10^6	1.5	62.03	5		
	3	1.42×10^7	5	66.39	4	36	1.12×10^7	4.5	64.29	6		
	6	8.21×10^7	5	58.66	1	72	4.41×10^7	4.5	59.66	2		
	12	2.29×10^7	5	65.74	4	144	4.77×10^7	4.5	62.38	5		
	18	6.30×10^6	2	62.35	2	216	4.73×10^7	4.5	58.58	2		

以绝缘电阻结果为相关性计算依据，P1、P2 秩相关系数分别为 0.71、0.79，以 1MHz 品质因数为计算依据，P1、P2 秩相关系数分别为 0.97、0.77，平均秩相关系数为 0.81，为强相关。

P1、P2 两种印制电路板防护涂层中绝缘电阻、品质因数出现波动式下降，变化趋势不明显，所以对印制电路板防护涂层而言，采用加速因子的方法评价加速性更加适用，由于自然环境试验中样件绝缘电阻变化幅度不显著，与循环试验结果无法对应，所以主要以品质因数为加速性评价参数。

P1、P2 开展循环试验 264h，与自然环境试验 18 个月的品质因数（1MHz）结果一致，计算加速因子 AF=49.7。

循环加速腐蚀试验在注重相关性和加速性的基础上，提高其加速性，可采用方法包括[4]：

（1）增加温度；

（2）增加相对湿度；

（3）增加凝露程度；

（4）增加腐蚀介质浓度；

（5）增加试验循环中有腐蚀介质和没有腐蚀介质的时间比或延长试验时间；

（6）加机械应力；

（7）使温度有周期性变化。

6.5.6 循环加速腐蚀试验相关标准推介

1. GB/T 31588.1

2015 年 06 月,通过采用 ISO 11197—1:2005 的方式,中海油常州涂料化工研究院有限公司为主要起草单位制定了 GB/T 31588.1《色漆和清漆耐循环腐蚀环境的测定第 1 部分:湿(盐雾)/干燥/湿气》标准,该标准于 2016 年 1 月开始实施。标准规定了四种湿(盐雾)/干燥/湿气循环试验的方式(见表 6-33~表 6-36),模拟的环境因素包括盐雾、湿气、高温、冷凝与干湿交替过程。本标准适用于一般有机防护涂层体系,包括含有颜料的色漆及三防清漆。

表 6-33 GB/T 31588.1 循环 A

步骤	时间/h	温度/℃	其他条件	备注
1	2	35±2	NaCl 溶液浓度:(50±10) g/L; pH 值:6.0~7.0; 盐雾沉降率:(1.0~2.0)mL/(h·80cm^2)	—
2	4	60±2	相对湿度:20%~30%	—
3	2	50±2	≥95%	—
4	返回步骤 1			从步骤 1 到步骤 3,整个循环需要 8h
过渡时间	转到另一条件后达到该条件规定的湿度、相对湿度所允许的时间			步骤 1~步骤 2:30min 内; 步骤 2~步骤 3:15min 内; 步骤 3~步骤 1:30min 内
持续时间	30 个循环(240h)、60 个循环(480h)、90 个循环(720h)、180 个循环(1440h)			

表 6-34 GB/T 31588.1 循环 B

步骤	时间/h	温度/℃	其他条件	备注
1	24	35±2	NaCl 溶液浓度:(50±10) g/L; pH 值:6.0~7.0; 盐雾沉降率:(1.0~2.0)mL/(h·80cm^2)	—
2	8	40±2	相对湿度:100%	冷凝
3	16	23±2	(50±20) %	
4	8	40±2	相对湿度:100%	冷凝
5	16	23±2	(50±20) %	
6	8	40±2	相对湿度:100%	冷凝
7	16	23±2	(50±20) %	
8	8	40±2	相对湿度:100%	冷凝
9	16	23±2	(50±20) %	
10	48	23±2	(50±20) %	

续表

步骤	时间/h	温度/℃	其他条件	备注
11	返回步骤 1			从步骤 1 到步骤 3,整个循环需要 7d
持续时间	除非另有规定,重复试验 5 个循环(840h)			

表 6-35　GB/T 31588.1 循环 C

步骤	时间/min	温度/℃	其他条件	备注
1	210	30±2	NaCl 浓度:(0.31±0.01)g/L; $(NH_3)_2SO_4$ 浓度:(4.1±0.01)g/L; pH 值:6.0~7.0; 盐雾沉降率:(2.0~4.0)mL/(h·80cm^2)	—
2	210	40±2	干燥	干燥空气吹扫
3	1470	40±2	(75±15)%	—
4	102	30±2	干燥	干燥空气吹扫
5	210	30±2	NaCl 溶液浓度:(0.31±0.01)g/L; $(NH_3)_2SO_4$ 溶液浓度:(4.1±0.01)g/L; pH 值:6.0~7.0; 盐雾沉降率:(1.0~2.0)mL/(h·80cm^2)	—
6	378	30±2	相对湿度:95%~100%	冷凝
7	180	35±2	干燥	干燥空气吹扫
8	120	25±2	干燥	—
9	返回步骤 1			—
持续时间	从步骤 1 到步骤 8,整个循环需要 48h,除非另有规定,重复试验 1000h			

表 6-36　GB/T 31588.1 循环 D

步骤	时间/h	温度/℃	其他条件	备注
1	0.5	30±2	NaCl 溶液浓度:(50±10)g/L; pH 值:6.0~7.0; 盐雾沉降率:(1.0~2.0)mL/(h·80cm^2)	—
2	1.5	30±2	(95±3)%	—
3	2	50±2	热干燥	—
4	2	30±2	湿热干燥	—
5	返回步骤 1			—
过渡时间	转到另一条件后达到该条件规定的湿度、相对湿度所允许的时间			步骤 1~步骤 2:10min 内; 步骤 2~步骤 3:15min 内; 步骤 3~步骤 4:30min 内; 步骤 4~步骤 1:瞬时
持续时间	从步骤 1 到步骤 4,整个循环需要 6h,除非另有规定,重复试验 28 个循环(168h)			

GB/T 31588.1 对 4 种循环试验方式的选择没有进行推介，结合试验条件、循环方式特点对试验效应进行初步预测，如表 6-37 所示。

表 6-37　GB/T 31588.1 试验效应预测

循环号	包含试验程序	试验条件特点	试验效应预测
循环 A	盐雾、干燥、湿热	盐雾试验条件采用典型的中性盐雾试验条件，干燥试验采用 60℃，湿热试验采用 50℃、RH95%，条件强于实际服役环境	本循环强调了试验的加速性，强化了盐雾、湿热因素。干湿交替过程是 4h+4h 过程，湿润过程是盐雾 2h+湿热 2h，循环过程安排较密，综合效应明显
循环 B	盐雾、湿热（冷凝）、干燥	盐雾试验温度采用典型的中性盐雾试验条件，湿热效应采用 40℃冷凝的方式模拟，干燥过程采用 23℃	本循环强调冷凝和干燥的干湿交替过程，并采用 8h 冷凝+16h 干燥循环过程，可用于模拟冷凝作用明显的沿海地区，如我国黄海、渤海地区
循环 C	盐雾、湿热、干燥（干燥空气吹扫）	盐雾试验采用 NaCl 和 $(NH_3)_2SO_4$ 的混合溶液，循环中还包括湿热、冷凝和干燥过程	本循环通过加入 $(NH_3)_2SO_4$ 增强电解质溶液的渗透性，对以铁基材料为底材的防护涂层影响较大，适用于大气腐蚀严重的区域。循环中步骤 1～步骤 2 盐雾过程后干燥，硫酸铵和氯化钠沉积在涂层表面，步骤 3 湿热试验中虽然相对湿度小于 70%，但硫酸铵的吸湿作用表面仍能形成液膜，导致腐蚀。步骤 5～步骤 7 主要模拟盐雾和冷凝的影响，本循环适用于沿海工业腐蚀大气对防护涂层的影响
循环 D	盐雾、湿热、干燥（热干燥、湿热干燥）	本循环与循环 A 过程类似，但采用的试验条件较缓和，盐雾试验温度采用 30℃，湿热试验采用 30℃、RH95%，热干燥采用 50℃	该循环适用于在腐蚀等级较低区域或舱内环境中应用防护涂层的耐腐蚀性能

2. ASTM D5894

ASTM D5894《涂漆金属盐雾/紫外线循环暴露标准规程》规定一种盐雾紫外线循环暴露试验，综合考虑了腐蚀大气、光照、凝露、干湿交替、明暗交替、温度变化等环境条件对防护涂层的影响，被认为比静态腐蚀条件更符合实际，该标准适用于金属/防护涂层体系，特别是钢上涂层及富锌漆。

ASTM D5894 循环过程如表 6-38 所示。

表 6-38 ASTM D5894 循环过程

序号	试验阶段	试验时间	试验条件	备注
1	紫外/冷凝循环	168h，单次循环紫外和冷凝各 4h	辐照度：0.89W/m²@340nm；紫外阶段温度为 60℃；冷凝阶段温度为 50℃	试验由紫外/冷凝循环开始，经过 168h 的试验后转至盐雾箱；通常每 336h 为 1 个检测周期
2	盐雾/干燥循环	168h，单次循环盐雾和干燥各 1h	0.35%(NH$_4$)$_2$SO$_4$+0.05%NaCl；pH 值：5.0~5.4；喷雾阶段温度为室温；干燥温度为 35℃	

克利夫兰涂层学会（CCS）、钢结构油漆委员会（SSPC）ASTM D5894 规定试验进行了深入研究。研究表明：相比其他加速腐蚀试验，该试验方法可更真实地模拟表面腐蚀形貌、腐蚀产物形成和涂层性能差异。采用综合老化腐蚀试验法得出的试验结果与户外海洋暴露试验结果更接近[6]。不同腐蚀试验方法与实际海洋环境之间的相关性如表 6-39 所示。

表 6-39 不同腐蚀试验方法与实际海洋环境之间的相关性

试验方法	与实际海洋暴露的相关系数
传统盐雾试验（ASTM B117）	−0.11
Prohesion 试验（ASTM G85 A5 程序）	0.07
循环盐雾试验（喷雾/干燥循环）	0.48
ASTM D5894 组合老化试验	0.71

国外研究人员将 ASTM D5894 进行改进，使其适用于特定材料和多个应用领域。例如，模拟科威特沿海工业环境，采用 5%NaCl 溶液和 3000mg/kg H$_2$SO$_4$ 溶液进行 100h 的盐雾试验，然后室温下干燥 16h，再在 60℃下紫外光照 12h，40℃下冷凝 12h。研究人员发现该循环试验与科威特工业区环境相关性极好。国际集装箱出租商协会针对集装箱涂层需要在海上运输的特点，规定试验在 30℃下喷雾 4h，在 40℃下干燥 2h，延长了腐蚀的盐雾潮湿时间，提高了盐溶液的渗透作用。

由于 ASTM D5894 主要是针对热带、亚热带气候，美国联邦公路管理局开发了针对较冷气候设计了包含冻/融循环的改进暴露程序，在低温暴露后，进行紫外光和冷凝循环，最后进行盐雾和干燥循环。

3. CASS 谱

CASS 谱是美国空军针对 F-18 飞机结构涂层制定的加速试验环境谱和试验程序，该谱主要针对军用飞机在亚热带沿海地区服役的环境条件[7]，电子装备防护涂层可根据实际应用情况剪裁使用。

CASS 谱一个周期包括 5 个环境块，综合考虑腐蚀环境中湿热、光照、盐雾、热冲击及低温疲劳等环境的影响，国内研究人员常用该谱作为制定防护涂层加速试验谱的基础。CASS 谱基础组成如图 6-14 所示。

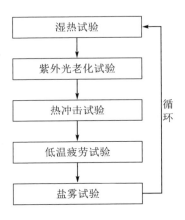

图 6-14　CASS 谱基础组成

CASS 谱的作用顺序基本与实际应用情况相符，并充分考虑了试验加速性，如机体防护涂层在晚间主要受盐雾、湿热影响，而白天在太阳光的影响下涂层表面处于干燥状态，主要受紫外光老化的影响，热冲击试验主要用于考核飞机起飞、降落而引起的温度冲击，低温疲劳主要是考核飞行期间低温下防护涂层的脆化。

CASS 谱的试验条件确定取决于装备应用地区，也与实际应用状态情况有关，CASS 谱试验条件确定方法如表 6-40 所示。

表 6-40　CASS 谱试验条件确定方法

序号	试验类型	试验条件	备注
1	湿热试验	温度：43℃； 相对湿度：95%	我国飞机服役腐蚀较严重的湿热地区的温度、湿度与美国基本相同，直接引用 CASS 谱条件
2	紫外光老化试验	温度一般采用 50℃～55℃，紫外辐照强度一般采用服役地区的最大紫外辐照强度； 试验时间由服役过程暴露的辐照总量和试验箱辐照强度决定： $$试验时间 = \frac{辐照总量}{辐照强度}$$	考核日照阶段造成的防护涂层树脂基料降解
3	热冲击试验	高、低温取涂层表面经历的高温极值，冲击时间选用 <1min	主要模拟低空飞行中气动加热造成的高温及高空飞行时经历的低温

续表

序号	试验类型	试验条件	备注
4	低温疲劳试验	温度取涂层表面经历的低温极值,疲劳载荷是横幅,应力水平为疲劳载荷谱中造成损伤最大的应力;循环次数为一年内应力谱各级应力按等疲劳损伤的原则当量折算与恒幅试验应力水平所对应的总循环数	低温疲劳可影响涂层与基体之间的附着力,可造成涂层产生微裂纹,造成涂层的严重损伤
5	盐雾试验	盐雾试验可分为中性盐雾试验和酸性盐雾试验;NaCl 溶液浓度:5%±1%;pH 值:6.5~7.5(中性)、3.5~4.5(酸性,H_2SO_4);试验温度:35℃	该试验条件采用国内外标准常用的盐雾试验条件

国内研究人员结合防护涂层实际应用特点,对 CASS 谱进行剪裁修改,形成与应用环境相关性较好的环境谱[8—10],得到优异的效果,如图 6-15 所示。

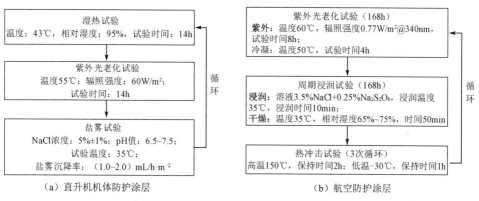

(a) 直升机机体防护涂层　　(b) 航空防护涂层

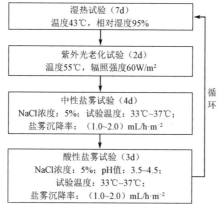

(c) 车辆装备防护涂层

图 6-15　基于 CASS 谱的防护涂层循环加速腐蚀试验谱

6.6 实验室环境试验实施

6.6.1 试验实施过程

与其他产品环境试验一样,电子装备防护涂层实验室环境试验实施包括试验样件状态调整、试验前样件性能参数测试、试验样件安装、试验条件施加、试验结束后样件清洗、试验样件状态调整、试验后样件性能测试等过程,如图 6-16 所示。

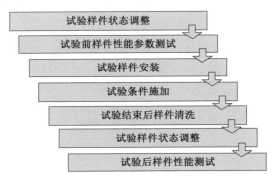

图 6-16 实验室环境试验实施过程

6.6.2 试验设备要求

1. 紫外光老化试验设备

紫外光老化试验设备由耐腐蚀材料制成,内部装有荧光紫外灯、加热水槽、试板架、黑板温度计和辐射计。

1)荧光紫外灯

目前荧光紫外灯有 3 种,即 I 型灯(UVB-313)、II 型灯(UVA-340)和III型灯(UVA-351),其中 II 型灯在紫外部分与自然太阳光很接近,其峰值为 340nm。II 型灯的相对紫外光辐照度分布如表 6-41 所示,在评价防护涂层耐光老化性能中应用最为广泛。

表 6-41 II 型灯的相对紫外光辐照度分布

波　　长	最小值/%	CIE NO.89:1989 中表 4/%	最大值/%
$\lambda < 290$	—	0	0.01
$290 \leq \lambda \leq 320$	5.9	5.4	9.3
$320 < \lambda \leq 360$	60.9	38.2	65.5
$360 < \lambda \leq 400$	26.5	56.4	32.8

Ⅰ型灯发出大量低于 300nm 的辐射,与自然太阳光差距较大,该型光输出能量较大,常用于快速防护涂层筛选,Ⅰ型灯的相对紫外光辐照度分布如表 6-42 所示;Ⅲ型灯用于模拟窗玻璃后太阳辐射的紫外区,其峰值在 351nm,Ⅲ型灯的相对紫外光辐照度分布如表 6-43 所示。

表6-42 Ⅰ型灯的相对紫外光辐照度分布

波　　长	最小值/%	CIE NO.89:1989 中表 4/%	最大值/%
$\lambda<290$	1.3	0	5.4
$290\leq\lambda\leq320$	47.8	5.4	65.9
$320<\lambda\leq360$	26.9	38.2	43.9
$360<\lambda\leq400$	1.7	56.4	7.2

表6-43 Ⅲ型灯的相对紫外光辐照度分布

波　　长	最小值/%	CIE NO.89:1989 中表 4 增加窗玻璃的影响/%	最大值/%
$\lambda<290$	—	0	0.2
$290\leq\lambda\leq320$	1.1	≤1	3.3
$320<\lambda\leq360$	60.5	33.1	66.8
$360<\lambda\leq400$	30.0	66.0	38.0

如果灯管是同一类型的,则至少安装成四排。不推荐将具有不同光谱发射的灯管组合起来使用,可通过以一定间隔时间改变试件的位置保证试件表面光谱辐照度的均匀性。为保证灯管能量输出,应按制造厂的建议进行更换。

2)加热水槽

试板可通过加热水槽形成凝露进行润湿,凝露时需要保证室内空气在试板背面冷却。

3)试板架

当使用凝露来润湿试板时,试板架上应能保证足够的空气自由流通,冷却每一块试板背面,并使正面产生凝露。

4)黑板温度计

当设备在规定参数下运行时,应通过与黑板相连的传感器监控温度,黑板温度计应与试板在同样条件下暴露。

5)辐射计

当设备在规定参数下运行时,使用辐射计监控辐照强度或辐照量。

2. 氙弧灯光老化试验设备

氙弧灯光老化试验设备主要包括有滤光系统的辐射源、试样架、润湿装置等。

1）有滤光系统的辐射源

防护涂层氙弧灯光老化试验常用的光源包括用日光滤光器的氙弧灯和用窗玻璃滤光器的氙灯。使用日光滤光器的氙弧灯光谱辐照度分布如表 6-44 所示，使用窗玻璃滤光器的氙灯光谱辐照度分布如表 6-45 所示。

表 6-44 使用日光滤光器的氙弧灯光谱辐照度分布

波 长	最小值/%	CIE NO.89:1989 中表 4/%	最大值/%
$\lambda < 290$	—	0	0.15
$290 \leq \lambda \leq 320$	2.6	5.4	7.9
$320 < \lambda \leq 360$	28.2	38.2	38.6
$360 < \lambda \leq 400$	55.8	56.4	67.5

表 6-45 使用窗玻璃滤光器的氙弧灯光谱辐照度分布

波 长	最小值/%	CIE NO.89:1989 中表 4 增加窗玻璃的影响/%	最大值/%
$\lambda < 290$	—	0	0.29
$290 \leq \lambda \leq 320$	0.1	≤1	2.8
$320 < \lambda \leq 360$	23.8	33.1	35.5
$360 < \lambda \leq 400$	62.4	66.0	76.2

2）试样架

试样架由惰性材料组成，且能很好夹持固定样板。

3）润湿装置

与紫外光老化试验装置不同，氙弧灯光老化试验装置润湿样板一般采用喷淋或浸润样件的方式，喷淋过程应能使样件的淋水量基本一致。

3. 盐雾试验装备

盐雾试验装置包括喷雾室、温控装置、喷嘴、盐雾收集器、试验溶液贮槽等部件。

1）喷雾室

喷雾室由耐盐雾溶液腐蚀的材料制成衬里，顶盖或盖子向上倾斜，与水平面夹角应大于 25°，防止凝集在盖子上的液滴落在试板上。

箱体容积应大于且不小于 $0.4m^3$，确保喷雾的均匀性。

2）温控装置

箱内温度由恒温控制元件控制，设在箱体内部，离箱壁至少 100mm。

3）喷嘴

喷嘴由耐盐水腐蚀的惰性材料制成，如玻璃或塑料，采用可调节的挡板防止盐雾直接冲击试板。

4）盐雾收集器

盐雾收集器至少有 2 个，由玻璃等化学惰性材料制成。收集器应置于箱内放置试板的地方，一个靠近喷雾器，另一个远离喷雾器，收集器不得收集试样或箱内其他部位滴下的液体。

5）试验溶液贮槽

试验溶液贮槽是由耐盐水溶液腐蚀的材料制成的，并设有能给喷雾器提供恒定流量溶液的装置。

一般情况下，中性盐雾试验溶液采用至少为 2 级的水配置，其浓度为 50±10g/L；试验溶液注入试验溶液贮槽前应过滤，以防固体物质堵塞喷嘴。

4. 湿热/干燥试验装置

采用的高低温试验箱、湿热试验箱的湿热/干燥试验装置满足如下要求：

（1）试验箱内应装有监测温度、湿度的传感器；

（2）温度误差为±1℃，相对湿度误差为±2%，在交变湿热试验中降温阶段，相对湿度误差可以适当放宽；

（3）凝结水可及时排出箱外；

（4）试验箱顶部和内壁的凝结水不应滴落在试件上；

（5）试验箱内湿度用水的电阻率应不小于 500Ω·m。

6.6.3 实施过程注意事项

电子装备防护涂层的实验室环境试验实施中需要注意以下事项：

1. 试验样件方面

由于试验箱空间限制，电子装备防护涂层实验室环境试验建议采用标准样板或简单的结构件来进行，制备标准样板时需要与实际产品工艺保持一致。对电子装备结构件防护涂层样件而言，一般面积应不小于 $0.03m^2$，边长不应小于 100mm，一般规定为 250mm×150mm，试板厚度一般规定为 2~3mm；对电子装备印制电路板防护涂层样件而言，参照 SJ 20671 相关规定制备。

2. 样件放置方面

盐雾试验中试板不应直接对着由喷雾器喷出的盐雾流，应保证每一块试板的被试面向上且与垂直成 20°±5°夹角摆放；湿热试验中推荐悬挂防护涂层试板开展试验；紫外光老化试验中应注意标记暴露区域，保证每个循环暴露区域一致。

3. 试验转换时间和样件稳定时间方面

在循环加速腐蚀试验中,试验转换时间(换箱时间)和转换条件作为试验的一部分应严格要求。同时,如果试验中需要对样件性能进行测试,需要控制样件测试前的稳定条件及稳定时间,如印制电路板防护涂层的绝缘电阻、介质耐压等性能结果与样件稳定过程密切相关。

4. 样件性能测试方面

在实验室环境试验前期,防护涂层表面性能变化显著,如表面失光率、色差等,所以对表面性能而言,建议采用"先密后疏"的测试周期,由于表面性能测试多是非破坏性的,试验过程建议选择同一组样件测试,排除样件制备工艺差异导致的结果偏差。对防护涂层附着力等破坏性能而言,为保证试验的连续性和减少试验样件数量,在试验前期可视情况延长测试周期,采用"先疏后密"方式,尽可能收集防护涂层失效中的性能变化。

6.6.4 试验中断处理

在实验室环境试验中断期间,试验条件仍保持在允差范围内,对样件未造成不可预知的影响,不需要修改试验持续时间。试验过程中出现欠试验中断,从低于试验条件的点重新开始试验直至结束。与电子产品不同,在实验室环境试验中出现过试验中断一般不会对电子装备防护涂层产生过大影响(霉菌试验除外),但长时间地过试验会对试验的重现性产生影响。

6.7 实验室环境试验发展方向

电子装备防护涂层实验室环境试验的主要目标是预测涂层老化效应、寻找涂层失效原因、评价涂层应用寿命等,实现这些目标,实验室环境试验需要在以下几个方面发展。

6.7.1 环境试验方法优化设计

电子装备服役环境愈加复杂恶劣,对涂层等防护体系的影响因素也愈加复杂,所以简单参照标准对其开展单因素试验和实际应用环境影响的差别不断增大,所以需要对环境试验方法进行优化设计。GJB 150A 关注试验剪裁,GB/T 2423 提出多个试验条件供选择使用,这些均是鼓励优化环境试验方法的举措。

环境试验方法优化主要是根据产品经历环境定制环境试验方法,可以考虑主要环境影响的单项环境试验，也可以考虑多因素影响的组合试验或循环试验。环境试验方法优化过程中重点是对装备寿命周期内所经历的环境进行收集分析，并根据产品本身特点确定主要环境类型及环境量值，然后转化为试验项目及条件量值。

要做好环境试验方法优化设计，可从以下几个方面加强研究。

1. 产品寿命期环境因素收集及分析

目前国内对典型气候区的自然环境数据收集较全，但对各产品平台环境和产品工作时的诱发环境数据收集较薄弱。例如，在评价印制电路板防护涂层环境适应性时，由于印制电路板一般在机箱内部使用，在制定环境试验方案中需要考虑机箱结构、通风条件、工作条件因素对平台环境的影响。如果无法监测产品服役过程中的平台环境数据，可在产品研制过程中与环境响应调查试验一同开展，了解机箱结构、通风条件、工作条件等因素对平台环境造成的影响。

2. 各环境因素交互作用机理

目前单环境因素对材料、产品的影响机理研究较多且较成熟，但对各环境因素的交互作用机理研究尚不透彻，导致环境试验优化设计中缺少理论支撑。开展老化失效过程研究、各个失效阶段的主要环境影响因素分析及各环境因素对失效的协同促进效应、对环境试验方法制定及试验设备研发均有指导作用。

3. 环境试验方式创新

环境试验方式创新一方面依托先进环境试验设备的研制，另一方面得益于环境试验方式的创新，如目前采用的自然—实验室组合/综合试验方法，可有效将自然环境试验的真实性和实验室环境试验的可控性、快速性特点结合起来，提高试验结果的准确性。

6.7.2 试验设备研发

环境试验设备无疑对环境试验的结果有着重要的影响。我国的环境试验设备行业起步于20世纪60年代。20世纪80年代以前环境试验设备行业普遍采用苏联的环境技术，以生产温、湿度试验箱、盐雾试验箱、霉菌试验箱为主，多为单因素的环境试验设备。进入20世纪90年代后，通过对国外产品和技术的引进及合资厂的建立，自行设计和更新设计，我国的环境试验设备的设计和制作水平有了长足的进步。

对防护涂层产生影响的主要气候环境因素包括温度、相对湿度、太阳辐射，介质因素包括盐雾、腐蚀性气体、沙尘等，生物因素包括霉菌等，目前针对以上环境因素均有相应的试验设备，但在综合环境箱研制方面还与国外存在不小差距。

目前环境试验设备的发展主要集中在综合环境试验箱的研制，环境因素综合方式包括二综合（温度—湿度、温度—低气压、温度—光照等）、三综合（温度—湿度—振动、温度—湿度—低气压、温度—湿度—光照、盐雾—干燥—湿热等）、四综合（温度—湿度—低气压—振动）试验箱等。用于评价金属材料腐蚀及防护体系效果的综合试验箱，可实现光照、盐雾、湿度、温度、干燥等环境因素的循环或部分综合影响，提高试验的模拟性和加速效果。

6.7.3 环境试验数据资源平台建设

对装备研制和使用部门而言，环境试验数据对装备的研制、改进、使用和维护工作具有直接的指导作用，但目前试验数据掌握在各个研制、使用单位和第三方检测机构手中，无法共享，导致试验重复开展，造成了资源浪费，同时也延缓了研制进度。例如，在装备研制过程中，需要对各类材料及防护体系进行优选，各个研制单位均会开展一系列的环境试验（如"三防"试验、太阳光老化试验等），一方面造成了资源浪费，另一方面各单位采用的试验标准不一，导致试验结果的横向对比困难，不利于装备材料及防护体系选用的通用化、系列化。

建设环境试验数据资源共享平台意味着整合数据资源，提高数据利用效率，目前国内各行业均建立了不同规模的材料腐蚀数据库，包括航空材料环境腐蚀数据库、机械工业通用腐蚀数据库、兵器材料环境适应性数据库、中国科学院材料数据库、材料腐蚀数据库、新材料数据库等。

对电子装备防护涂层而言，建设环境试验数据资源共享平台应关注全面性、针对性、有效性，即涂层工艺的全面性、应用环境的针对性和环境试验结果的有效性。电子装备防护涂层环境试验数据资源共享平台可包括涂料信息库、环境因素库（包含自然环境、平台环境）、自然环境数据库、实验室环境数据库、防护涂层优选库等内容。

参 考 文 献

[1] 总装备部电子信息基础部. 装备环境工程通用要求：GJB 4239—2001[S]. 北京：国家军用标准出版发行部，2001.

[2] 中国人民解放军总装备部电子信息基础部. 电子设备可靠性预计手册：GJB/Z 299C—2006[S]. 北京：国家军用标准出版发行部，2001.

[3] 信息产业部电子第四研究所. 军用电子整机腐蚀防护工艺设计与控制指南：SJ 20985—2008[S]. 北京：中国电子技术标准化研究所，2008.

[4] 全国电工电子产品环境条件与环境试验标准化技术委员会. 环境试验大气腐蚀加速试验的通用导则：GB/T 2424.10—2012[S]. 北京：中国标准出版社，2012.

[5] American Society for Testing and Materials. Standard practice for modified salt spray (fog) testing：ASTM G85-11[S]. Pennsylvania：American Society for Testing Materials Press，2011.

[6] QUILL J，GAUNTNER J，FOWLER S，et al. 综合老化腐蚀试验[J]. 上海涂料，2015，53（5）：42-45.

[7] 刘文珽，贺小凡，等. 飞机结构腐蚀老化控制与日历延寿技术[M]. 北京：国防工业出版社，2010.

[8] 刘成臣，鲁国富，王浩伟. 直升机结构外部涂层在海洋环境中的加速环境谱研究[J]. 腐蚀与防护，2015，36（11）：1082-1085.

[9] 骆晨，蔡健平，许广兴，等. 航空有机涂层在户内加速试验与户外暴露中的损伤等效关系[J]. 航空学报，2014，35（6）：1750-1758.

[10] 徐安桃，孙波，吕湘毅，等. 车辆装备涂层加速试验环境谱研究[J]. 军事交通学院学报，2016，18（4）：30-34.

第 7 章

电子装备防护涂层性能评价

7.1 概述

对试验中的电子装备防护涂层环境适应性优劣的判断,一方面根据环境试验条件(自然环境试验中基于试验地点气候条件及暴露方式),另一方面根据防护涂层的性能参数变化情况。防护涂层性能参数繁多,且物理意义各有不同,不同种类涂层和不同应用环境需要关注的性能参数也有所不同,所以合理选取性能参数开展测试对防护涂层的环境适应性评价工作至关重要。本章梳理了电子装备防护涂层性能参数种类,结合典型电子装备部组件防护涂层使用环境特点及功能要求,给出性能测试和结果评价方法。

7.2 电子装备防护涂层性能参数

7.2.1 性能参数体系

与其他材料不同,涂层的防护功能由涂料本身特性、涂层配套体系和涂装工艺等共同决定,从涂料、涂装和涂膜看,防护涂层性能参数体系如图 7-1 所示。

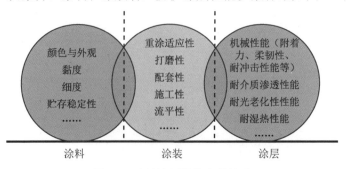

图 7-1 防护涂层性能参数体系

涂料、涂装和涂膜可用一系列的性能参数进行表征，这些性能并非孤立存在，而是相互关联、相互影响的，如涂料黏度影响涂装过程中的流平性，涂料细度影响涂层使用过程中耐介质渗透特性，而干燥时间可对施工性能产生直接影响。所以，了解各性能之间的内在联系对涂料选用及涂层环境试验方法选择至关重要。

涂料形成连续的固态涂膜才具备防护性能，对电子装备结构件而言，表面防护涂层的主要功能是避免基材接触外界大气中的水分、太阳光、微生物、腐蚀介质和外来机械应力，起到保护屏蔽作用，同时依靠涂料中某些化学物质在局部失效时起到缓蚀作用；对电子装备印制电路板而言，线路及其相关分立器件、集成电路的表面防护涂层可有效保护电路免遭恶劣环境的侵蚀和破坏，从而确保使用的安全性和可靠性，提高并延长其使用寿命。可见电子装备防护涂层的主要功能是防止外力的影响，阻止腐蚀介质渗透，实现以上功能要求防护涂层具备优异的机械性能，良好的致密程度，同时需要具备优异的环境适应性。

下面重点介绍防护涂层各性能参数的物理意义、影响因素及测试方法。

7.2.2 机械性能

对基材形成有效附着是发挥涂层防护功能的前提，所以附着力是防护涂层最重要的机械性能。同时，防护涂层在应用过程中经常遭受磨损（砂粒磨损或动部件磨损）、冲击（石击）、弯曲等机械应力影响，所以需要涂层硬度、柔韧性、抗冲击性、耐磨性等机械性能方面具有优异表现。

1. 附着力

附着力是指涂膜与施涂表面之间或各涂层之间相互黏结的能力，其大小取决于涂层界面结合力和涂层本身的内聚力。

在涂膜形成过程中，影响附着力的主要因素包括以下几点。

1）涂层与基体表面的极性适应性

涂层的附着力产生于涂料中聚合物分子的极性基团定向与基体表面极性分子之间的相互吸引力，附着力随成膜物极性增大而增强。涂层与基体表面任何一方极性基减少，都会影响附着力，所以在涂料研制过程中需要保证树脂成膜物中含有一定量极性基团，如—OH、—COOH等，而在涂敷前需要去除基体表面的污染物、油脂、灰尘等影响基体极性的物质。

2）涂料中助剂的影响

涂料中低分子物质或助剂（如水、酸、碱、增塑剂等）在涂层和基体的界面可形成弱界面层，减小极性，使附着力降低。

3）涂料中小分子溶剂挥发

涂料干燥过程中溶剂挥发导致树脂交联，树脂收缩使涂层/基材界面产生应力集中，可导致附着力降低。

4）涂料与基材的膨胀系数差异

若涂料中树脂与被涂基材之间的膨胀系数相差较多，在大面积施工和服役过程中，随着环境温度的交变，涂层会产生应力开裂甚至脱落。

研究表明，通过采取以下途径可以提高涂层的附着力[1]：

（1）基体表面经过抛丸、喷砂、打磨等手段提高表面粗糙度，增加有效附着面积；

（2）彻底清除基体表面油污、灰尘等杂质，获得极性表面；

（3）对无机填料进行表面处理，降低涂料组分间的表面张力，提高润湿效率；

（4）适当增加涂料的流动性，提高对基体表面的润湿性，添加无机粉末填料，降低涂料的热胀系数；

（5）涂层固化采用阶梯式升温方式，有利于残余应力的释放。

目前常用的防护涂层附着力测试方法包括划格法和拉开法，试验方法对比如表 7-1 所示。

表 7-1 防护涂层附着力测试方法对比

序　号	测试方法	参照标准	适用范围
1	划格法	GB/T 9286	适用于厚度小于 250μm 的涂层附着力测定，虽可用于多层涂层，但不易判断是层间附着力的破坏还是涂层与基材间附着力的破坏。属于间接测定法，所测结果不是单纯的附着力，还包括涂层在变形破坏时的抵抗力
2	拉开法	GB/T 5210	适用于较厚防护涂层附着力的测定，如腻子、单一涂层、多涂层均适用，当测定层间附着力时，该方法为首选，试验结果由拉开强度和破坏形式组成

目前，电子装备所用防护涂层一般为多层体系，所以首选拉开法测试方法，这样可了解多层防护体系的附着力薄弱环节。例如，一种防护涂层体系的拉开法附着力测试结果为 3Mpa（3.7～4.2），80%A/B，10%B/C，10%C，即平均拉开强度为 3Mpa，底漆和基材的附着破坏占总面积的 80%，底漆与面漆的附着破坏占 10%，面漆的内聚破坏占 10%，可以判断本防护涂层体系附着力薄弱环节在底材和基材之间，应通过基材表面改性或更换底漆类型的方式进行改进。

对附着力的在线检测，划格法由于操作简单、方便常被采用，但对人员经验要求较高。

2. 硬度

防护涂层硬度是其抵抗碰撞、压陷、擦划等机械力作用的能力，是表示涂层机械强度的重要参数之一，对部分地区户外应用的电子装备防护涂层，如在干热沙漠地区，有时需要重点考虑硬度。

涂层成膜树脂中包含硬段，也包含软段，硬段提供涂层的硬度，软段则提供涂层柔韧性，如聚氨酯树脂中氨基甲酸酯段、丙烯酸树脂中羧基段即硬段，其含量在一定程度上影响了后期涂层成膜的硬度。另外，涂层中颜填料成分、含量及固化程度等也会影响其硬度，这也是一般防护涂层在开展环境试验初期硬度有所提升的原因。硬度提高一般伴随着防护涂层的柔韧性降低、脆性增加，所以在制备高硬度的防护涂层时，对附着力、柔韧性等参数的检测必不可少。

表征防护涂层硬度的参数包括铅笔硬度、摆杆硬度、压痕硬度、划痕硬度，所采用方法各有不同。其中铅笔硬度是通过推压已知硬度标号的铅笔来测定涂层硬度的，对多涂层体系而言，测定的是最上层涂层，该方法仅适用于具有光滑表面的涂层，且对于比较一系列硬度存在明显差异的防护涂层时特别有效。目前铅笔硬度测试可参照标准 GB/T 6379、ISO 15184、ASTM D3363 等。

涂层摆杆硬度测试的原理是接触涂膜表面的摆杆以一定周期摆动时，如表面软则摆杆摆幅衰减快，表面硬则摆幅衰减慢。摆杆硬度是一种接触硬度，所以测试结果是最上层涂层的硬度结果。摆杆硬度测试过程对防护涂层的损伤较少，但仅能针对标准样件开展，并对标准样件的平整度要求较高，同时在测试过程中温湿度、空气流速等因素对测试结果影响较大，需要严格控制。目前摆杆硬度测试可参照标准 GB/T 1730、ISO 1522、ASTM D4366 等。

涂层的压痕硬度试验是指抵抗压头压入涂层的能力。在一定的载荷下，涂层硬度越高，其抵抗压头压入涂层的能力就越强，涂层的压痕就越小。GB/T 9275 规定了用巴克霍尔兹压痕仪对涂层进行压痕试验的方法，当压痕仪在规定条件下施压时，即形成压痕长度，以压痕长度倒数的函数表示涂层硬度的结果。对多层体系而言，压痕硬度指的是面漆、底漆和基材的复合硬度，所以在测定表面涂层硬度时，只有其厚度大于规定值时测试结果才有效。

与铅笔硬度测试类似，涂层的划痕硬度试验结果表示涂层抗划伤能力，测试过程是在划针上加一定的负荷进行试验，观察涂层破坏情况，或者逐渐增加划针上的负荷，测定划透涂层所需要的最小负荷。目前涂层划痕硬度试验可参照标准 GB/T 9279、ISO 1518 等。

防护涂层硬度测试方法对比如表 7-2 所示。

表 7-2　防护涂层硬度测试方法对比

序号	测试方法	适用范围
1	铅笔硬度	适用于评价防护涂层在划擦环境下的硬度，可有效对比硬度差别较大的防护涂层
2	摆杆硬度	适用于评价防护涂层压陷环境下的硬度，特别适用于硬度差别小的涂层之间的对比，测试过程对样件的损伤较小，但对周围环境条件要求较严，操作相对复杂，常用于涂料研发过程中的硬度设计测试
3	压痕硬度	适用于评价防护涂层压陷环境下的硬度，不适用于含有强韧剂的产品
4	划痕硬度	适用于评价防护涂层划擦环境下的硬度，对测试样件有损伤

在硬度测试实施过程中，防护涂层均会承受应力而发生形变，其形变量与涂层的总干膜厚度及各层厚度密切相关，所以在开展硬度测试前一般需要对防护涂层的厚度进行检测。若对比不同涂料的硬度，需要保证形成的涂膜厚度基本一致。

3. 柔韧性

涂层柔韧性又称漆膜弹性、延展性，代表涂层适应其承受基材变形的能力，对柔性基材或低强度基材而言，防护涂层的柔韧性至关重要。与涂层硬度相同，涂层柔韧性树脂成分、结构、固化程度、颜填料种类与含量有关。

测试防护涂层柔韧性的方法有很多，包括圆柱轴弯曲试验、锥形轴弯曲试验、杯突试验等，涂层柔韧性测试方法比较如表 7-3 所示。

表 7-3　涂层柔韧性测试方法比较

序号	方法	参照标准	特点
1	圆柱轴弯曲试验	GB/T 6742	简单易行，观察防护涂层绕圆柱轴弯曲时的开裂或剥落情况，对附着力低的涂层较适用
2	锥形轴弯曲试验	GB/T 11185	简单易行，观察防护涂层绕圆锥轴弯曲时的开裂或剥落情况，对附着力低的涂层较适用
3	杯突试验	GB/T 9753	去除人为因素，通过冲压变形方式测定涂膜延展性

4. 抗冲击性

涂层抗冲击性也称冲击强度，指防护涂层在经受高速负荷作用下发生快速变形而不出现开裂或从金属基材上脱落的能力。涂层抗冲击性与防护涂层的硬度、柔韧性、附着力等其他机械性能密切相关。

目前防护涂层抗冲击试验标准有 GB/T 1732、ISO 6272、ASTM D2794 等，各个标准应用的测试仪器基本相同，区别在于重锤质量、滑筒高度和冲头尺寸。

在涂层抗冲击试验中，涂层的厚度、固化程度、温湿度、涂层底材种类等因素均可对试验结果产生影响，试验时必须对以上因素严加控制。另外，试验区域离样板边缘的距离及两个试验区域之间的间距要符合规定,这点非常重要。

GB/T 1732 中以高度表示涂层抗冲击试验结果,而 ISO 6272、ASTM D2794 采用冲击能量表示。相比涂层其他性能试验,抗冲击试验过程相对复杂,防护涂层抗冲击测试表如表 7-4 所示。

表 7-4 防护涂层抗冲击测试表

样品名称	样品编号	厚度/μm	检测结果									
			1		2		3		4		5	
			能量/(kg·cm)	是否出现裂纹	能量/(kg·cm)	是否出现裂纹	能量/(kg·cm)	是否出现裂纹	能量/(kg·cm)	是否出现裂纹	能量/(kg·cm)	是否出现裂纹

5. 耐磨性

防护涂层的耐磨性是指涂层的耐磨损能力,由涂层树脂的内聚力决定,并与涂层硬度、表面粗糙度、颜填料种类密切相关。在干热沙漠地区户外应用的电子装备防护涂层一般要求具有一定耐磨性。

目前用于测试防护涂层耐磨性的方法主要包括转摩擦橡胶轮法、落砂耐磨试验法和鼓风磨蚀试验法等,参照标准包括 GB/T 1768、ASTM D968、ASTM D658 等。

目前最常用的涂层耐磨性的测试方法为旋转橡胶砂轮法(Taber 试验),该方法对样件的形状、尺寸要求较严,常用试板尺寸为 100mm×100mm 或 φ100mm,且在中心需要有直径为 6.35mm 的孔。直线磨耗仪扩大了不同尺寸试板的适用性,在环境试验中测试防护涂层耐磨性推荐此类设备。旋转橡胶砂轮法测涂层耐磨性操作简单,用途较广,但用于评价吹砂环境对防护涂层的影响时并不太适用,因为扬起砂粒对防护涂层的作用方式与橡胶砂轮旋转产生的摩擦力存在本质区别。所以美国材料与试验协会制定了落砂耐磨试验和鼓风磨蚀试验方法。

ASTM D 968 对落砂耐磨试验进行了规定,即采用规定的磨料通过试验器导管从一定高度自由落下,冲刷试样表面,计算磨损规定面积的单位厚度涂层所消耗磨料的体积(L),并通过计算耐磨系数来评价涂层的耐磨性。

ASTM D658 对鼓风磨蚀试验进行了规定,这种方法是通过调节气泵输出压力,使其喷出磨料冲击涂层,计算磨损规定面积下单位厚度涂层所消耗磨料的质量。

7.2.3 外观性能

1. 综合老化性能等级

电子装备防护涂层受服役环境中光照、湿度、盐雾、湿热等因素影响，致使涂层发生老化，宏观样貌发生变化。在实际生产过程中常常通过观察这些宏观样貌变化情况对防护涂层老化状态进行判断分级。

在 GB/T 1766 中，对涂层失光、变色、粉化、开裂、起泡、生锈、剥落、长霉、斑点、泛金、沾污等单项破坏形式等级进行划分，并对涂层老化的综合等级评定进行规定。装饰性漆膜综合老化性能等级评定如表 7-5 所示，保护性漆膜综合老化性能等级评定如表 7-6 所示。对电子装备防护涂层而言，通常采用保护性漆膜综合老化性能等级评定表对其开展评定。

表 7-5 装饰性漆膜综合老化性能等级评定

综合等级	单项等级										
	失光	变色	粉化	泛金	斑点	沾污	开裂	起泡	长霉	生锈	剥落
0	1	0	0	0	0	0	0	0	0	0	0
1	2	1	0	1	1	1	1(S1)	1(S1)	1(S1)	0	0
2	3	2	1	2	2	2	3(S1)或2(S2)	2(S2)或1(S3)	2(S2)	0	1(S1)
3	4	3	2	3	3	3	3(S2)或2(S3)	3(S2)或2(S3)	3(S2)或2(S3)	1(S1)	1(S2)
4	5	4	3	4	4	4	3(S3)或2(S4)	4(S3)或3(S4)	3(S3)或2(S4)	2(S2)	2(S2)或1(S3)
5	—	5	4	5	5	5	3(S4)	5(S3)或4(S4)	3(S4)或2(S5)	3(S3)	3(S2)或2(S3)

表 7-6 保护性漆膜综合老化性能等级评定

综合等级	单项等级						
	变色	粉化	开裂	起泡	长霉	生锈	剥落
0	2	0	0	0	1(S2)	0	0
1	3	1	1(S1)	1(S1)	3(S4)或2(S3)	1(S1)	0
2	4	2	3(S1)或2(S2)	5(S1)或2(S2)或1(S3)	3(S3)或2(S4)	1(S2)	1(S1)
3	5	3	3(S2)或2(S3)	3(S2)或2(S3)	3(S4)或2(S5)	2(S2)或1(S3)	2(S2)
4	5	4	3(S3)或2(S4)	4(S3)或3(S4)	3(S4)或2(S5)	3(S2)或2(S3)	3(S3)
5	5	5	3(S4)	5(S3)或4(S4)	5(S4)或4(S5)	3(S3)或2(S4)	4(S4)

对比装饰性漆膜和保护性漆膜综合老化性能等级评定表，失光、泛金、斑点和沾污等单项破坏形式未出现在保护性漆膜综合老化性能等级评定中，但在研究防护涂层老化过程中，这些性能并不能完全忽略，如失光是防护涂层老化初期的主要表现形式，同时失光往往也是防护涂层发生变色和粉化的前奏。

不同防护涂层在老化评级中关注的重点不尽相同，如舱外使用的电子装备防护涂层重点关注变色、粉化、起泡、开裂、剥落等，对舱内使用的电子装备结构件防护涂层重点关注变色、起泡等，对印制电路板防护涂层重点关注起泡、针孔、褶皱等。

2. 光泽度

涂层光泽度是其表面的光学特征，是装饰性要求较高的涂件必须测量的性能参数。涂层光泽度与涂料中固化剂、颜料、稀释剂、填料、分散剂等因素有关，且与涂层固化程度密切相关，这也是环境试验前期防护涂层光泽度容易升高的原因。

目前测定防护涂层的光泽度多是采用光泽计设备进行，参照标准 GB/T 9754，可在 20°、60°、85°三种几何条件下读取光泽度数据。

3. 颜色

涂层颜色由涂料中颜料决定，在使用过程中受各种环境因素影响发生物理变化或化学变化，最终导致涂层变色、褪色或变黄（白色或浅色涂层）。

根据长期的试验结果分析，舱外应用的防护涂层颜色大幅变化后往往会出现粉化现象，而舱内应用的防护涂层颜色变化往往表示涂膜屏蔽作用的下降，所以在评价防护涂层性能变化时，颜色变化是必须考虑的。

目前对涂层颜色的测试方法包括目测评定法和仪器测试法。其中目测评定法参照标准 GB/T 3181，将涂层颜色与颜料标准样卡进行对比（GSB 05—1426），标出涂层的颜色名称和标号，这种方法对评定涂层老化过程发生大幅度变色比较有效。

目前仪器测试法是研究防护涂层老化中变色常用的方法，如 GB 11186 规定的通过测定防护涂层的 Lab 色坐标的变化确定颜色的变化情况。

4. 腐蚀图像

在涂层材料老化的腐蚀特征识别和评级过程中，传统方法主要是依靠专业人员的目视检测，该方法对涂层材料环境试验初期的变色、失光情况进行检测与评级存在一定的技术性和主观性，难免产生一定的偏差。图像检测技术则可以结合数字图像技术和色彩变化，建立基于颜色特征的涂层材料老化失效检测方法，对环境试验不同时间的涂层材料颜色特征进行提取，实现对涂层试样外观变色的计算机判别。

数字图像技术就是将图像信号转换成数字格式并利用计算机进行系列操作，从而获得某种预期结果的技术。由于计算机只能处理数字图像，而自然界提供的图像是其他形式的，所以数字图像处理的一个先决条件就是将图像转化为数字形式。对于彩色图像，多数采用RGB模型来表示图像的色彩，则彩色图像经过数字化后，可用3个矩阵F_R、F_G和F_B来表示一幅数字彩色图像，其中矩阵F_R中的元素$f_R(i,j)$表示数字彩色图像第i行、第j列处的R分值大小，其他矩阵元素的理解依次类推。在实际应用中也常采用一个三维整数数组$F(N,M,3)$来表示数字彩色图像，如果图像是按照RGB格式存储的，则$F(I,j,1)$、$F(I,j,2)$和$F(I,j,3)$分别表示在图像(I,j)处的R、G和B值。

图像特征是表征一个图像最基本的属性或特征，图像特征可以是人类视觉能够识别的自然特征，也可以是人为定义的某些特征。腐蚀形貌图像特征是腐蚀形貌图像分析和识别的基础，只有在获得了描述腐蚀形貌图像特征的基础上，才能进行图像分析和识别。常见的腐蚀形貌图像特征可分为灰度（密度、颜色）特征、纹理特征和形状特征等[2]。陶蕾等[3]应用图像采集系统对涂层材料在海洋大气环境中暴露不同时间的腐蚀老化形貌进行了跟踪采集，结合数字图像技术和色度学相关原理，针对腐蚀老化过程涂层表面的颜色变化，提出了表征涂层材料腐蚀老化性能的颜色特征参数，并根据颜色特征参数的大小实现了对试样相对腐蚀老化程度的判断。

7.2.4 电性能

相比户外使用的电子装备结构件，印制电路板部组件经历的环境较简单，主要环境影响因素为温度和湿度，所以印制电路板防护涂层的最主要功能是屏蔽周围湿气和介质。

目前评价涂层屏蔽性能常用的是电化学方法，但由于印制电路板基材为非金属材料，无法开展电化学测试，只能设计其他测试项目从侧面反映涂层的屏蔽性能。当防护涂层的屏蔽性能下降时，印制电路板的绝缘电阻、介质耐电压、品质因数等电性能均会出现下降，所以通过对以上几种电性能参数的监测，可从侧面获知印制电路板防护涂层评价性能变化情况。

SJ 20671标准规定了印制电路板防护涂层绝缘电阻、介质耐电压、品质因数等电性能要求及测试方法，如表7-8所示。

表7-8 印制电路板防护涂层电性能参数物理意义及测试方法

序号	电性能参数	物理意义	性能要求	测试方法
1	绝缘电阻	指防护涂层在规定条件下的直流电阻，是衡量绝缘性能优劣的最基本指标。环境老化导致的树脂结构变化会造成绝缘电阻下降	所有防护涂层绝缘电阻的平均值不小于$2.5\times10^{12}\Omega$，单个防护涂层绝缘电阻不小于$2.5\times10^{12}\Omega$	GJB 360A 方法302

续表

序号	电性能参数	物 理 意 义	性 能 要 求	测 试 方 法
2	介质耐电压	指规定宽度的防护涂层之间在规定时间内施加规定电压，判定是否安全工作。介质耐电压受外界湿度、大气压力、测试间距等因素影响	不应有飞弧（空气放电）、火花（表面放电）、击穿（击穿放电）等现象，放电流值不应超过 10mA	GJB 360A 方法 301
3	品质因数	指在某一频率的交流电压下工作时，所呈现的感抗与其等效损耗电阻之比。Q 值越高，损耗越小，效率越高	—	SJ 20671—1998 中 4.8.8 节

在开展环境试验时，不同种类印制电路板防护涂层对电性能的要求有所不同，如参照 GJB 360A 中方法 106 开展耐湿试验时，丙烯酸树脂型（AR）、有机硅树脂型（SR）、聚氨酯树脂型（UR）和对二甲苯型（XY）涂层的所有样品绝缘电阻平均值不低于 $1.0×10^{10}\Omega$，任一样品绝缘电阻应不低于 $5.0×10^9\Omega$；改性环氧树脂型（ER）应不低于 $1.0×10^9\Omega$，任一样品绝缘电阻应不低于 $5.0×10^8\Omega$。

7.2.5 电化学性能

从 20 世纪 80 年代开始，国际上就开始用电化学交流阻抗的方法研究防护涂层的老化破坏，目前依然是评价防护涂层性能、研究失效过程及失效机制最重要的手段之一。

电化学交流阻抗测试是将涂层所覆盖的金属电极样品浸泡在 3.5%的 NaCl 溶液中，测量频率一般选择 10^5~10^{-2}Hz，为减少腐蚀电位漂移所带来的误差，提高信噪比，测量信号一般选用幅值 20mV 的正弦波。电化学交流阻抗测试常选用三电极体系，涂层下金属为工作电极，铂片为辅助电极，甘汞电极为参比电极。

在电化学交流阻抗测试过程中，收集 Bode 图和 Nyquist 图的数据，以及 0.01Hz 下的阻抗模值，对测试数据的处理和分析方法可参照标准 ISO 16773—3、ISO 16773—4。

7.3 电子装备防护涂层性能综合评价

7.3.1 主要性能参数确定

电子装备结构复杂、部组件种类繁多，对防护涂层的性能要求也各有不同。例如，天线伺服系统结构件重点要求防护涂层具有优异的耐腐蚀性能，并要求其附着力在 5Mpa 以上；天线罩防护涂层在太阳光、湿度、盐雾的影响下容易出现粉化，所以在使用和开展各类环境试验中需要关注涂层的粉化等级；机箱机柜中含有大量紧固件，箱体面板之间含有缝隙，涂层的连续性较难保障，容易出现起泡现象，所以需要重点关注防护涂层的起泡等级。

电子装备防护涂层的性能要求一般也与其应用环境密切相关，如干热沙漠地区应用的防护涂层一般要求具有较好的耐光老化性能和耐磨性，对涂层树脂的化学键强度和内聚力要求较高；在沿海湿热地区应用的防护涂层一般要求具有较优的附着力和屏蔽性能，对涂层树脂的极性和交联程度要求较高。

另外，电子装备防护涂层种类不同也会导致其性能要求有所区别，如环氧树脂漆的附着力一般较好，但绝缘电阻相对较差，用于印制电路板防护时需要重点关注绝缘电阻的变化。

在确定电子装备防护涂层主要性能参数时，需要考虑图 7-2 中的影响因素。

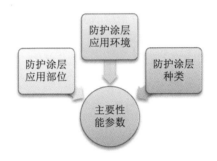

图 7-2　电子装备防护涂层主要性能参数确定影响因素

7.3.2　主要性能参数确定过程

涂层的环境适应性由多个性能参数决定，基于单个参数值对防护涂层进行评价和优选容易导致结果偏离实际，所以开展防护涂层性能的综合评价显得尤为重要。

防护涂层综合评价常采用权重系数的方法，权重系数是每个性能参数在综合评价指标中所占的比重，若 w_j 是涂层某一指标的权重系数，则式（7-1）成立。

$$\sum_{j=1}^{n} w_j = 1 \qquad (7\text{-}1)$$

目前常用于权重系数计算的方法包括主成分分析法、均方差法、综合集成赋权法等。

1. 主成分分析法

主成分分析法的计算步骤如下。

1）数据的标准化处理

不同指标表示样本的不同性质，不仅量纲不同，且数值之间也可能有很大差别，因此需要对数据进行标准化处理：

$$x_{ik}^* = \frac{x_{ik} - \overline{x}_k}{S_k} \tag{7-2}$$

$$\overline{x}_k = \frac{1}{n}\sum_{i=1}^{n} x_{ik} \tag{7-3}$$

$$S_k = \sqrt{\frac{\sum_{i=2}^{n}(x_{ik} - \overline{x}_k)^2}{n-1}} \tag{7-4}$$

式中，x_{ik}^* 为标准化后的数据；$\overline{x}_k$ 为算术平均值；S_k 为样本标准偏差。经标准化处理后，各变量的均值为 0，方差等于 1。

2）计算相关矩阵

$$\boldsymbol{R} = \begin{bmatrix} 1 & r_{12} & \cdots & r_{1p} \\ r_{21} & 1 & \cdots & r_{2p} \\ \vdots & \vdots & & \vdots \\ r_{1p} & r_{2p} & \cdots & 1 \end{bmatrix} \tag{7-5}$$

式中

$$r_{jk} = \frac{\sum_{i=1}^{n}(x_{ij} - \overline{x}_j)(x_{ik} - \overline{x}_k)}{[\sum_{i=1}^{n}(x_{ij} - \overline{x}_j)^2 \sum_{i=1}^{n}(x_{ik} - \overline{x}_k)^2]^{1/2}}, \quad j \neq k \tag{7-6}$$

3）求相关矩阵的特征值和特征向量

由 $|\boldsymbol{R} - \lambda \boldsymbol{I}| = 0$ 求得相关矩阵 $\boldsymbol{R}$ 的 p 个非负特征值，依大小顺序排列为 $\lambda_1 \geq \lambda_2 \geq \lambda_3 \geq \cdots \geq \lambda_p > 0$，其相应的特征向量为

$$\boldsymbol{U} = \begin{bmatrix} u_{11} & u_{12} & \cdots & u_{1p} \\ u_{21} & u_{22} & \cdots & u_{2p} \\ \vdots & \vdots & & \vdots \\ u_{p1} & u_{n2} & \cdots & u_{np} \end{bmatrix} = [u_1, u_2, \cdots, u_P] \tag{7-7}$$

则前 m 个主成分的线性组合为

$$Y_1 = u_{11}X_1 + u_{12}X_2 + \cdots + u_{1p}X_p$$
$$Y_2 = u_{21}X_1 + u_{22}X_2 + \cdots + u_{2p}X_p$$
$$\vdots \qquad m \leqslant p$$
$$Y_m = u_{m1}X_1 + u_{m2}X_2 + \cdots + u_{mp}X_p \tag{7-8}$$

式中，Y_1，Y_2，$\cdots$，Y_m 互不相关，依次为第 1，第 2，$\cdots$，第 m 个主成分，且相对于 Y_i 的方差满足 $\mathrm{var}(Y_i)=\mathrm{var}(\mu_i X)=\lambda_i$（$i=1,2,\cdots,m$）。

4）计算主成分权重系数，确定主成分个数

称 $a_k = \dfrac{\lambda_k}{\lambda_1 + \lambda_2 + \cdots + \lambda_p}$（$k=1,2,\cdots,p$）为第 k 个主成分 Y_k 的权重系数，称 $\dfrac{\sum\limits_{i=1}^{m}\lambda_i}{\sum\limits_{i=1}^{p}\lambda_i}$

为主成分 $Y_1,Y_2,\cdots,Y_m$ 的累积贡献率。

主成分选取根据主成分的贡献率来确定，通常选取主成分个数使得累积贡献率达到 85%以上，即

$$\frac{\sum\limits_{i=1}^{m}\lambda_i}{\sum\limits_{i=1}^{p}\lambda_i} \geqslant 85\% \tag{7-9}$$

2. 均方差法

均方差法计算权重系数计算公式如下[4]：

$$w_j = \frac{s_j}{\sum_{k=1}^{m} s_k}, j=1,2,\cdots,m \tag{7-10}$$

式中

$$s_j^2 = \frac{1}{n}\sum_{i=1}^{n}(x_{ij}-\overline{x_j})^2, j=1,2,\cdots,m \tag{7-11}$$

$$\overline{x_j} = \frac{1}{n}\sum_{i=1}^{n}x_{ij}, j=1,2,\cdots,m \tag{7-12}$$

3. 综合集成赋权法

综合集成赋权法将计算出来的权重系数赋予主观信息和客观信息，使计算结果更加科学。设 p_j，q_j 分别是特征值法和均方差法生成的指标 x_j 的权重系数，则式（7-13）

是体现集成特征的权重系数[4]。

$$w_j = k_1 p_j + k_2 q_j, j = 1, 2, \cdots, m \quad (7\text{-}13)$$

式（7-13）中，k_1、k_2 为待定常数，且 $k_1+k_2=1$。

7.4 电化学阻抗谱分析

对电子装备防护涂层开展电化学交流阻抗测试后，需要对测试结果进行一系列的处理分析。电子装备防护涂层不同失效阶段的电化学阻抗谱图有所不同，通过电化学性能结果分析，可以获知防护涂层的屏蔽性能状态或防护涂层处于哪一失效阶段。

对于理想涂层体系而言，等效电路一般由若干电阻和电容元件并联基本单元组合而成（见图 7-3）。这种电路的基本特点是在测试频率处于高频段时，等效电容器导通；而当测试频率趋近于 0 时，电容器断路。因此，可推出当频率趋近于 0 时，涂层的阻抗模值为

$$|Z|_{f \to 0} = R_s + R_{po} + R_t \quad (7\text{-}14)$$

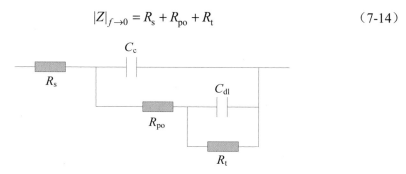

图 7-3　理想涂层体系与电解液接触的等效电路图

图 7-3 中，R_s 为溶液电阻，R_{po} 为涂层微孔产生的电阻，R_t 为金属基材腐蚀反应产生的电阻，C_c 为涂层电容，C_{dl} 为电解液与金属基材表面形成的双电层电容[5]。

由于 R_s 的数值通常很小，而 R_{po} 和 R_t 为固定值（与涂层体系的状态相关），因此涂层体系低频阻抗模值的大小能够反应涂层的孔隙率和剥离面积率，进而能够反映出涂层对基体材料的防护能力[6]。因此，可选用低频段的阻抗模值大小作为涂层防护性能的评判依据。

根据前述的测试数据和分析结果，选用电信号频率为 0.01Hz 时涂层的阻抗模值作为涂层性能的评判依据。当涂层试样的阻抗模值$|Z|_{0.01\text{Hz}}$ 与金属基材的阻抗模值 $|Z|_{0.01\text{Hz}}$ 大小在一个数量级上时，可认为涂层下金属已经开始腐蚀。因此，可认为涂层的失效判据为

$$\alpha = \frac{|Z|_n}{|Z|_0} < 10 \tag{7-15}$$

式中，$|Z|_n$ 为被检测试样在 0.01Hz 处的平均阻抗模值；$|Z|_0$ 为对比检测试样在 0.01Hz 处的平均阻抗模值。

被检测试样有机涂层防护体系对基体材料的防护水平可根据表 7-9 评价。

表 7-9 采用低频阻抗模值比值评价涂层防护水平的参照表

α 值	涂层防护水平
0<α<10	失效
10≤α<10³	一般
10³≤α<10⁴	较好
10⁴≤α<10⁵	良好
α≥10⁵	优异

此外，根据 ASTM G3 中对 Nyquist 曲线图的定义，曲线坐标轴的横轴为阻抗实部，纵轴为阻抗虚部。对于完好涂层，测试电信号为高频信号时，等效电路的电阻接近于溶液电阻 R_s，其值较小；随测试电信号频率的变化，且电解液逐渐向涂层内部渗透，阻抗虚部和阻抗实部均逐渐增大，但孔隙电阻和金属基材发生化学反应产生的电阻均不明显，因此虚部的增大幅度远大于实部的增大幅度，在曲线图上呈现为一条与纵轴近似平行的曲线；对于非完好涂层，电解液易于通过孔隙渗透到金属基材表面，因此随测试电信号频率的变化，孔隙电阻和金属基材发生化学反应产生的电阻增大幅度逐渐增加，使得阻抗实部的增大幅度明显增加，在曲线图上呈现为一条向横轴弯曲的曲线，弯曲程度与涂层防护水平下降程度呈规律性对应关系。因此，可根据测得的 Nyquist 曲线图的特征，与涂层防护水平建立对应的关系，作为参考评判铝合金基体表面有机涂层防护等级的标准。

采用 Nyquist 曲线图特征评价涂层防护水平的参考评判标准如图 7-4 所示。

同样，根据 ASTM G3-89 中对 Bode 曲线图的定义，曲线坐标轴的横轴为交流电信号频率，纵轴为阻抗模值。对于完好涂层，随测试电信号频率的变化，且电解液逐渐向涂层内部渗透，阻抗模值持续增加，并与交流电信号频率呈线性变化，在曲线图上呈现为一条斜率近似为-1 的直线，且低频段阻抗模值达到约 $10^{10}\Omega$；对于非完好涂层，电解液易于到达金属基材表面形成双电层结构，随测试电信号频率由高到低的变化，阻抗模值的增大幅度逐渐减缓，在曲线图上呈现为一条在低频段区间向横轴弯曲的曲线，且低频段的阻抗模值偏低。Bode 曲线图形状与涂层防护水平下降程度呈规律性对应关系。因此，可根据测得的 Bode 曲线图的特征，与涂层防护水平建立一一对应的关系，作为参考评判铝合金基体表面有机涂层防护等级的标准。

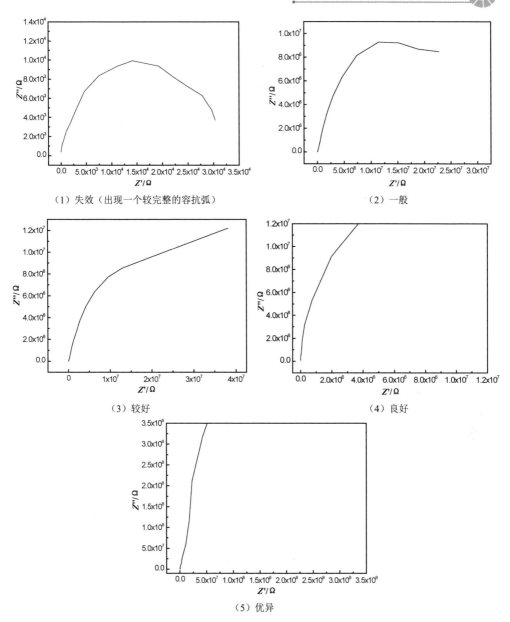

（1）失效（出现一个较完整的容抗弧）　　　　（2）一般

（3）较好　　　　（4）良好

（5）优异

图 7-4　采用 Nyquist 曲线图特征评价涂层防护水平的参考评判标准

被检测试样有机涂层对铝合金基体材料的防护水平可参考图 7-5 的 Bode 曲线特征进行评价。Bode 图中曲线与纵坐标的交点对应 0.01Hz 的阻抗模值，涂层防护性能越好，交点处所对应的数值越高；相反，涂层失效时，交点处所对应的数值一般低于 $10^6\Omega$。

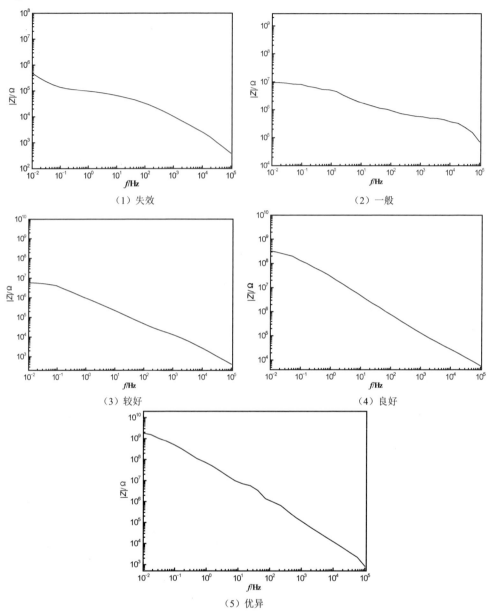

图 7-5 采用 Bode 曲线图特征评价涂层防护水平参考评判标准

目前，还有一些利用电化学阻抗谱评判涂层防护效果的方法。例如，部分研究者利用电化学阻抗谱中频定值对应的相位角大小作为评价涂层防护效果的依据[7]；另外一种常见的评判依据是认为低频 0.01Hz 处阻抗模值低于 $10^6\Omega$ 时涂层失效，此评价方法适用于评判防护性能较好（初始 0.01Hz 处阻抗模值高于 $10^{10}\Omega$）的有机涂层的防护效果，但对于一些功能性涂层则不太适用，如导电性较好的石墨烯涂层、无机锌涂层等[7—11]。

以电化学阻抗谱测试结果来评价涂层的防护效果，具有一定的理论依据，能够从一定程度上反映出涂层的实际防护效果。但是，电化学阻抗谱评价方法也存在一定的局限性。首先，电化学方法的测试面积有限，难以覆盖整个被测件表面，所测得的相关数据仅能反映涂层在有限区域内的防护效果，存在潜在的评价误差；其次，电化学测试容易受到外界条件的干扰，如连接线路长短、电极表面状态、周边环境中的电磁波等，均会对测试结果造成误差。因此，采用电化学测试结果作为评价被测件表面涂层防护效果的依据时，需要借助其他表面测试数据对其进行综合评价，常用的方法包括宏观照片、微观形貌观察、光泽度及色差变化分析等。

参 考 文 献

[1] 周光华，谭延江，彭菲菲，等. 浅谈吸波涂料工程化应用中的常见问题[J]. 表面技术，2009，38（4）：83-85.

[2] 陶蕾. 典型金属材料和涂层体系自然环境腐蚀检测技术研究[D]. 天津：天津大学材料科学与工程学院，2009.

[3] 陶蕾，宋诗哲，金威贤. 基于图像颜色特征的涂层老化失效检测方法[J]. 化工学报，2009，60（2）：415-420.

[4] 马庆飞. 有机涂层防护体系在模拟高原大气环境中的腐蚀失效研究[D]. 北京化工大学化学工程学院，2017：45-46.

[5] 曹楚南，张鉴清. 电化学阻抗谱导论[M]. 北京：科学出版社. 2002：175-180.

[6] 张鉴清. 电化学测试技术[M]. 北京：化学工业出版社. 2010：264-268.

[7] 何少平. 几种典型重防腐涂层体系失效的电化学阻抗谱分析[D]. 北京化工大学材料科学与工程学院，2010：18-24.

[8] 仝宏韬. 两种含导电颗粒的有机涂层的电化学阻抗谱特征[D]. 北京化工大学材料科学与工程学院，2016：57-63.

[9] 谭晓明，王鹏，王德，等. 基于电化学阻抗的航空有机涂层加速老化动力学规律研究[J]. 装备环境工程，2017，14（1）：5-8.

[10] GEORGE W. Handbook of material weathering[M]. 5th ed. Toronto：Chemtec Pulishing，2013.

[11] 周亮. 铝合金表面富铝镁合金涂层在模拟海洋大气环境下的腐蚀性能研究[D]. 湛江：广东海洋大学机械与动力工程学院，2015：25-37.

第 8 章

电子装备防护涂层环境试验数据分析与应用

8.1 概述

电子装备及其防护涂层体系在开展环境试验的过程中会积累大量的数据，其中既包含环境数据（如温度、湿度、盐雾沉降率等），也包含电子装备及其涂层体系的环境效应数据，具体指电子装备的功能、性能参数，以及防护涂层体系的性能参数（如附着力、光泽、色差等）。在环境试验过程中，会定期对环境数据和环境效应数据进行采集，并最终形成对应的数据集，这些数据的积累对于分析相关产品在环境试验过程中功能、性能的演变规律具有重要意义。目前，基于电子装备及其防护涂层环境试验数据的相关研究已经成为该领域的一个重要分支，国内外相关研究机构及学者在采集环境实验数据的基础上，开展了一系列的研究工作，同时也产生了一些比较好的应用成果。

电子装备防护涂层环境试验数据分析与应用本质上是采用数据挖掘方法对环境试验数据进行研究和分析的过程，是环境试验技术和数据挖掘技术的有机结合。数据挖掘是将统计学方法同数据库应用技术相结合针对数据进行研究的技术，其主要目的是从大量的数据中挖掘出隐含的、未知的、对决策有价值的知识和规则。目前数据挖掘技术已经广泛应用于无人驾驶、人脸识别、安全预警、预测分析、故障诊断、医疗等领域，但在环境试验领域，由于现有数据采集方式和数据规模的限制，很多高精度的复杂算法无法在该领域得到有效的应用，所以目前在该领域应用的挖掘算法主要适用于小样本数据集，如广义线性回归、灰色神经网络和支持向量机。

本章从环境试验结果有效性评价入手，介绍从相关性评价和加速性评价两个方面来验证数据可用性的方法，具体的评价方法涵盖定性和定量评价两种类型；在此基础上，结合电子装备防护涂层环境试验数据的特点，介绍对应的数据预处理方法；

针对环境试验数据小样本量的特点，重点介绍面向小样本量数据集的三种常用数据挖掘方法：回归模型、灰色神经网络和支持向量机，进一步介绍通用的模型优化结构——集成学习，并对模型的评估与选择进行简单论述；最终，结合已有的科研成果，结合实际的试验数据，列举几项数据挖掘技术在环境试验数据方面的典型应用案例。

8.2 环境试验数据分析方法

8.2.1 数据的异常值检测

数据的异常值检测主要关注如何甄别出数据集中不符合预期或不符合正常变化模式的异常数据点[1]。在检测完成后，可以通过数据预处理对异常值进行标注或剔除，获得不含噪声的数据，从而提升机器学习和数据挖掘算法的准确率。此外，检测到输出的异常值也可为相关人员提供参考。电子装备及其防护涂层体系在试验过程中会积累一定量的环境数据和表征电子装备及涂层体系功能性能的环境效应数据，对于这样的数据集，异常值检测具有重要的意义。一方面，在数据采集和数据记录的过程中，会出现由于人为或数据采集、存储系统故障等因素产生的异常值。这种异常值的存在会影响针对该原始数据集的数据分析结果及预测模型的精度；另一方面，有些异常值具有重要的价值，如有些参数在电子产品失效的时候会出现瞬态的变化，对于这种异常值的捕捉对失效时间的判断具有重要意义。

关于异常值的定义，Hawkins 首先提出如果数据集中某个观察值与其他值有较大的偏差，则两者来源于不同的产生机制，该观察值为一个异常值；Johnson 等则认为异常值为数据集中一些表现模式和其他点不一致的数据点。迄今为止，国内外学者提出了包括基于概率密度的异常值检测方法、基于距离的异常值检测方法、基于时间序列特性的异常值检测方法及基于流数据的异常值检测方法等来对数据中可能存在的异常进行检测[2]。

环境数据及在相应环境条件下的电子装备防护涂层性能参数数据具有时间序列特性，环境的温度、湿度、大气污染物含量等会随着时间呈现趋势性和周期性变化，防护涂层的一些性能参数会随自然环境试验的暴露时间呈现趋势性变化，因此需要在无监督的情况下，从所收集的数据集中找出与正常数据变化模式或者分布不同的数据点。该问题可以形式化表述为：

给定一串具有时间序列特性的数据 $D=\{x_1,x_1,\ldots,x_n\}$，$x_i \in D$ 为一个 d 维数据，异常值检测就是从中找出不符合数据变化规律和变化模式的异常点 $D_o=\{o_1,o_1,\ldots,o_k\}$，其中 $k \leq n$，$D_o \subset D$。

判断一个点是否为异常点，一种常用的方法是将其转化为判断该点出现的概率是否足够大。如果出现概率大于一个阈值，那么该点可以认为是正常点，否则为异常点。如果该点出现的概率很难得到，则可以通过判断它和正常数据是否服从同一分布来进行判断，如果该点和正常点来自同一分布就可以认为该点为正常点，否则为异常点[1]。根据上述判断异常点的准则分别给出如下判断一个点是否为异常点的数学定义。

定义 1 如果数据点 x_i 出现的概率为 $P(x_t|x_1,x_2,\cdots,x_{t-1})<\delta$，那么 x_t 为异常点，否则为正常点。

定义 2 设 $f_i(\bullet)$ 为 $\{x_1,x_2,\cdots,x_{t-1}\}$ 服从的概率密度函数，如果数据点 x_t 满足 $P(x_t|f_i(\bullet))<\delta$，那么 x_t 为异常点，否则为正常点。

1. 基于统计的异常值检测方法

1）3σ 探测方法

3σ 探测方法的思想其实就是来源于切比雪夫不等式，对于任意 $\xi>0$，有

$$\xi^2 \times P(|X-E(X)| \geq \xi) \leq D(X)$$

当 $\xi=3\sigma$ 时，如果总体为一般总体，统计数据与平均值的离散程度可以由其标准差 $D(X)=\sigma$ 反映，因此有

$$P(|X-E(X)| \geq 3\sigma) \leq 0.003$$

一般所有数据中，至少有 75%的数据位于平均数 2 个标准差范围内；所有数据中，至少有 88.9%的数据位于平均数 3 个标准差范围内；所有数据中，至少有 96%的数据位于平均数 5 个标准差范围内。一般把距平均数超过三个或更多标准差的数据称为异常值。这个方法的优点是原理简单、操作方便，但是只适用于单个属性的情况。

2）四分位数法

四分位数法是利用四分位数对异常值进行检测的方法。其思想是通过估计数据集中可能的最大值和最小值，以此判断异常值。在此方法中，估计可能的最小值和最大值公式为

$$\min = Q_2 - k \times IQR \tag{8-1}$$

$$\max = Q_1 - k \times IQR \tag{8-2}$$

式中，Q_1 为上四分位数，Q_2 为下四分位数，$IQR=Q_1-Q_2$ 为上下四分位数之差，包含了全部观测值的一半，k 的取值衡量对异常值的容忍程度，在实际应用过程中一般取 $k=1.5$。

在基于四分位数对异常值检测的实际应用中，采取绘制箱线图的方法。箱线图

包括一个矩形箱体和上下两条竖线，箱体表示数据的集中范围，上下两条竖线分别表示数据向上和向下的延伸范围，箱线图结构如图 8-1 所示。超出箱线图上下延伸范围的数据点即异常值。

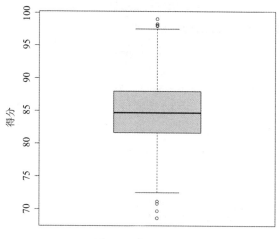

图 8-1　箱线图结构

2. 基于聚类的异常值检测方法

有关异常值的检测问题，也已经有相当成熟的算法，而且大部分都是通过距离计算的，并设定阈值来判断是否为异常值；在以数据密度为基础的离群数据检测算法中，同样需要人为设定阈值，来根据密度的大小和密度半径来判断是否为异常值。而这些算法都在异常值的判断过程中引入了参数，使得检测的结果受参数的影响很大。因此有必要减少参数的影响。本研究提出了一种基于聚类和非参数检验方法的异常值检测算法。该算法可有效降低参数的影响[2]。

该算法的基本思想：把数据流进行分割，连续的 m 个数据对象将组成一个划分，分别对 m 个数据点组成的划分应用 K—均值聚类，得到 k 个聚类中心点，将数据类型保存为 $k_i(s_i, t_i)$；构造 k 个 k_i 的 Voronoi 图，计算每点的 V—邻近分布密度 $V_d(p_i)$，根据 $V_d(p_i)$ 判断出数据流的异常点，当某一时刻内的数据已全部遍历时，结束数据流离群点检测过程。

算法的过程由两个步骤组成：

步骤 1：对数据流实行分割，连续的 m 个数据对象构成一个划分，对每个划分内的 m 个数据点对象应用 K—均值聚类算法，生成聚类中心点的时间开销；

步骤 2：对 k 个 k_i 利用 VOD 方法检测异常值的开销。

K—均值聚类算法具有比较理想的伸缩性，其事件复杂度为 $O(tkn)$，其中 t 是算法的迭代次数，k 是簇的数目，n 是数据集合中数据点的数目。因为每个分割块进行

K—均值聚类的数据点的个数为 m，所以算法的时间复杂度为 $O(mkn)$，数据对象的个数 m 取值较小时，所需要的迭代次数 t 也随之变小。

当聚类生成了 k 个聚类中心点后，利用 VOD 方法检测异常值，若点集 S 中包含 n 个点，根据泰森多边形图的性质，VOD 异常值检测算法的时间复杂性为 $O(n\log n)$。所以对于 n 个点，时间复杂度为 $O(k\log k)$。聚类的平均迭代次数为 $\bar{t}$，对于连续 m 个数据应用 K—均值聚类算法，其时间复杂度为 $O(mk\bar{t})$。因此，对数据流中最先到达的分割块实行聚类算法的时间开销为 $O(mk\bar{t})$。

对之后到达的分割块，用 K—均值聚类算法产生的 k 个聚类中心点，来替换之前的分割块所产生的 k 个聚类中心点，接着对 k 个聚类中心点实施聚类算法的开销为 $O(k\log k + mk\bar{t})$；继续处理下一划分中的数据对象，如果某一时间段内数据流中的数据已被全部处理，那么算法将结束。

3. 孤立森林算法

孤立森林（Isolation Forest）算法是一种快速异常检测算法，具有线性时间复杂度和高精度。

Isolation Forest 算法的设计利用了异常数据的两个特征：

（1）异常数据占数据集总体规模的比重较小；

（2）异常数据相比正常数据的属性值存在明显的差异。

在仅包含数值类型的训练集中，对数据进行递归的划分，直至 iTree 将每个数据与其他数据区别开来。因为它们对隔离具有较强的敏感性，所以异常数据更接近于树的根节点，而正常数据离根节点较远，这样用少量的特征条件就能检测出异常数据。Isolation Forest 算法的核心在于构建由 iTree 组成的森林（iForest）。为方便描述和计算，Isolation Forest 算法引入了隔离树、路径长度的定义[3]。

定义隔离树（iTree）：令 T 是一颗二叉树，N 是 T 的节点，若 N 是叶子节点，则称其为外部节点，若 N 是一个具有两个子节点的节点，则称其为内部节点。

一颗 iTree 的构造过程如下：从数据集 $D = \{d_1, d_2, \cdots, d_n\}$ 中随机地选择属性 A 和分裂值 P，然后按照 A 的值（记为 $d_i(A)$）对每个数据 d_i 进行划分。如果 $d_i(A) < P$，则将数据 d_i 放在左子树，反之则放在右子树。以此递归地构造左子树和右子树，直至满足下列条件之一：

（1）D 中只剩下一条数据或多条相同数据；

（2）树达到最大高度。

定义路径长度：在一颗 iTree 中，从根节点到外部节点所经历边的数目称为路径长度，记为 $h(d)$。

由于 iTree 与二叉查找树的结构等价，因此包含 d 的叶子节点的路径长度等于二

叉查找树中失败查询的路径长度。对于给定数据集，二叉查找树的失败查询的路径长度为

$$C(n) = 2H(n-1) - (2(n-1)/n) \quad (8\text{-}3)$$

式中，$H(i) = \ln(i) + \gamma$。

Isolation Forest 算法构造一定数目的 iTree 来组成 iFroest。具体地，随机采样提取 D 的子集来构造每颗 iTree，以保证 iTree 的多样性。通过遍历 iForest 中的每颗 iTree，计算数据 d 在每颗树中的路径长度，然后根据其路径长度计算 d 的异常分数，从而判断 d 是否为异常值。数据 d 的异常分数 $S(d,n)$ 如下式所示：

$$S(d,n) = 2^{\frac{-E(h(d))}{C(n)}} \quad (8\text{-}4)$$

式中，$E(h(d))$ 为 iTree 集合中 $h(d)$ 的平均值。当 $E(h(d)) \to C(n)$ 时，$S \to 0.5$，即当数据返回的 S 非常接近 0.5 时，全部样本中没有明显的异常值；当 $E(h(d)) \to 0$ 时，$S \to 1$，即当数据返回的 S 非常接近于 1 时，它们是异常值；当 $E(h(d)) \to n-1$ 时，$S \to 0$，即当数据返回的 S 远小于 0.5 时，它们有很大的可能成为正常值。

以上介绍了三种异常值检测方法，在实际应用过程中，对于小数据量和单参数情况下的异常值检测，基于统计的方法可以更为快速、简单地发现数据集中的异常值，发现异常值后可以对异常数据点进一步处理，在更多的情况下往往将异常值剔除或作为缺失值进行处理。面对大数据量和多维参数的情况下，基于统计的异常值检测方法往往难以胜任，常常采用基于模型的方法，基于聚类的方法和 Isolation Forest 算法在针对高维大数据集的异常值检测应用中已经相对成熟。

8.2.2 数据预处理方法

1. 环境数据初探与趋势性、周期性分析

针对收集的环境数据和电子装备防护涂层性能参数数据，在开展相关数据预处理和分析工作前需要首先对原始数据集进行初探，得到原始数据集的特点及概况，并对时间序列进行趋势性和周期性分析。

对环境数据集的初探首先要对数据集进行统计描述，即对数据集的最大值、均值、最小值、标准差、中位数、偏度及峰度这些统计量进行统计特征描述；其次，对原始数据集特点进行初探。主要从样本量、特征数、是否是时间序列、是否异构、各参数量级差异、是否存在缺失值、是否存在明显异常值、是否存在重复记录数据等方面开展。数据集的初探主要是利用统计手段对原始数据集的特点进行初步摸索，快速定位小样本量的数据集的特点，以便确定后续的预处理工作[4]。

在本书的讨论范围内，数据集中主要由环境数据和电子装备防护涂层性能参数数据组成。环境数据存在随时间的趋势性及周期性变化，针对收集的环境数据绘制曲线，对有周期性特征的环境数据进行初步筛选。电子装备的防护涂层性能参数同样具有时序性，并且性能参数的变化趋势对于涂层性能的环境效应分析具有重要意义。因此，针对防护涂层的性能参数数据开展趋势性分析势在必行。具体实施过程是根据每个测试点的相关性能参数数据来绘制曲线，并确定随试验时间推移有趋势性变化的电子装备防护涂层性能参数。

2. 预处理方法汇总

由于原始数据集往往是不完整的、含噪声和杂乱的数据集，因此需要对原始数据集进行数据预处理。数据集的不完整性往往是人为因素或是数据的采集设备、存储设备发生故障引起的数据集中属性值缺失的情况，即数据集中的缺失值。缺失值的存在会使一些数据挖掘模型无法正常运算。还有一种数据集不完整的情况是缺少必要的参数信息。这种情况下就需要对原始数据集进行重新选取。

数据集中的噪声指的是数据集中一些参数的取值明显不正确，或者是一些明显偏离总体分布的异常值和离群点。其产生原因也往往是人为因素和设备因素导致的数据记录错误，但有时异常值是真实存在并可以作为数据挖掘实践过程中的另一个研究方向。

数据集的不一致性源自数据集的复杂性，特别是在大数据问题中，数据集中往往包含多种数据类型的数据，即使是同一数据类型不同参数维度下的数据其量级也不相同，如果直接将这些数据应用到数据挖掘模型当中，则会影响模型的挖掘效果和精度。

数据预处理方法的确定需要结合实际研究对象和研究内容，以确定需要进行哪几个方面的处理及具体的预处理方法。数据预处理常规方法包括[4]：

（1）数据清洗：数据集的缺失值处理，识别离群点（异常值）并结合研究背景对异常值进行处理，以及解决数据集中的数据不一致问题。

（2）数据集成：将来自多个数据源的数据合并到一起，形成一致的数据存储。图 8-2 表示将数据集 1、数据集 2 和数据集 3 合并成一个新的数据集。

（3）数据变换：常用的数据变换策略包括通过分箱、回归和聚类等技术实现平滑数据集中的噪声数据，以去除数据集中的噪声信息；由数据集中已有的属性构造出新的属性并添加到数据集中的属性构造过程；把数据按照比例进行缩放使其落入到一个特定的小区间，并将数据标准化处理；将连续数据离散化；由标称数据产生的数据分层等。

电子装备防护涂层环境试验数据分析与应用 第8章

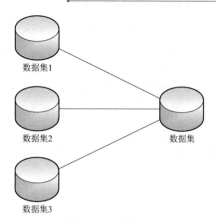

图 8-2　数据集成

（4）数据归约：数据归约分为维归约和数据归约两种，其思想是在保留原始数据集蕴含的大部分信息的基础上有效缩小原始数据集的规模，以提高挖掘模型的运行速度和降低处理器的内存占用量。维归约相比于数据归约其应用更为广泛，因为对于小样本量的数据集一般很少使用数据归约。维归约又称为对数据集的降维处理，对于多维数据集这是一种比较常用的数据预处理方法。在多维数据集中往往参数比较多，而且各参数之间会存在一定的相关关系，特别是在回归问题中，属性之间的强相关关系往往会引发多重共线性问题而造成回归模型过拟合。数据归约如图 8-3 所示。

属性 A1~A200

	A1	A2	A3	…	A200
T1					
T2					
T3					
T4					
T5					
T6					
…					
T2000					

样本

↓ 数据归约

属性 A1~A50

	A1	A2	…	A50
T1				
T2				
…				
T1500				

样本

图 8-3　数据归约

3. 常用的数据预处理方法

1) 缺失值处理

缺失值产生的原因有很多,总体上可以分为设备原因和人为原因。原因的定位与具体的数据收集方式密切相关。在人为记录、收集和提取数据的过程中由于人的主观失误造成一些数据的错记和漏记而导致数据的缺失可以归结为人为原因。目前更多的数据收集和记录都是通过设备进行的,保存在计算机的数据库中以供提取。由于设备故障或是数据存储失败等造成的数据缺失可以归结为设备原因。

缺失值的处理方法从总体上分为删除含有缺失值的样本和缺失值的插补两种方法。具体的缺失值处理方法的选择要结合原始数据集的实际情况。通常在数据集的样本量较大,且含缺失值样本比例较小的情况下,会选择删除含有缺失值样本的方法。而对于小样本量的数据集或含缺失值的样本比例较大的情况,则往往采用插补的方法对缺失值进行处理。

对于小样本量数据集或者是大量存在缺失值的数据集,如果采用直接删除含缺失值个案的方法会对原始数据集中所蕴含的信息造成大量的损失。于是产生了对缺失值进行插补的思想和方法。常用的缺失值插补方法如表 8-1 所示[5, 6]。

表 8-1 常用的缺失值插补方法

插补方法	原理
均值插补	这种插补方法通常是在参数维度上进行的,其前提条件是该参数的数据取值满足一定统计特征的分布规律,根据具体情况选择平均值、众数等统计指标对缺失值进行填补
基于模型的插补	这种插补方法需要根据数据集的整体情况,选择回归、聚类、分类等方法对缺失值进行预测。这种方法对模型选择的要求比较高,如果模型选择得当其缺失值插补的效果会很好
极大似然估计	这种插补方法主要针对大数据集,依据期望最大化原则,通过对已有数据的分布对缺失值进行极大似然估计
多重插补	多重插补的原理是贝叶斯估计,具体实现过程是针对各个缺失值选定多组可能的插补值,进而形成可能代替原始数据集的多个完整的数据集,再根据选定的评价缺失值插补效果的指标来确定最终的代替原始数据集的完整数据集

表 8-1 中展示了缺失值插补常用的方法,在实际工程项目应用中,均值插补和多重插补是两种比较常用的缺失值插补方法。由于均值插补相比之下更容易被理解,并且实现更为简单,所以本节只对多重插补的实现过程进行简单介绍。

多重插补方法的具体实现步骤如下:

① 针对每个缺失值产生一组可能的插补值,产生的每个插补值都可以用来代替数据集中对应的缺失值,在此基础上产生若干个待选的完整数据集。

② 这若干个完整的数据集将最终参与具体的模型计算或数据分析过程。

③ 针对具体的数据挖掘模型,选择适当的指标作为评价缺失值插补效果的依

据。以回归模型为例，以回归效果作为评判缺失值插补效果的准则，通过该准则确定最终经缺失值处理后的完整数据集。

假设一组数据中包含 Y_1、Y_2、Y_3 三个变量，这三个变量的联合分布为正态分布，将这组数据处理成三组，A 组保持完整原始数据，B 组仅缺失 Y_3，C 组缺失 Y_1、Y_2。在多值插补时，对 A 组将不进行任何处理，对 B 组进行 Y_3 关于 Y_1、Y_2 的回归以产生 Y_3 的一组估计值，对 C 组进行 Y_1、Y_2 关于 Y_3 的回归以产生 Y_1 和 Y_2 对应的一组估计值。

2）相关性分析

在针对多维数据的预处理阶段，往往需要对多维属性进行相关性分析，以确定属性之间的相关程度，特别是在回归分析中如果多维属性集的属性之间存在多重共性会导致回归过拟合问题，从而影响回归模型的效果。同时可以在相关性分析的基础上进行属性的降维处理，在保留原始属性集大部分信息的基础上对属性集的属性维度进行缩减，这样可以进一步简化原始数据集从而提高模型的运行速度。

在电子装备及其防护涂层体系的环境试验过程中，会积累包含环境数据和环境效应数据在内的大量数据，同时环境试验数据集中往往会存在多个属性，而各属性之间往往存在不同程度的相关性，可以通过计算相关系数实现对各属性之间相关程度的描述。

设两参数的总体为 (X,Y)，其各自维度的方差分别为 $\mathrm{var}(X)$ 和 $\mathrm{var}(Y)$，参数之间的协方差为 $\mathrm{cov}(X,Y)$，则其相关系数为

$$\rho_{XY} = \frac{\mathrm{cov}(X,Y)}{\sqrt{\mathrm{var}(X)\times\mathrm{var}(Y)}} \tag{8-5}$$

假设 $(X_1,Y_1),(X_2,Y_2),\cdots,(X_n,Y_n)$ 为总体 (X,Y) 的 n 个样本数据，则参数的相关系数为

$$r_{XY} = \frac{S_{XY}^2}{\sqrt{S_X^2}\sqrt{S_Y^2}} \tag{8-6}$$

式中，S_X^2 为样本 X 的方差，S_Y^2 为样本 Y 的方差，S_{XY}^2 为样本 XY 的协方差。当 $r_{XY} > 0$ 时，则两参数呈正相关性；当 $r_{XY} < 0$ 时，则两参数呈负相关性。

对多维数据集而言，进行针对属性集的相关性分析需要对各个维度的属性两两之间的相关性进行计算，因此引入相关性矩阵的概念。假设多维数据集中含 $p_1, p_2, \cdots p_m$ 这 m 个属性，计算这 m 个属性两两之间的相关系数组成相关系数矩阵 $\boldsymbol{R}$。

$$\boldsymbol{R} = \begin{bmatrix} r_{11} & \cdots & r_{1m} \\ \vdots & & \vdots \\ r_{m1} & \cdots & r_{mm} \end{bmatrix}$$

式中，R 矩阵中的元素 r_{ij} 代表第 i 个属性和第 j 个属性的相关系数。进一步对相关系数矩阵进行分析，其对角线上元素为某一属性和自身的相关系数求解，其值为 1，此时 $r_{ij}=r_{ji}$，所以相关系数矩阵的对角线元素的值都为 1。只取下三角矩阵就可以包含属性之间相关系数的全部信息，因此可以对相关系数矩阵简化如下：

$$R = \begin{bmatrix} 1 & \cdots & 0 \\ \vdots & & \vdots \\ r_{m1} & \cdots & 1 \end{bmatrix}$$

3）数据降维

数据降维处理是预处理中属性归约的一种实现方式。在经过对原始数据集中各参数的相关性分析后，可以得出各参数的相关性矩阵，探索各参数之间的相关关系和定量化的相关程度描述。根据对原始数据集的相关性分析可以为数据集的属性归约处理提供依据。进行针对属性归约的降维处理的具体实现方法有很多，本节内容主要介绍基于主成分分析的降维处理方法。

主成分分析的思想是用少数变量尽可能多的反映原始变量中所蕴含的信息。其目的是在保存原始数据集中尽可能多的信息的前提下使用尽量少的特征代替原始数据集中的所有特征，并且新的特征是原始数据集中各特征参数的线性组合，又称为主成分。假设 $X=(X_1,X_2,\cdots,X_m)^T$ 是一个 m 维随机向量，其线性变化如下：

$$\begin{cases} PC_1 = a_{11}X_1 + a_{21}X_2 + \cdots + a_{m1}X_m \\ PC_2 = a_{12}X_1 + a_{22}X_2 + \cdots + a_{m2}X_m \\ \vdots \\ PC_m = a_{1m}X_1 + a_{2m}X_2 + \cdots + a_{mm}X_m \end{cases}$$

式中，$PC_1,PC_2,\cdots,PC_m$ 为原始变量的主成分。筛选主成分构成代替原始数据集的新数据集的过程：采用第一个主成分 PC_1 代替原来的 m 个变量 $X_1,X_2,\cdots,X_m$，如果第一个主成分 PC_1 不足以代表原始数据集中参数所蕴含的大部分信息，则引入第二个主成分 PC_2，以此类推，直到所选择的主成分集合能够满足其代替原始数据集所有参数的要求。

由主成分的求解公式可知若原始数据集中含 m 个参数，那么经过计算可得到 m 个主成分。由于基于主成分分析的降维处理的主要目的是对数据集进行简化，所以不会选择所有的 m 个主成分。假设选择前 k 个主成分来代替原始数据集中的所有属性（$k<m$），那么由 k 个主成分的累积方差贡献率来衡量降维后的数据集代表原始数据集中蕴含信息的程度。主成分分析中前 k 个主成分的累积方差贡献率 A 的计算公式为

$$A = \frac{\sum_{i=1}^{k} \lambda_i}{\sum_{i=1}^{m} \lambda_i} \tag{8-7}$$

式中，λ 为各主成分对应的特征值；k 为选定主成分的个数；m 为全部主成分的个数。在工程实践中，一般所选的主成分集合的累积方差贡献率在 80%以上，就可以认为由主成分建立的新的数据集可以代表原始数据集蕴含的绝大部分信息。当然确定主成分个数的同时还需要结合具体模型对参数数目的具体要求进行综合考虑。

8.3 常用数据挖掘模型

在对电子装备防护涂层环境试验数据进行分析和研究的过程中，数据挖掘算法是实现对应分析需求和研究目的的核心。因此数据挖掘模型的选择至关重要。电子装备防护涂层环境试验数据往往是小样本量的时间序列数据，并且某些特征参数可能表现出随时间变化的周期性或趋势性，结合这些数据集的特点和已有的研究经验，本书着重介绍以下四种模型：回归模型、灰色预测模型、神经网络模型和支持向量机模型。这四种模型在数据集样本量较小的条件下可以完成大多数的数据挖掘与分析的任务。另外，也考虑到在实验室条件下的模拟环境试验可能会获得大量数据的情况，因此，进一步介绍集成学习的方法和思想。在大数据集的条件下，这种数据挖掘方法可以使分析模型获得更为理想的精度；最后，讲解模型的评估与选择。简单介绍一些定量化精度指标的数学原理，以及应对过拟合和模型选择问题的基本策略。

8.3.1 回归模型

回归是监督学习的一个重要组成部分。回归用于预测输入变量（自变量）和输出变量（因变量）之间的关系，特别是输入变量的值发生变化时，输出变量的值随之发生变化。回归模型正是表示从输入变量到输出变量之间映射的函数。回归问题的学习等价于函数拟合：选择一条函数曲线使其很好地拟合已知数据且很好地预测未知数据[7、8]。

回归问题分为学习和预测两个过程，首先给定一个训练数据集：$T = \{(x_1, y_1), (x_2, y_2), \cdots, (x_n, y_n)\}$。这里 x_i 为输入，y 为对应的输出。学习系统基于训练数据构建一个模型，即函数 $Y=f(X)$；对新的输入 x，预测系统根据学习模型给出对应的预测值 $\hat{y}$。

回归问题按照输入变量的个数，分为一元回归和多元回归。按照输入变量和输出变量之间关系的类型即模型的类型，分为线性回归和非线性回归。回归学习最常用的损失函数是平方损失函数，在此情况下，回归问题可用著名的最小二乘法进行求解[7]。

给定数据集 $D = \{(x_1, y_1), (x_2, y_2), \cdots, (x_m, y_m)\}$，其中 $x_i = (x_{i1}, x_{i2}, \cdots, x_{id}), y_i \in R$，建立线性回归模型的目的是尽可能准确地预测实值输出标记。因此，线性回归试图学得 $f(x_i) = \omega x_i + b$，使得 $f(x_i) \approx y_i$。均方误差是回归任务中最常用的性能度量，可以通过使均方误差最小化的方法来求得线性回归模型的参数，因此，对线性回归的参数估计可表达为

$$(\omega^*, b^*) = \arg\min \sum_{i=1}^{m}(f(x_i) - y_i)^2 \\ = \arg\min \sum_{i=1}^{m}(\omega x_i + b - y_i)^2 \tag{8-8}$$

上述基于均方误差最小化来进行模型求解的方法就是著名的最小二乘法。对于线性回归模型，最小二乘法就是试图找到一条拟合的直线，使得所有样本到该直线上的欧式距离之和最小[8]。转换为数学语言：求解 ω 和 b 的估计值，使 $E_{(\omega,b)} = \sum_{i=1}^{m}(\omega x_i + b - y_i)^2$ 最小化。这一过程称为线性回归模型的最小二乘参数估计。其求解过程如下。

将 $E_{(\omega,b)}$ 分别对 ω 和 b 求导，得到：

$$\frac{\partial E_{(\omega,b)}}{\partial \omega} = 2(\omega \sum_{i=1}^{m} x_i^2 - \sum_{i=1}^{m}(y_i - b)x_i) \tag{8-9}$$

$$\frac{\partial E_{(\omega,b)}}{\partial b} = 2(mb - \sum_{i=1}^{m}(y_i - \omega x_i)) \tag{8-10}$$

令式（8-9）和式（8-10）为 0 可以得到 ω 和 b 最优解的闭式解：

$$\omega = \frac{\sum_{i=1}^{m} y_i(x_i - \bar{x})}{\sum_{i=1}^{m} x_i^2 - \frac{1}{m}(\sum_{i=1}^{m} x_i)^2} \tag{8-11}$$

$$b = \frac{1}{m}\sum_{i=1}^{m}(y_i - \omega x_i) \tag{8-12}$$

式中，$\bar{x} = \frac{1}{m}\sum_{i=1}^{m} x_i$ 为样本输入的均值。

扩展到更一般的情况,对于数据集 D,原始样本由 d 个属性描述,此时建立回归模型的目的:学得 $f(x_i) = \omega^T x_i + b$,使得 $f(x_i) \approx y_i$,这种更一般的线性回归模型称为多元线性回归模型。多元线性回归模型的参数估计过程与一元线性回归模型类似,依然采用最小二乘法。将模型参数整合为向量形式 $\hat{\omega} = (\omega;b)$,同时,把数据集表示为一个 $m \times (d+1)$ 大小的矩阵 X:

$$X = \begin{pmatrix} x_1^T & 1 \\ x_2^T & 1 \\ \vdots & \vdots \\ x_m^T & 1 \end{pmatrix} \tag{8-13}$$

将输出也表示为向量形式 $y = (y_1;y_2;\cdots;y_m)$,多元线性回归模型对参数的估计过程同样是使其均方误差最小的过程,有

$$\hat{\omega}^* = \arg\min(y - X\hat{\omega})^T(y - X\hat{\omega}) \tag{8-14}$$

令 $E_{\hat{\omega}} = (y - X\hat{\omega})^T(y - X\hat{\omega})$,对 $\hat{\omega}$ 求导得

$$\frac{\partial E_{\hat{\omega}}}{\partial \hat{\omega}} = 2X^T(X\hat{\omega} - y) \tag{8-15}$$

令式(8-15)为 0,得

$$\hat{\omega}^* = (X^T X)^{-1} X^T y \tag{8-16}$$

式中,$(X^T X)^{-1}$ 是 $X^T X$ 的逆矩阵。令 $\hat{x}_i = (x_i;1)$ 则得到最终的多元线性回归模型为

$$f(\hat{x}_i) = \hat{x}_i^T (X^T X)^{-1} X^T y \tag{8-17}$$

线性回归模型虽然简单,却有丰富的变化,其衍生模型可适用于针对多种不同类型数据集的回归问题。假设数据集所对应的输出是在指数尺度上变化的,在这种情况下,可以将输出的对数作为线性模型逼近的目标,即

$$\ln(y) = \omega^T x + b \tag{8-18}$$

这就是对数线性回归模型,其本质上是让 $e^{\omega^T x+b}$ 逼近 y,虽然其形式上仍然是线性回归,但实质上是求取输入空间到输出空间的非线性函数映射。

将对数线性回归模型,推广到更一般的情况,给出单调可微函数 $g(\cdot)$,令

$$y = g^{-1}(\omega^T x + b) \tag{8-19}$$

这样得到的模型称为"广义线性回归模型",其中函数 $g(\cdot)$ 称为"联系函数",上述对数线性回归模型就是广义线性回归模型在 $g(\cdot) = \ln(\cdot)$ 时的特例。

8.3.2 灰色预测模型

灰色预测模型自从 1982 年由邓聚龙教授提出到现在，经过二十多年的发展，已初步形成以灰色关联空间为基础的分析体系，以灰色预测模型为主体的模型体系，以灰色过程及其生成空间为基础与内涵的方法体系，以系统分析、建模、预测、决策、控制、评估为纲的技术体系。灰色预测模型是一门极有生命力的系统科学理论。其发展迅速，应用成果丰硕。灰色预测模型的研究对象是"部分信息已知，部分信息未知"的"贫信息"不确定性系统。灰色预测模型通过对"部分"已知信息的生成和变换，发掘出对现实世界的确切描述知识。概率统计的基础是"大数定律"，要求通过无穷多次试验，实现对随机现象的认识。而模糊理论的基础是模糊集，其隶属度函数构造也要求人们具有十分丰富的经验[9]。

灰色预测是指用灰色预测模型对灰色系统进行的定量预测，也就是在一定范围内变化的、与时间有关的灰色过程进行预测。灰色预测是通过鉴别系统因素之间发展趋势的差异程度，即进行灰关联度分析，并对原始数据进行生成处理来寻找系统变动的规律，生成有较强规律性的新数据序列，然后建立相应的微分方程模型，从而预测系统未来发展变化趋势的状况。

灰色预测模型（Gray Model，GM），是把原始数列进行累加或累减生成后，利用累加数列建立灰色微分方程而形成的预测模型。由于系统被噪声污染之后，原始数列呈现出离乱的情况，离乱的数列即灰色数列，或者灰色过程，灰色预测模型就是对灰色过程所建立的模型。它不是把观测数据序列视为一个随机过程，而是看作随时间变化的灰色量或灰色过程，通过累加生成或相减生成逐步使灰色量白化，从而建立相应微分方程解的模型并进行预报。灰色预测模型只要求较少的观测资料，对于某些只有少量观测数据的项目来说，灰色预测模型是一个有用的工具。

灰色预测模型可按照如下的步骤建立[9、10]。

第一步，原始数据的预处理。通常实际序列并不服从严格的指数规律。为了提高预测精度，一般采用级比检验进行建模的判别。如果级比落入可容覆盖区间，则原始序列就可直接应用灰色预测模型，否则，必须通过对原始序列先进行某种数据变换，改变其分布属性，适应建模要求后再建立灰色预测模型。

第二步，建立 GM(1,1)模型。在实际应用中，一维灰色问题建模使用最多的是一阶一个变量的 GM(1,1)微分拟合模型。此模型是对某个变量随时间变化的数据序列经过一次累加生成后建立的模型，是一个单序列的一阶线性动态模型，其模型形式如下：

将系统特征数据序列（n 个观测值）$X^{(0)}$ 记为原序列：

$$X^{(0)} = \left\{ x^{(0)}(1), x^{(0)}(2), \cdots, x^{(0)}(n) \right\}$$

则其一次累加生成序列(1-AGO)记为

$$X^{(1)} = \left\{ x^{(1)}(1), x^{(1)}(2), \cdots, x^{(1)}(n) \right\}$$

式中

$$x^{(1)}(k) = \sum_{i=1}^{k} \left(x^{(0)}(i) \right) \qquad k = 1, 2, \cdots, n$$

对于没有规律的原始数据，经过累加生成得到较有规律的新数据，并减弱或消除了随机因素的影响，加强了系统确定性因素的作用。对于任何非负的原始数列，经一次累加生成后，就可得到较有规律的单调递增的新数列。

对生成序列 $X^{(1)}$ 建立如下灰微分方程：

$$\frac{\mathrm{d}x^{(1)}(t)}{\mathrm{d}t} + ax^{(1)}(t) = u, \quad t \in [0, \infty]$$

式中，a，u 为待辨识参数。其中 a 称为发展系数，它反映 $\hat{x}^{(0)}$ 及 $\hat{x}^{(1)}$ 的发展态势。u 称为灰作用量，它的大小反映数据的变化关系。上述灰微分方程的解为

$$x^{(1)}(k+1) = \left[x^{(0)}(1) - \frac{u}{a} \right] e^{-ak} + \frac{u}{a} \tag{8-20}$$

用最小二乘法求参数 a 和 u。

$$\hat{a} = [a, u]^{\mathrm{T}} = \left(\boldsymbol{B}^{\mathrm{T}} \boldsymbol{B} \right)^{-1} \boldsymbol{B}^{\mathrm{T}} \boldsymbol{Y}_N \tag{8-21}$$

式中，$\boldsymbol{B}$ 为累加矩阵，$\boldsymbol{Y}_N$ 为向量。它们的构造形式分别为

$$\boldsymbol{B} = \begin{bmatrix} -\frac{1}{2}\left(x^{(1)}(1) + x^{(1)}(2)\right) & 1 \\ -\frac{1}{2}\left(x^{(1)}(2) + x^{(1)}(3)\right) & 1 \\ \cdots \\ -\frac{1}{2}\left(x^{(1)}(n-1) + x^{(1)}(n)\right) & 1 \end{bmatrix} \tag{8-22}$$

$$\boldsymbol{Y}_N = \begin{bmatrix} x^{(0)}(2) \\ x^{(0)}(3) \\ \cdots \\ x^{(0)}(n) \end{bmatrix} \tag{8-23}$$

利用 $\hat{a} = [a, u]^{\mathrm{T}} = \left(\boldsymbol{B}^{\mathrm{T}} \boldsymbol{B} \right)^{-1} \boldsymbol{B}^{\mathrm{T}} \boldsymbol{Y}_N$ 求出辨识参数 a、u，再代入式（8-20）即可求得

$x^{(1)}(k+1)$，然后经过式（8-24）的还原处理得到实际的预测值 $\hat{x}^{(0)}(k+1)$。

$$\hat{x}^{(0)}(k+1) = \hat{x}^{(1)}(k+1) - \hat{x}^{(1)}(k) \quad (8\text{-}24)$$

整理得到

$$X^{(0)}(k+1) = (1-e^a)\left[X^{(0)}(1) - \frac{u}{a}\right]e^{-ak} \quad (8\text{-}25)$$

此式即实际的灰色 GM(1,1)动态预测模型。

第三步，模型检验。GM(1,1)预测模型必须经过精度检验后才能用于预测，检验方式有三种：关联度检验、残差检验和后验差检验。

其中后验差检验的原理如下。

分别计算原始序列 $x^{(0)}(k)$ 与残差序列 $\varepsilon^{(0)}(k)$ 的以下统计量：

原始序列均值为

$$\overline{X}^{(0)} = \frac{1}{n}\sum_{k=1}^{n} x^{(0)}(k) \quad (8\text{-}26)$$

原始序列均方差为

$$s_0^{\,2} = \sum_{k=1}^{n}\left(x^{(0)}(k) - \overline{X}^{(0)}\right)^2 \quad (8\text{-}27)$$

$$s_0 = \sqrt{\frac{s_0^{\,2}}{n-1}} \quad (8\text{-}28)$$

残差序列均值为

$$\overline{\varepsilon}^{(0)} = \frac{1}{n}\sum_{k=1}^{n}\varepsilon^{(0)}(k) \quad (8\text{-}29)$$

残差序列均方差为

$$s_1^{\,2} = \sum_{k=1}^{n}\left(\varepsilon^{(0)}(k) - \overline{\varepsilon}^{(0)}\right)^2 \quad (8\text{-}30)$$

$$s_1 = \sqrt{\frac{s_1^{\,2}}{n-1}} \quad (8\text{-}31)$$

令方差比（后验差系数）为 c，且 $c = \dfrac{s_1}{s_2}$，小误差概率记为

$$p = \left\{\left|\varepsilon^{(0)}(k) - \overline{\varepsilon}^{(0)}\right| < 0.6745 s_0\right\}$$

GM(1,l)模型预测精度等级划分标准如表 8-2 所示。

表 8-2　GM(1,1)模型预测精度等级划分标准

P 值	c 值	模型精度等级
>0.95	<0.35	好（一级）
>0.80	<0.50	合格（二级）
>0.70	<0.65	勉强合格（三级）
≤0.70	≥0.65	不合格（四级）

根据表 8-2 中精度等级划分标准，判断该灰色 GM(1,1)模型的精度水平。显然，c 越小越好，c 小表示相对而言 S_0 大 S_1 小，S_0 大即原始数据离散程度大，S_1 小即预测误差离散性小。P 值越大越好，P 大表明误差较小的概率大，即模型精度较高。通过以上相关检验，若小误差概率 P 和方差比 c 都在允许范围之内时，可以用该微分模型来进行预测，否则应该进行残差修正，并再检验精度满足要求为止。

进行 GM(1,1)预测，先要判断 GM(1,1)模型的适用范围，其适用范围是与 $-a$ 相关的。只有在 $|-a|<2$ 的条件下，GM(1,1)才有意义，而且随着发展系数的增加，模拟误差迅速增大。一般有如下结论：

（1）当 $-a \leq 0.3$ 时，可用于中长期预测；
（2）当 $0.3 < -a \leq 0.5$ 时，可用于短期预测，中长期预测慎用；
（3）当 $0.5 < -a \leq 0.8$ 时，短期预测应十分谨慎；
（4）当 $0.8 < -a \leq 1$ 时，采用残差修正模型；
（5）当 $-a > 1$ 时，不宜采用。

8.3.3　神经网络模型

神经网络模型是一种常用的因果解释预测方法，近年来常用于预测领域。它从结构、实现机理和功能上模拟生物神经网络。从系统观点看，它是由大量神经元通过极其丰富和完善的连接而构成的自适应非线性动态系统。

BP 神经网络（前馈型网络）模型是一种应用较广泛的前向型神经网络模型。BP 神经网络模型结构一般由输入层、隐层、输出层组成。输入层神经元个数对应的是网络中对应的参数个数，输出层神经元的个数对应网络中输出值的个数，隐层神经元可以为一层或多层，每层神经元的个数可以是一个或多个。

按照下列步骤建立神经网络模型[11]：
第一步，输入层、隐层、输出层神经元个数的确定。
第二步，输入向量、输出向量的确定及数据归一化处理。

第三步，神经网络模型初始化。
第四步，计算隐层的输出值。
第五步，计算输出层神经元的输出。
第六步，计算误差。
第七步，判断训练是否结束。
若训练结束，进入第九步。若训练未结束，则进入第四步。
第八步，反向调整神经元之间的权值及神经元的阈值，然后返回到第四步。
第九步，利用测试集验证算法的可行性。
第十步，训练算法结束，使用该神经网络模型解决目标问题。

8.3.4 灰色神经网络

预测的质量不仅与所使用的数据相关，而且与选用的预测模型密切相关。预测科学发展至今，已积累了许多行之有效的预测方法。据不完全统计，多达 300 种，因此选择合适的模型是预测面临的关键问题。对于实际问题的预测，从不同角度出发，往往会有不同的预测模型，尽管对单个预测模型的改进和完善在一定程度上能够提高预测精度、减小误差，但比较有限。另外，在预测领域已经达成了共识，没有任何一种方法能自始至终可以适用于各种不同的情况。即使开始挑选到一个结果最准确的模型，可是随着样本变化，模型不确定性及结构的变化等因素的影响，最终使得所选模型也不适合了。因此，就一个问题的预测而言，可以先根据不尽相同的样本数据选用不同的预测方法，得到各有优点和缺点的各种预测模型，从不同角度对系统进行模拟，得到各个方面有用的信息。在得到多个独立预测模型的研究结果后，寻找既基于这些单项预测模型的结果，又能够博采众长，从而得到更好效果的组合预测模型，达到提高预测精度与模拟评价效果的目的。这就是 J.M.Bates 和 C.wJ.Granger 提出组合预测的思想[12、13]。

综上所述，组合预测就是设法把不同的预测模型组合起来，综合利用各种预测方法所提供的信息，以适当的方式得出组合预测模型和最佳预测结果。从而达到提高预测精度和增加预测可靠性的效果。

1. 组合预测相对单项预测的优势

组合预测理论认为人们在预测过程中，首先关心的是预测结果是否准确，即预测精度要高。在实际预测过程中，可能根据信号数据特征很难在几种预测方法之间进行取舍，确定一个特定方法比其他方法更有效也很困难。

组合预测相对单项预测方法的优势如下：

（1）能从不同的角度，不同的样本数据，不同的模型得到系统不同的信息，能够博采众长，更全面地把握系统，达到提高预测精度与增加预测稳定性和结果的可靠性的目的。

（2）在典型的单项预测中，对于预测的开始阶段，选择正确的预测模型或方法很困难，一般采用所有模型来尝试、比较，很难找到"最佳"模型。组合方法使得模型选择问题相对容易一些。许多经验（包括许多长期预测）表明，通过组合不同的模型，预测精度通常比单个模型有所提高，而不用去找"真实"或"最佳"模型，而且组合模型对于数据结构的变化具有更强的鲁棒性。

（3）可弥补单一预测方法不准确的缺陷，减少风险性。事实上，组合预测本质上是将各种单项预测看作代表不同信息的片段，通过信息的集成，分散单个预测特有的不确定性和减少总体不确定性，从而提高预测精度。组合预测相对于单项预测具有更高的预测性能，出现预测误差的风险更小。

2. 灰色预测与神经网络预测的优势互补

通过对神经网络预测和灰色预测的研究，发现两者在信息的表现上存在一定的相似性。首先神经网络预测的输出对于系统而言，其输出结果可以以某个精度逼近于一个固定的值，但是由于误差的存在，使得输出结果会以某个值为中心上下波动，按照灰色系统理论中灰数的定义，可以认为神经网络的输出实际上就是一个灰数。由此可知，神经网络本身就包含有灰色系统理论的内容。

同时，两者间也有其差异性和互补性。灰色系统理论重点以"部分信息已知，部分信息未知"的"小样本""贫信息"不确定性系统为研究对象。灰色预测模型具有建模所需样本数据少、不需要考虑其分布规律及变化趋势、建模简单、运算方便等特点，但它缺乏自学习、自组织和自适应能力，对非线性信息的处理能力较弱。神经网络的模型特点恰好能对灰色方法进行补充。

灰色预测模型的"贫信息"、建模简单及非线性处理能力弱等特征与神经网络模型的"大样本"、非线性处理能力及学习能力等特征可以相互弥补，并能有机结合。将灰色预测模型与神经网络模型有机融合，利用二者的优点，以建立性能更优的灰色神经网络模型。

3. 灰色预测与神经网络预测的结合方式

由于灰色预测和神经网络预测各有优缺点，灰色预测模型与神经网络预测互为取长补短，具有优势互补性，两者组合起来进行预测可提高预测精度；同时根据组合预测理论，两者组合可增加预测结果的可靠性和稳定性。

根据上述分析，可以用灰色预测理论来对神经网络预测进行考察，同时也可以用神经网络预测技术来研究灰色预测。神经网络技术预测与灰色预测的融合研究包括如下方面：神经网络预测与灰色预测简单结合；串联型结合，用于复杂系统容错分析预测；用神经网络预测增强灰色预测；用灰色预测辅助构造神经网络预测。

神经网络预测与灰色预测的完全融合即灰色神经网络。灰色神经网络的构成对不同的神经网络预测采取不同的方式。

4. 灰色神经网络模型的建模方法

根据灰色预测与神经网络预测的融合方法，可将灰色神经网络模型分为串联型、并联型、嵌入型和混合型四种结构。

串联型、并联型灰色神经网络在本质上都是组合预测。理论上可以证明，组合预测模型是非劣性的，预测结果优于单纯的 GM 模型和基本的神经网络模型。SGNN 实质是利用神经网络的非线性拟合能力求得若干灰色模型组合权重，其对模型的组合是非线性的。而 PGNN 对模型的组合有线性的，也有非线性的。

研究不同的灰色模型与不同的神经网络模型，按合适的方式进行组合，建立适应不同用途的灰色神经网络模型。

串联型灰色神经网络对多个灰色模型计算的结果使用神经网络进行组合。该模型只保留灰色预测方法中的"累加生成"和"累减还原"运算，不再求参数 a 和 u，而是由神经网络来建立预测模型和求解模型参数。建模方法如下：

（1）对原始数据序列进行"累加生成"运算，得到累加序列。这样可以削弱原始数据中存在的随机性，突出总体发展趋势，并使累加数据序列呈现单调增长规律，便于神经网络进行逼近。

（2）利用神经网络能够拟合任意函数的优势，训练神经网络来逼近累加数据序列 Y。

（3）利用训练好的神经网络进行预测，输出累加序列的预测值。

（4）将累加数据的预测值进行"累减还原"运算，得到原始数据序列的预测值。

并联型灰色神经网络首先采用灰色预测模型、神经网络分别进行处理，而后对处理结果加以组合。建模方法如下：

（1）首先采用灰色预测模型和神经网络模型分别进行预测。

（2）然后对预测结果按有效度所确定的加权系数进行加权组合，作为实际预测值。

该模型从组合加权方式来看，采用线性加权，各种方法预测结果对组合预测结果的影响，既依赖于其预测值，又取决于其相应的权重值，而它们的权重值又取决于各种预测方法对拟合误差的"贡献"，若该方法在整个组合预测中的均方拟合误差较小，则赋予其较大权重；反之，则赋予其较小权重。

嵌入型灰色神经网络在神经网络的输入端、输出端分别增加一个灰化层和白化层而构成。

灰化层的作用是弱化原始数据的随机性，这样用某种函数逼近就比较容易。灰化层一般将原始数据进行一次累加或多次累加生成新数据，作为神经网络的训练样本。由于累加数据具有单调增加趋势，易为神经网络的非线性激励函数逼近，网络学习时间大大缩短，在提高预测精度的同时加快了收敛进程。

在一般神经网络的基础上，按照灰色系统动力学特征及其确定性信息，在其前加上一个灰化层对灰色系统的输入信息进行灰化处理，其后加上白化层对经处理的灰色输出信息进行白化。研究神经网络的结构，灰色系统动力学特征及其确定性信息对隐层节点数的影响，找出其中的规律。用神经网络对灰微分方程进行白化构成的灰色神经网络属于嵌入式融合。

利用神经网络对灰色预测模型参数的提取及灰色系统的灰微分方程参数进行白化，从而弥补灰色系统在进行参数白化时的不足。根据灰微分方程的结构、参数特征及灰色问题的确定性信息，构造灰色神经网络。研究如何使灰微分方程的参数作为灰色神经网络的一部分，从灰色问题的已知数据或经适当变换后的数据，抽取用于训练的样本，对神经网络进行训练，但灰色神经网络经训练后处于稳定态时，可从中直接提取白化后的参数，从而得到白化后的灰微分方程，即得到一个确定的微分方程。通过映射找到灰微分方程中的辨识参数与神经网络中的权值和阈值的关系，从而可以用网络训练后所获得的权值和阈值来白化灰微分方程中的参数，研究用于灰微分方程进行白化的灰色神经网络的结构和相应的算法。

混合型灰色神经网络根据灰色系统模型构成神经网络，通过网络训练算法，优化灰色预测模型的参数。灰色补偿神经网络模型就是其中一种。灰色补偿 RBF 神经网络的构成原理是对于一个给定的数据序列，通过某一个固定长度的等维动态灰色建模，对数列中的数据进行预测。预测结果和数列中的数据进行比较，得到残差。然后，利用神经网络在这些残差和相应的数据间建立神经网络逼近模型。这样，经过反复训练的神经网络就是残差和所选的灰色预测模型数据间的映射关系。在预测时，再将灰色预测模型的预测值用神经网络的补偿值进行补偿。

5. 针对小样本数据集预测问题的建模过程

小样本数据就是数据量很少，样本信息不充足。它在商业、工程、军事等各个领域是广泛存在的。由于可获知的样本量少，所以要在这些仅有的样本数据中获得新信息的难度也大大提高。因此，通过小样本数据预测一些未知信息的研究一直是众多科研人员关注的课题。

小样本数据预测问题的实质是在信息量有限的情况下，用适当的建模方法和高效的算法对潜在信息进行挖掘，从而找出信息间的规律性，再利用此规律对未知数据信息进行有效的预测。在实际解决这类问题时，通常采用的理论有灰色理论、模糊理论、概率统计理论、神经网络理论。但这些理论及其方法中有些对样本信息有特定的要求，如需要大量样本或者初始样本的线性高，而有些则建模过程复杂，计算量大或误差难以控制等，种种限制导致单独使用这些方法都不能很好地解决小样本数据预测的问题。现有的小样本数据预测方法中运用得最为普遍的是多元回归预测法和信息扩散预测法。

这里着重介绍最优初始化的新陈代谢灰色 RBF 补偿预测模型，即 DGRBF 动态预测模型。

虽然 GM(1,1)模型是一个一阶线性动态模型，求解后其原方程是非线性的。但当因变量与时间变量之间随机性较强或者说两者间的关系没有紧密联系时，用它进行预测分析的精度仍然不是很高。于是，仍然考虑利用 RBFNN 较强的非线性函数逼近能力来弥补 GM(1,1)模型的不足。但是 RBFNN 要求样本容量较大，那么该如何将两者结合，使其能充分发挥各自的优点，以便更好地解决小样本数据的动态预测问题。

首先考虑到的是小样本数据，即样本容量不够充足，而且随机性强。那么，如果直接用 RBFNN 对其进行训练，肯定收敛困难或者精度不高。于是，可以先用改进后的最优初始化新陈代谢 GM(1,1)模型对原始小样本进行一次粗预测，并且获得每个样本的误差补偿量；然后利用 RBF 神经网络误差补偿器计算出误差补偿信号，则准预测值就是最优初始化新陈代谢 GM(1,1)模型的输出值加上 RBF 误差补偿器的补偿值；最后通过累减逆生成最终的预测值。这是 DGRBF 小样本数据动态预测模型。DGRBF 动态预测模型结构图如图 8-4 所示。

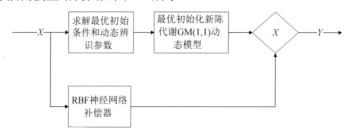

图 8-4　DGRBF 动态预测模型结构图

灰色新陈代谢 BP 神经网络预测流程如下。

第一步：确定嵌入维数 m。

第二步：级比检验。对时序数列进行级比检验，对于选定的 m，若级比值不在序列的可容覆盖区间内，则需要进行数据变换。

第三步：重构相空间。根据选定的 m，生成灰色预测所需要的输入向量 X（$N\times$

m 维）和输出向量 $Y(N×1$ 维）。

第四步：灰色 GM(1,1)新陈代谢建模。对时间序列建立灰色新陈代谢预测模型，对模型二次拟合，得到一个预测区间，取平均值作为最终的预测值，从而得到模拟值集合和预测值集合。

第五步：模型求解。用试错法确定最佳的 BP 网络结构。将模拟值集合输入网络训练，实际值作为输出，达到训练目标则结束。

第六步：指标预测。将模型集群的预测值输入灰色 BP 网络，得到下一个时刻的预测值。

在建模过程中，每次都应该检验灰色新陈代谢模型建模精度，当模型精度不满足上述的精度检验要求时，需要建立残差 GM 模型，以修正结果作为灰色 BP 网络的预处理数据。

8.3.5 支持向量机模型

统计学习理论（Statistical Learning Theory, SLT）是专门针对小样本问题提出的一套完整的理论体系，基于此框架的支持向量机（Support Vector Machines, SVM）模型在小样本问题中得到了广泛的应用，成为人工智能界的研究新热点[14]。

SVM 的主要内容：当问题是线性可分时，给出一个求解最大间隔解的方法；当问题不是线性可分时，通过用内积函数定义的非线性变换将样本集映射到某一高维空间，使得样本集在高维空间的像是线性可分的，通过核函数代替高维空间的内积运算，从而得到输入变量和输出变量之间的非线性关系[14]。

SVM 专门针对有限样本的情况，算法是一个凸二次优化问题，保证找到的解是全局最优解，并且不是样本无穷大时的最优解，能较好地解决小样本、非线性等实际问题[22]；SVM 基于结构风险最小化准则，其网络拓扑结构由支持向量决定，拟合时主要以支持向量数据点为准线，并最大限度地降低非支持向量点的拟合误差，而并非单纯地强调每个数据点的拟合精度，从而使得整条拟合曲线平滑自然，很好地体现出时间序列的内部机制，较好地解决了高维数、局部极小等 ANN 先天问题，避免了传统神经网络拓扑结构需要通过经验确定，较好地兼顾了神经网络预测（较强的非线性拟合能力）和灰色预测模型（专门针对小样本预测对象）的优点；SVM 自由参数少（仅有 3 个），问题复杂度不取决于特征的维数，且具有良好的推广能力，正在成为继神经网络之后的研究热点[14、15]。

在支持向量机中，SVM 首先选择一个非线性变换 $\emptyset(*)$ 把原始空间中的数据映射到一个高维特征空间中，然后再在高维特征空间中进行线性回归。假定一个训练样本集 $\{x_i, y_i\}_1^n$，其中输入数据 $x_i \in R^n$ 和输出数据 $y \in R$，在高维特征空间中构造最优线性函数：

$$f(x) = w^T \phi(x) + b \tag{8-32}$$

式中，w 为权重，b 为偏置项。

SVM 引入一个 ε 不敏感函数作为损失函数：

$$|y - f(x)| = \begin{cases} 0 & \text{if } |y - f(x)| \leq \varepsilon \\ |y - f(x)| - \varepsilon & \text{otherwise} \end{cases} \tag{8-33}$$

支持向量机通过采用 ε 不敏感损失函数在高维特征空间完成线性回归，同时通过最小化 w^2 来减少模型的复杂度。为了度量 ε 不敏感带来的训练样本的偏离程度，引入非负的松弛变量 ξ_i 和 ξ_i^*。支持向量机优化的目标函数为

$$\min_{w,b,\xi,\xi^*} J(w,b,\xi,\xi^*) = \frac{1}{2} w^T w + C \sum_{i=1}^{n} (\xi_i + \xi_i^*) \tag{8-34}$$

约束条件为

$$\begin{cases} y_i - w^T \phi(x_i) - b \leq \varepsilon + \xi_i \\ w^T \phi(x_i) + b - y_i \leq \varepsilon + \xi_i^* \\ \xi, \xi^* \geq 0 \end{cases}$$

式中，ε 为不敏感损失函数参数，ε 取值大小影响支持向量的数目；C 为正则化参数，控制对超出误差的样本的惩罚程度。根据优化条件可以得到支持向量机的对偶问题：

$$\max_{\alpha,\alpha^*} Q(\alpha,\alpha^*) = \sum_{i=1}^{n} y_i(\alpha_i - \alpha_i^*) - \frac{1}{2} \sum_{i,l=1}^{n} y_i(\alpha_i - \alpha_i^*)(\alpha_l - \alpha_l^*) K(x_i, x_l) - \varepsilon \sum_{i=1}^{n} y_i(\alpha_i - \alpha_i^*)$$

$$\tag{8-35}$$

式中，$K(x_i, x_l)$ 为选择的核函数，对于任意 i，满足约束条件：

$$\begin{cases} \sum_{i=1}^{n} (\alpha_i - \alpha_i^*) = 0 \\ 0 \leq \alpha_i, \alpha_i^* \leq c \end{cases}$$

在此条件下，得到支持向量机的回归估计公式为

$$f(x) = \sum_{i=1}^{n} (\alpha_i - \alpha_i^*) K(x, x_i) + b \tag{8-36}$$

SVM 是一种有坚实理论基础的新颖的小样本学习方法。它是基于结构风险最小

化准则的学习方法，求解过程需要转化成二次规划问题（QP）的求解，因此 SVM 的解是全局唯一的最优解。但由于二次规划将涉及 m 阶矩阵的计算（m 为样本的个数），当 m 数目很大时该矩阵的存储和计算将耗费大量的机器内存和运算时间，所以 SVM 算法对大规模训练样本反而难以实施[16]。

Suykens J.A.K 提出了一种新型支持向量机，即最小二乘支持向量机（Least Squares Support Vector Machines, LS-SVM）。LS-SVM 是标准 SVM 的新扩展，优化指标采用平方项（将优化目标中松弛变量的一次惩罚项改成二次），并用等式约束代替标准 SVM 的不等式约束，即将 SVM 的二次规划问题转化为线性方程组求解，这使得支持向量的求解可以通过最小二乘法来实现，通过定义相应的拉格朗日函数，运用最优条件，可得到一组线性方程，通过解线性方程组得到问题的解，从而降低了计算的复杂性，提高了求解速度。它不但较好地解决了小样本、过学习、高维数、局部最小等实际问题，而且具有很强的泛化能力，为解决时序预测建模提供了有效的途径[17]。

LS-SVM 专门针对小样本情况，它的最优解基于已有样本信息，而不是样本数趋于无穷大时的最优解。该算法的原理如下[18、19]。

在非线性的情况下，设给定样本数据为 $(x_1,y_1),(x_2,y_2),\cdots,(x_m,y_m)$，其中 $x_i\in R^k$ 为输入变量，$y_i\in R$ 为输出变量，且 $y_i=f(x_i)$（$i=1,2,\cdots,m$）为待估计的未知函数。非线性映射 $\varphi:R^k\to H$，其中 φ 为特征映射，H 为特征空间，则被估计函数 $f(x)$ 有如下形式：

$$y=f(x)=w^T\varphi(x)+b \tag{8-37}$$

式中，w 为空间 H 中的权向量，$b\in R$ 为偏置。于是 LS-SVM 法估计非线性函数为如下特征空间中的最优问题：

$$\min_{w,b,e}J(w,e)=\frac{1}{2}w^Tw+\frac{1}{2}\gamma\sum_{i=1}^m e_i^2 \tag{8-38}$$

$$s.t. y_i=w^T\varphi(x_i)+b+e_i \tag{8-39}$$

式中，$e_i\in R^k$（$i=1,2,\cdots,m$）为误差变量。注意到 $J(w,e)$ 是由正则化项 $\frac{1}{2}w^Tw$ 和 SSE 项 $\frac{1}{2}\gamma\sum_{i=1}^m e_i^2$ 组成的，其中 γ 为实数常量，它决定了二者的相对重要性，为了避免过学习，常将 γ 设为较小的值。

一般地，由于 w 可能是无限维的，于是直接计算规划式（8-38）是极其困难的，因此需要将这一规划问题转化到其对偶空间中。定义 Lagrange 函数：

$$L(w,b,e;a) = J(w,e) - \sum_{i=1}^{m} a_i \left[w^T \varphi(x_i) + b + e_i - y_i \right] \qquad (8\text{-}40)$$

式中，$a_i \in R$ 为 Lagrange 乘子，于是最优解的条件如下：

$$\begin{cases} \dfrac{\partial L}{\partial w} = 0 \Rightarrow w = \sum_{i=1}^{m} a_i \varphi(x_i) \\ \dfrac{\partial L}{\partial w} = 0 \Rightarrow \sum_{i=1}^{m} a_i = 0 \\ \dfrac{\partial L}{\partial e_i} = 0 \Rightarrow w = a_i = \gamma e_i \qquad i = 1,2,\cdots,m \\ \dfrac{\partial L}{\partial a_i} = 0 \Rightarrow y_i = w^T \varphi(x_i) + b + e_i \qquad i = 1,2,\cdots,m \end{cases} \qquad (8\text{-}41)$$

这些条件除 $a_i = \gamma e_i$ 外，与标准的 SVM 最优条件很相似。$a_i = \gamma e_i$ 使得 LS-SVM 不再具有 SVM 所具有的稀疏性。利用式（8-41）消去 w 和 e_i，得出式（8-40）的解，解线性方程组就能求得 a 和 b 的值，于是获得被估计函数 $f(x)$ 的表达式，即式（8-37）变为

$$y = f(x) = \sum_{i=1}^{m} a_i K(x,y) + b \qquad (8\text{-}42)$$

式中，$K(x,y)$ 为核函数。

BP 模型和 LS-SVM 模型预测性能的差别则主要体现在预测时间长度上。预测时间短，LS-SVM 模型的精度与 BP 模型的预测精度相当，并且在原始时序数据波动范围不大的情况下，其预测性能往往超过了 BP 模型。预测时间长，BP 模型强大的非线性拟合优势突显，其预测精度一般高于 LS-SVM 模型。

因此，对于波动范围不大的数据序列，优先采用 LS-SVM 预测模型；对于波动范围较大，并且可能存在潜在异常值的数据序列，考虑采用 BP 预测模型。LS-SVM 模型采用结构风险最小化准则，综合考虑样本误差和模型复杂度，可以作为时间序列小时间尺度分析的最佳预测器使用。

8.3.6 集成学习

传统机器学习算法往往只是训练一个模型，如决策树模型、神经网络模型、支持向量机模型，这类模型在预测精度方面的优化方法往往是通过调参寻优或者增加样本量来实现的，但是决策树这类"弱可学习"模型往往很难达到理想的预测精度，神经网络模型可以达到高预测精度，但是神经网络模型经常会出现过拟合的情况从

而影响其泛化能力。而集成学习模型通过聚合多个效果可能不好的基学习器，构成一个强大的能够进行准确分类预测的模型，这样的模型不仅可以有效地提高其预测精度，同时可以有效地防止过拟合出现，具有良好的泛化能力。

集成学习通过构建并结合多个基学习器来完成学习任务，图 8-5 给出了集成学习模型的一般结构。

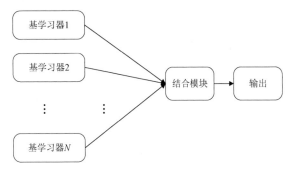

图 8-5 集成学习模型的一般结构

先产生一组基学习器，再用某种策略将他们结合起来。基学习器通常由一个现有的学习算法在训练数据中产生，如决策树算法、BP 神经网络和支持向量机等，此时集成框架中只包含同种类型的基学习器。例如，决策树集成中的基学习器全是决策树，神经网络集成的基学习器全是神经网络，这样的集成称为同质集成。对于同质集成来说，其中基学习器相对应的算法称为基学习算法。集成也可以包含不同类型的基学习器，如同时包含决策树和神经网络，这样的集成是异质的。异质集成中的基学习器由不同的学习算法生成，这时就不再有基学习器算法，常称为组件学习器[20]。

集成学习是一种针对模型的提升策略，主要在于精度的提升，相比较基学习器，集成学习往往会在精度上有一定的提升，在多个国际竞赛上大放异彩。但集成模型的复杂度很高，往往需要大量训练数据的支撑，因此对于小样本集的情况并不适用，同时，对于集成学习算法还要注意过拟合现象的发生。常用的集成学习算法包含：Bagging、boosting、adaboost、梯度提升算法和随机森林等。在电子装备的环境效应分析中以预测为导向的任务会较为普遍一些，因此这里主要介绍梯度提升算法。

梯度提升算法是由 Freidman 提出的，这是利用最速下降法的近似方法，其关键是利用损失函数的负梯度把当前模型的值作为回归问题提升树算法的残差近似值，在此基础上拟合一个回归树。

输入：训练数据集 $T = \{(x_1, y_1), (x_2, y_2), \ldots, (x_N, y_N)\}$，损失函数为 $L(y, f(x))$。

输出：回归树模型 $\hat{f}(x)$。

算法过程如下。
（1）初始化。

$$f_0(x) = \arg\min \sum_{i=1}^{N} L(y_i, c) \tag{8-43}$$

（2）设 M 为基学习器（回归树）的个数，对于 $m=1,2,\cdots,M$。
首先，对 $i=1,2,\cdots,N$，计算：

$$r_{mi} = -\left[\frac{\partial L(y_i, f(x_i))}{\partial f(x_i)}\right]_{f(x)=f_{m-1}(x)} \tag{8-44}$$

其次，对 r_{mi} 拟合一个回归树，得到第 m 棵树的叶节点区域 R_{mj}，$j=1,2,\cdots,J$。
再次，对 $j=1,2,\cdots,J$，计算：

$$c_{mj} = \arg\min \sum_{x \in R_{mj}} L(y_i, f_{m-1}(x_i) + c) \tag{8-45}$$

最后，更新：

$$f_m(x) = f_{m-1}(x) + \sum_{j=1}^{J} c_{mj} I(x \in R_{mj}) \tag{8-46}$$

（3）得到回归树。

$$\hat{f}(x) = f_M(x) = \sum_{m=1}^{M}\sum_{j=1}^{J} c_{mj} I(x \in R_{mj}) \tag{8-47}$$

算法第（1）步为初始化，估计使损失函数极小化的常数值，它是只有一个根节点的树。第（2）步首先计算损失函数的负梯度在当前模型的值，将其作为残差的估计：对于平方损失函数，它通常就是所说的残差，对于一般损失函数，它就是残差的近似值；其次估计回归树的叶节点区域，以拟合残差的近似值；再次利用线性搜索估计叶节点区域的值，使损失函数极小化；最后更新回归树。第（3）步得到输出的最终模型 $\hat{f}(x)$。

8.3.7 模型的评估与选择

数据挖掘模型不仅对已知数据还对未知数据都能有很好的预测能力，基于不同的核心算法会给出不同的模型，在确定损失函数的前提下，模型的训练误差和模型的测试误差就自然成为模型的评估指标。评估指标的确定主要是衡量所建立模型的精度。模型精度的衡量具有重要意义，其中之一就是对所建立模型的选择。随着数据挖掘技术的不断发展，越来越多的算法及其优化方法普遍应用于各种场景中，对于一个数据挖掘项目，往往有很多不同的挖掘算法可以适用于原始数据集，一般情况下，数据挖掘工程师会针对数据集建立多个可用的模型解决预测、分类、模式识别等问题，评估指标的确定可以为不同模型的选择提供一个量化的评价指标，对于面向数据的挖掘算法研究至关重要[21]。

下面给出训练误差和测试误差的普适表示方式，假设学习得到的模型是 $Y = \hat{f}(X)$，训练误差可以表述为模型关于训练数据集的平均损失：

$$R_{\mathrm{emp}}(\hat{f}) = \frac{1}{N}\sum_{i=1}^{N} L(y_i, \hat{f}(x_i)) \tag{8-48}$$

式中，N 为训练样本容量。

测试误差是模型 $Y = \hat{f}(X)$ 关于测试数据集的平均损失：

$$e_{\mathrm{test}} = \frac{1}{N'}\sum_{i=1}^{N'} L(y_i, \hat{f}(x_i)) \tag{8-49}$$

式中，N' 为测试样本容量。

在更具体的情况下，假设损失函数是 0-1 损失，测试误差就标成了常见的测试数据集上的误差率：

$$e_{\mathrm{test}} = \frac{1}{N'}\sum_{i=1}^{N'} I(y_i \neq \hat{f}(x_i)) \tag{8-50}$$

式中，I 为指示函数，当 $y_i \neq \hat{f}(x_i)$ 时为 1，否则为 0。

相应地，常见的测试数据集上的准确率为

$$r_{\mathrm{test}} = \frac{1}{N'}\sum_{i=1}^{N'} I(y_i = \hat{f}(x_i)) \tag{8-51}$$

显然，$e_{\mathrm{test}} + r_{\mathrm{test}} = 1$。损失函数为 0-1 损失的情况适用于简单的二分类问题，对于预测问题损失函数的选择更为多样化，但是其精度及误差计算的原理大同小异。

训练误差的大小，对判断给定的问题是不是一个容易被数据挖掘模型学习的问题是有意义的，但实质上并不重要。一般地，获得训练误差并与测试误差进行对比可以对模型是否过拟合进行判断；测试误差反映了模型对未知的测试数据集的预测能力，是模型评估过程中的重要量化指标。

当存在基于不同算法或不同复杂度的模型时，就会面临模型选择的问题，其目的是获得一个合适的模型。如果假设空间存在"真模型"，那么所选的模型应该逼近真模型。具体地，所选模型要与真模型的参数个数相同，所选模型的参数向量与真模型的参数向量相近。

在模型选择的过程中，如果一味追求训练精度提升，所选模型的复杂度往往会比真模型更高，这种现象称为过拟合。过拟合的产生是由于学习时建立的模型包含的参数过多，所以出现该模型对已知数据的预测效果很好，而对未知数据的预测效果很差的现象，总的来说，需要在避免过拟合的前提下尽可能地提高模型的预测精度。

在核心算法选择适当的前提下，一般而言，随着模型复杂度的增加，训练误差会减小，直至趋向于0。但是测试集的误差却不是如此，它会随着模型复杂度的增加，先减小后增大。而进行模型选择及调优的目的是使测试误差达到最小。为了达到这一目的，通常采用的方法是正则化和交叉验证。

1. 正则化

正则化是结构风险最小化策略的实现，是在经验风险上加一个正则化项。正则化项一般是模型复杂度的单调递增函数，模型越复杂，正则化值就越大。例如，可以选择模型参数向量的范数作为正则化项。

正则化一般有如下形式：

$$\min_{f \in F} \frac{1}{N} \sum_{i=1}^{N} L(y_i, f(x_i)) + \lambda J(f) \quad (8\text{-}52)$$

式中，第一项表示经验风险，第二项为正则化项，λ为调节两者之间关系的系数。比较常用的正则化形式为L_1范数和L_2范数：

$$L(\omega) = \frac{1}{N} \sum_{i=1}^{N} (f(x_i;\omega) - y_i)^2 + \lambda \|\omega\|_1 \quad (8\text{-}53)$$

式中，$\|\omega\|_1$表示向量ω的L_1范数。

$$L(\omega) = \frac{1}{N} \sum_{i=1}^{N} (f(x_i;\omega) - y_i)^2 + \frac{\lambda}{2} \|\omega\|_2 \quad (8\text{-}54)$$

式中，$\|\omega\|_2$表示向量ω的L_2范数。

2. 交叉验证

在数据集样本量充足的情况下可以使用交叉验证的方式对模型进行选择，交叉验证的基本思想是重复使用数据，把给定的数据进行切分，将切分的数据集组合为训练集和测试集，在此基础上反复地进行训练、测试及选择模型。常用的交叉验证方法有简单交叉验证、S折交叉验证和留一交叉验证。

（1）简单交叉验证：首先随机地将已给的数据分为两部分，一部分作为训练集，另一部分作为测试集；然后用训练集在各种条件下训练模型，从而得到不同的模型。

在测试集上评价各个模型的误差，选出测试误差最小的模型。

（2）S 折交叉验证：首先随机地将已给数据切分为 S 个互不相交的大小相同的子集；然后利用 $S-1$ 个子集的数据对模型进行训练，余下的子集进行测试。将这一过程对可能的 S 种选择重复进行；最后选出 S 次评价中测试集平均误差最小的模型。

S 折交叉验证是目前应用最多的交叉验证方法，比较典型的是十折交叉验证。

（3）留一交叉验证：该方法是 S 折交叉验证方法的特殊形式，在 S 取值为样本容量时，这种交叉验证方法即留一交叉验证，通常会在数据集为小样本量的时候选择留一交叉验证的方法。

8.4 环境试验结果有效性评价

8.4.1 相关性评价

现阶段，评价大气暴露试验和实验室模拟加速试验的相关性的方法包括定性评价和定量评价。

1. 定性评价

定性评价相关性的方法主要有图表法和失效机理对比法两种。

1）图表法

图表法是将大气暴露试验和实验室模拟加速试验所得的性能变化数据列入适当的表格中，并根据表格中的数据绘图，比较各图中数据的变化趋势，以此获知两种试验结果的相关性优劣。图表法的关键技术环节是性能参数和性能测试方法的合理选取。例如，金属材料可选择腐蚀质量损失，涂层材料可选光泽度、色差，塑料可选择冲击强度保留率等。

敖培云等[21]以飞机结构材料防护涂层（丙烯酸聚氨酯涂层）作为研究对象，在不改变涂层失效机理或者尽量减少引入新的涂层失效形式的前提下，通过对室内、室外电化学阻抗图谱规律、失光率变化规律和色差变化规律的对比研究，探索有机涂层户外大气暴露和室内加速试验的相关性。

图表法能直观地表现大气暴露试验和实验室模拟加速试验的相关性，方法简单易行，但主观性较强，并不易描述。

2）失效机理对比法

材料在大气暴露试验和模拟加速试验两种试验中的失效机理一致，才是真正的相关[22]，通过对比两种试验的失效机理，可获知两者之间的相关性。

李铎锋等[22]通过对 LD10 铝合金的加速腐蚀试验中腐蚀试件的失重数据和腐蚀

形貌分析，研究了加速腐蚀过程的腐蚀规律，并且与实际的腐蚀试验进行了相关模拟性分析，结论表明：改变 LD10 铝合金在 N_2O_4 中腐蚀的环境条件，在电化学本质和试验环境因素作用方式方面与实际腐蚀试验保持了一致；在锈层形貌分析方面与实际腐蚀试验基本一致。

有时，虽然大气暴露试验和实验室模拟加速试验的结果一致，但失效机理并不相同，这种相关并不是真的相关，往往重现性不好。例如，国内曾有人对比研究经过海洋大气环境暴露实验和经过盐雾试验、人工海水浸泡试验后有机涂层的老化行为，发现在比较不同涂层的耐蚀性时，室内外试验结果一致，但室内外有机涂层的腐蚀破坏形式并不同[24—26]。

失效机理对比法无疑是研究大气暴露试验和实验室模拟加速试验相关性较可靠的一种方法，但受人员、设备等各个方面因素的限制，全面获知材料的失效机理并不容易，特别针对各种改性材料及新材料，失效机理研究更加困难。

2. 定量评价

1）Pearson 积距相关系数法

Pearson 积距相关系数法用来衡量两个数据集合是否在一条直线上，用来衡量定距变量间的线性关系。其计算公式如下：

$$r = \frac{N\sum x_i y_i - \sum x_i \sum y_i}{\sqrt{N\sum x_i^2 - (\sum x_i)^2}\sqrt{N\sum y_i^2 - (\sum y_i)^2}} \tag{8-55}$$

相关系数的绝对值越大，相关性越强，相关系数接近于 1 或-1，相关性越强，相关系数越接近于 0，相关性越弱。相关性的判断如表 8-3 所示。

表 8-3 相关性的判断

相关系数 r	相 关 性
0.8～1.0	极强相关
0.6～0.8	强相关
0.4～0.6	中等程度相关
0.2～0.4	弱相关
0～0.2	极弱相关或无相关

Pearson 积距相关系数法容易受变量分布的影响，并对异常值非常敏感，所以只能在数据近似正态分布的时候才被采用，否则就可能导致错误的结论。

2）Spearman 秩相关系数法

Spearman 秩相关系数法简称为 rhos，此法属于非参数线性相关分析，方法简便，易于掌握，能充分说明相关性问题。Spearman 秩相关系数 R 越接近 1，相关性越好。

与 Pearson 积距相关系数法相同,可依据表 8-3 的相关系数取值范围对相关性进行判断。

Spearman 秩相关系数 R 的具体计算方法如下:

① 设 X_i、Y_i 分别为样品经过两种试验方法后测得的性能数据,x_i、y_i 分别为 X_i、Y_i 的秩,d_i 为秩差的平方;

② 秩的计算:按性能数据的大小顺序统一编序,每个数据对应的序数为该数据的秩,如果数据中有 n 个数据大小相同,则这些数据的秩也相同,其数值等于这些数据所对应的序数的平均值;

③ 秩差的平方的计算:

$$d_i = (x_i - y_i)^2 \tag{8-56}$$

④ R 的计算:

$$R = 1 - 6\sum_{i=1}^{n} d_i / (n^3 - n) \tag{8-57}$$

式中,d_i 为秩差; n 为参比试样组数。$R \leqslant 1$,越接近 1 说明相关性越好。

Spearman 秩相关系数法是现阶段最常用的相关性分析方法,与 Pearson 积距相关系数法相比,其相关系数的计算与数据样本分布无关。曾华波等[25]通过在天然海水中添加 H_2O_2 进行室内模拟加速试验。通过失重分析、腐蚀形貌分析和产物组成分析研究船体钢海水腐蚀模拟试验和自然腐蚀试验的相关性。利用 Sperman 秩相关系数法获得两类试验结果相关系数为 0.8,为强相关。

3) 灰色关联度分析法[27]

灰色系统理论是我国著名学者邓聚龙教授于 1982 年创立的一门横断学科。灰色系统理论认为:一个系统有许多因素组成,如果组成的系统的因素明确,因素之间的关系清楚,组成系统的组织结构明确及系统作用原理完全明确,则该系统称为白色系统;信息完全不明确的系统称为黑色系统;介于两者之间的系统,即信息部分明确、部分不明确的系统称为灰色系统[11]。灰色关联度分析是灰色系统的研究内容之一,它是从不完全的信息中对所研究的各因素通过一定的数据处理,在随机的因素序列中找出它们的关联性,得到主要影响因素,然后根据因素间的发展趋势的相似或相异程度来衡量因素间接近的程度。

灰色关联度分析法可用于多个室内模拟加速试验的相互比较,以择优选择试验方法。以自然环境试验数据作为母系列,各室内模拟加速试验数据作为子系列,计算出的各灰色关联度 r_i,按大小排序,最大的为相关性最好的试验方法。国内有人针对聚苯乙烯塑料分别研究了氙弧灯、紫外灯和金属卤素灯 3 种光源的实验室光源暴露试验与敦煌环境试验站户外自然暴露试验的相关性,以塑料缺口冲击强度为判据,通过灰色关联分析法对相关性进行定量分析,表明金属卤素灯加速试验对敦煌环境试验站户外自然暴露试验的模拟性最好[26]。

另外，采用灰色关联度分析法可对材料失效和环境因素进行相关性分析。裴和中[26]等人应用灰色系统理论分析碳钢及低合金钢、不锈钢、铝及铝合金和特级纯锌等金属材料大气腐蚀与大气环境因素的灰色关联，从而确定各环境因素对这几类金属材料的大气腐蚀的影响程度，并评价了灰色关联度分析法的有效性。

灰色关联度分析法对样本量的多少没有太高的要求，分析时也不需要找典型的分布规律，且分析规律一般与定性分析相吻合[27]。

8.4.2 加速性评价

提到加速性，就不得不提及加速试验。GJB 6117—2007 对加速试验的定义为"通过提高施加应力的量值（幅度）或增加应力施加额度，或两者任意组合和综合以使试验时间短于实际使用时间的试验"。GJB 451—1990 对加速试验的定义为"为缩短试验时间，在不改变故障模式和失效机理的条件下，用加大应力的方法进行的试验"。可见相比在实际使用应力条件下，开展加速试验在给定的时间内可获得更多的产品环境适应性信息，但需要保证不改变故障模式和失效机理。

加速因子也称加速系数，可反映加速试验中某加速应力水平的加速效果，根据可靠性理论，加速系数（AF）的定义如下。

假设正常应力水平记为 S_0，S 为施加于产品的加速应力，加速应力水平 $S_0<S_1<\cdots<S_i$，在给定的可靠度值 R，S_i（$i=0,1,2,\cdots,1$）下，产品的可靠寿命记为 $T_{R,i}$，产品性能退化率记为 M_i，则比值：

$$K_{ij}(R) = \frac{t_{Ri}}{t_{Rj}} = \frac{M_i}{M_j} \qquad 0 \leqslant j < i \leqslant 1 \tag{8-58}$$

称为产品在加速应力水平 S_i 对加速应力水平 S_j 的 R 可靠寿命的加速系数，简称 S_i 对 S_j（$i>j$）的加速系数（AF）。

在环境试验中，加速因子一般指试验样品的某一监测参数的人工模拟试验的加速效果，加速效果的评价流程通过一个例子来说明。

印制电路板防护涂层样件 S_1 和 S_2 在热带海洋环境下的户外开展了暴露试验，同时也在实验室开展了 S_1 和 S_2 的紫外/冷凝、中性盐雾/干燥循环试验。试验过程中监测了低频阻抗模值等性能参数。S_1 和 S_2 的自然暴露试验低频阻抗模值检测结果如表 8-4 所示。

表8-4 S₁和S₂的自然暴露试验低频阻抗模值检测结果（单位：Ω·cm²）

样件	0个月	1个月	3个月	6个月	12个月	18个月
S_1（×10⁸）	481	293	27.3	65.9	40.0	3.56
S_2（×10⁸）	241	203	124	60.4	246	56.3

S_1和S_2的实验室紫外/冷凝、中性盐雾/干燥循环试验结果，如表8-5和表8-6所示。

表8-5 S₁的实验室试验低频阻抗模值检测结果（单位：Ω·cm²）

样件	0天	6天	12天	18天	24天	30天	36天
S_1（×10⁸）	122	158	202	101	65.2	51.8	29.1

表8-6 S₂的实验室试验低频阻抗模值检测结果（单位：Ω·cm²）

样件	0天	2天	4天	6天	10天	14天	18天	22天	26天	30天
S_2（×10⁸）	455	179	47.9	39.9	24.3	29.1	312	4.42	6.35	23.1

那么，根据加速因子的定义，试验1个月后的低频阻抗模值的退化量、退化率和加速因子，如表8-7～表8-9所示。

表8-7 自然环境试验S₁和S₂的低频阻抗模值的退化量和退化率计算结果

样件编号	0个月	1个月	退化量	退化率（每天）
S_1（×10⁸）	481	293	−188	−6.2667
S_2（×10⁸）	241	203	−38	−1.2667

表8-8 加速试验S₁的低频阻抗模值的退化量和退化率计算结果

样件编号	0个月	30天	退化量	退化率（每天）
S_1（×10⁸）	122	518	−70.2	−2.34

表8-9 S₂的加速试验低频阻抗模值的退化量和退化率计算结果

样件编号	0个月	1个月	退化量	退化率（每天）
S_2（×10⁸）	455	23.1	−431.9	−14.3967

S_1低频阻抗模值加速系数的计算：

$$\mathrm{AF}_{S_1} = \frac{-0.234}{-0.62667} = 0.373404$$

由此可知，该种加速试验程序对S_1的低频阻抗模值不具有加速性。

S_2的低频阻抗模值加速系数的计算：

$$\mathrm{AF}_{S_2} = \frac{-1.43967}{-0.12667} = 11.36579$$

由此可知，该种加速试验程序对S_2的低频阻抗模值具有很好的加速性。

8.5 环境试验数据应用

以两种防护涂层体系的使用寿命预测为例,解释环境试验数据的处理和应用过程。

8.5.1 试验及结果

试验样件 S_1 和 S_2 在热带海洋环境下的户外开展了暴露试验,由于该区域应用防护涂层对抗腐蚀介质屏蔽的性能要求很高,所以选择涂层低频阻抗模值作为寿命敏感参数,根据其变化情况预测防护涂层寿命。试验样件信息如表 8-10 所示,S_1、S_2 样件自然暴露试验低频阻抗模值结果如表 8-11 所示。

表 8-10 试验样件信息

样件类别	工艺清单
S_1	基材:6061; 表面处理:Al/Et.A(s).S; 底漆:锌黄丙烯酸聚氨酯底漆; 面漆:丙烯酸聚氨酯海陆迷彩漆
S_2	基材:A3; 表面处理:Fe/Ap.Zn18nc; 底漆:锌黄丙烯酸聚氨酯底漆; 面漆:丙烯酸聚氨酯磁漆

表 8-11 S_1、S_2 样件自然暴露试验低频阻抗模值结果(单位:$\Omega \cdot cm^2$)

样件编号	0个月	1个月	3个月	6个月	12个月	18个月
S_1(×10^8)	481	293	27.3	65.9	40.0	3.56
S_2(×10^8)	102	588	759	124	106	1.86
判据(×10^8)	0.01	0.01	0.01	0.01	0.01	0.01

8.5.2 数据的预处理

对表 8-10 中的数据进行分析,疑点分析结果如表 8-12 所示。

表 8-12 疑点分析结果

样件编号	0个月	1个月	3个月	6个月	12个月	18个月
S_1(×10^8)	481	293	27.3	65.9	40.0	3.56
S_2(×10^8)	102	588	759	124	106	1.86
判据(×10^8)	0.01	0.01	0.01	0.01	0.01	0.01

用插值法修正异常点，数据预处理后的结果如表 8-13 所示。

表 8-13　数据预处理后的结果

样件编号	0 个月	1 个月	3 个月	6 个月	12 个月	18 个月
S_1（×10^8）	481	293	167.41	65.9	40.0	3.56
S_2（×10^8）	102	768.78	759	124	106	1.86
判据（×10^8）	0.01	0.01	0.01	0.01	0.01	0.01

在建立模型和寿命评估时，要求原始数据是等间距的。因此要对比表 8-13 中的数据进行等间距化。数据等间距后的结果如表 8-14 所示。

表 8-14　数据等间距后的结果

样件编号	0 个月	6 个月	12 个月	18 个月
S_1（×10^8）	481	65.9	40.0	3.56
S_2（×10^8）	102	124	106	1.86
判据（×10^8）	0.01	0.01	0.01	0.01

8.5.3　低频阻抗模值退化模型的建立

1. 拟合模型

对表 8-13 中的数据进行拟合，S_1 样件数据拟合结果如图 8-6 所示，S_2 样件的拟合结果如图 8-7 所示。

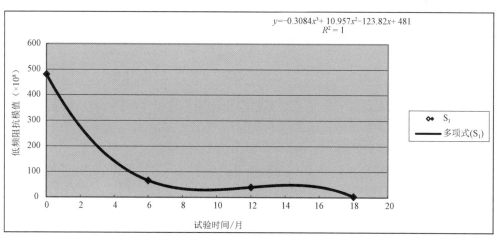

图 8-6　S_1 样件数据拟合结果

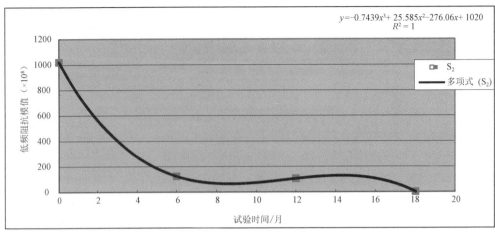

图 8-7 S_2 样件数据拟合结果

由图 8-6 和图 8-7 可知，S_1、S_2 样件的拟合模型和拟合优度如表 8-15 所示。

表 8-15 S_1、S_2 样件的拟合模型和拟合优度

样 件 编 号	拟 合 模 型	拟合优度（R^2 值）
S_1	$y = -0.3084x^3 + 10.957x^2 - 123.83x + 481$	1
S_2	$y = -0.7439x^3 + 25.585x^2 - 276.06x + 1020$	1

对拟合模型进行模型显著性检验，拟合模型的显著性检验结果如表 8-16 所示。

表 8-16 拟合模型的显著性检验结果

样 件 编 号	相关系数检验	T 检验	χ^2 检验
S_1	0.9329	0.7196	1.269E-33
S_2	0.5804	0.3567	0

由表 8-15 的结果可知，S_1 的相关系数检验结果为强相关，T 检验和 χ^2 检验结果均通过。而 S_2 的相关系数检验结果为中等相关，T 检验和 χ^2 检验结果均通过。因此，S_1 的拟合模型可以用来预测，S_2 的拟合模型不能用来预测。

利用 S_1 的拟合模型对 S_1 的低频阻抗模值的失效时间进行预测，S_1 样件的低频阻抗模值的失效时间预测结果如表 8-17 所示。

表 8-17 S_1 样件的低频阻抗模值的失效时间预测结果

样 件 编 号	低频阻抗模值的失效时间/月
S_1	18.2

对 S_1 的其他参数按照同样的方法进行数据预处理、建立模型、检验模型、预测，

即可求得参数的失效时间,最后比较所有参数的失效时间,根据短板原理,选取时间最短的失效时间即样件 S_1 在热带海洋气候下的户外暴露寿命。

2. 灰色预测模型

当 $n=4$ 时,可容级比覆盖为(0.67032,1.4918)。

对表 8-14 中数据组成的序列进行级比检验,将级比检验结果与可容级比覆盖进行对比,S_1、S_2 样件数据序列级比检验结果如表 8-18 所示。

表 8-18 S_1、S_2 样件数据序列级比检验结果

样件编号	级比检验结果			结论
	1	2	3	
S_1	0.137	0.60698	0.089	未通过
S_2	0.1216	0.8548	0.0175	未通过

由表 8-18 的结论可知,S_1 和 S_2 均无法建立灰色预测模型。

3. BP 神经网络模型

神经网络模型的求解工具主要是 SPSS 平台中的神经网络分析模块。神经网络模型的建立需要应用现有的分析平台 SPSS 平台来实现,而且输出的结果是模型参数,而不是具体的类似于方程的表达式。

1)网络结构设计

网络结构设计包括确定网络的输入层节点数、隐层数、输出层节点数。根据 S_1 的数据预处理结果,将低频阻抗模值作为预测的关键参数。因此,输入层节点数为 1,隐层数为 1,输出层节点数为 1。

2)学习算法和激活函数选取

由于低频阻抗模值的预测问题是一个时间序列的预测问题,因此选用 BP 神经网络算法,激活函数选择径向基核函数。

3)样本选取

将表 8-15 中 S_1 的 0 个月、6 个月、12 个月的低频阻抗模值作为训练集,18 个月的低频阻抗模值作为验证集。

4)网络训练

利用表 8-15 中的数据进行训练,获得最佳的隐层数为 3。

5)网络预测

利用上述建立的 BP 神经网络模型对 S_1 的低频阻抗模值进行预测,预测结果为 24 个月时,低频阻抗模值的预测值为 0.0072×10^8 ($\Omega \cdot cm^2$)。低频阻抗模值的失效判据为 $<0.01 \times 10^8$ ($\Omega \cdot cm^2$)。因此,S_1 样件的低频阻抗模值的失效时间为 18~24 个月。

4. 支持向量机模型

支持向量机的求解工具主要是 MATLAB 平台上的 LS-SVMlab1.5 工具箱。该 LS-SVMlab1.5 工具箱包含了大量 MATLAB 中的 LS-SVM 算法的实现，其中涉及分类、回归、时间序列预测和无监督学习。工具箱的代码都是用 C 语言编写的，根据计算机系统的不同可以用于 Windows 版本和 Linux 版本。

支持向量机模型的建立需要依赖 MATLAB 平台来实现，输出的页是模型参数，而不是具体的类似于方程的数学表达式。

1）模型参数选择

核函数为径向基核函数，模型的主要参数为核函数参数 σ^2 和惩罚参数 C，这两个参数对模型性能有很大影响。若 C 取值较小，则对样件数据的惩罚较小，使训练误差较大，算法的泛化能力变好；反之，C 取值较大时，对样件数据的惩罚较大，使训练误差变小，算法的泛化能力变差。σ^2 太小，会对样件数据造成过学习现象；σ^2 太大，会对样件数据造成欠学习现象。因此，需要根据预测误差曲线变化规律调整达到最优值，最终确定 S_1 样件的 $C=20$，$\sigma^2=35$。

2）预测结果

将 S_1 样件的 0 个月、6 个月、12 个月的低频阻抗模值作为训练样件，18 个月的低频阻抗模值作为测试样件，在 MATLAB 平台上进行模型训练和预测。获得预测函数的支持向量 α_i 和截距 b 分别为

$$[\alpha_1, \alpha_2, \alpha_3, \alpha_4] = [478.6, 66.3, 41.8, 4.97]，b=0.21。$$

3）低频阻抗模值的失效时间预测

采用上述预测模型，将 0 个月、6 个月、12 个月、18 个月的低频阻抗模值作为训练样本，预测低频阻抗模值。当低频阻抗模值的预测值低于判据 0.01×10^8 时，其所对应的试验时间即失效时间。用 MATLAB 平台的支持向量机工具箱进行预测，24 个月时的低频阻抗模值为 0.0039×10^8。因此，S_1 样件的低频阻抗模值的失效时间为 18～24 个月。

参 考 文 献

[1] 徐翔，刘建伟，罗雄麟. 离群点挖掘研究[J]. 计算机应用研究，2009，26（1）：34-40.

[2] 吴声链，林士敏，等. 基于距离的孤立点检测研究[J]. 计算机工程与应用. 2004，73-76.

[3] 金义富，朱庆生，邹咸林. 高维数据集离群子空间特性研究[J]. 计算机工程与应用. 2006，42（9）：147-149.

[4] 李宁. 基于密度的孤立点检测技术研究[D]. 武汉：华中科技大学计算机科学与技术学院，2007.

[5] 邓玉洁，朱庆生. 基于聚类的离群点分析方法[J]. 计算机应用研究. 2012，29（3）：865-868.

[6] 金成美. 缺失数据填补方法研究[D]. 锦州：辽宁工业大学电子信息与工程学院，2011.

[7] 高春雨. 基于粗糙集的柴油机装配间隙组合优化方法研究[D]. 北京：北京航空航天大学可靠性与系统工程学院，2017.

[8] 李航. 统计学习方法[M]. 北京：清华大学出版社，2012.

[9] 傅立. 灰色系统理论及其应用[M]. 北京：科学技术文献出版社，1992.

[10] 陈永光，柯宏发. 电子系统装备试验灰色系统理论运用技术[M]. 国防工业出版社，2008.

[11] 王立政. BP 神经网络在城市轨道交通客流短时预测中的应用研究[D]. 苏州：苏州科技大学土木工程学院，2017.

[12] 李小燕. 灰色神经网络预测模型的优化研究[D]. 武汉：武汉理工大学计算机科学与技术学院，2009.

[13] 王燕霞. 基于神经网络与灰色理论的水质参数预测建模研究[D]. 重庆：重庆大学自动化学院，2010.

[14] 丁世飞，齐丙娟，谭红艳. 支持向量机理论与算法研究综述[J]. 电子科技大学学报. 2011（01）：2-10.

[15] BERNHARD S，BURGES C J C，SMOLA A J. Advances in kernel methods：support vector learning[M]. MIT Press，1999.

[16] BURGES C J C. A tutorial on support vector machines for pattern recognition[J]. Data Mining and Knowledge Discovery. 1998，2（2）：121-167.

[17] 丁宏飞. 基于智能优化算法的支持向量机回归及其应用[D]. 成都：西南交通大学数学学院，2011.

[18] 乔美英，马小平，兰建义，等. 基于加权 LS-SVM 时间序列短期瓦斯预测研究[J]. 采矿与安全工程学报. 2011（02）：310-314.

[19] 林耀进. 灰色支持向量机在小样本预测中的应用研究[D]. 厦门：厦门大学信息科学与技术学院，2009.

[20] 周志华. 机器学习[M]. 北京：清华大学出版社，2016.

[21] 敖培云，朱黎军，张华. 户外大气曝晒和室内加速试验相关性的研究[J]. 新余高专学报，2010，15（3）：75-76.

[22] 李铎锋，黄智勇，李玲艳. LD10 铝合金加速腐蚀试验相关模拟性研究[J]. 广州

化工,2012,40(15):92-94.

[23] BOELEN B,SCHMITZ B,DEFOURNY J,et al. A literature survey on the development of an accelerated laboratory test method for atmospheric corrosion of precoated steel produces[J]. Corrosion Science,1993,34(11):1923-1931.

[24] 张三平,萧以德,朱华. 涂层户外暴露与室内加速腐蚀试验相关性研究[J]. 腐蚀科学与防护技术,2000,3:157-159.

[25] 曾华波,张慧霞,邓春龙,等. 船体钢室内加速腐蚀和海水腐蚀的相关性研究[J]. 装备环境工程,2010,7(5):8-12.

[26] 裴和中,雍歧龙,金蕾. 金属材料大气腐蚀与环境因素的灰色关联分析[J]. 钢铁研究学报,1999,11(4):53-56.

[27] 王艳艳,宣卫芳,王一临. 实验室光源暴露试验与户外环境试验相关性研究[J]. 装备环境工程,2010,7(6):49-52.

第 9 章

电子装备防护涂层环境试验案例

9.1 概述

电子装备防护涂层环境试验实施的目的主要是评价涂层的环境适应性和合理优选防护涂层体系,要实现以上目的需要两个基本前提条件:一是制定合理的环境试验方法,二是开展有效的防护涂层性能评价。本章针对实验室环境试验和自然环境试验两类试验方法,从实验室环境试验方法制定、实验室环境试验对比分析、涂层防护性能评定和自然环境试验评价及选用等四个案例,为防护涂层的评价及优选提供指导。

9.2 案例一:实验室环境试验方法制定

9.2.1 相关信息收集

1. 防护涂层体系信息

表 9-1 防护涂层体系信息

基材	表面处理	防护涂层		干膜总厚度/μm	应用平台
		底漆	面漆		
A3	Fe/Ap.Zn18nc	锌黄丙烯酸聚氨酯底漆	丙烯酸聚氨酯磁漆	100~120	机箱机柜外表面

2. 应用地点及环境类型

应用地点:三沙市永兴岛。环境类型:热带湿热型海洋大气环境。

3. 实验室环境试验方法制定目标

考虑到多种环境影响因素的综合作用，制定一种实验室循环加速试验方法，要求模拟性和加速性较优。

9.2.2 制定过程及原则

实验室环境试验方法制定过程如图 9-1 所示。

图 9-1　实验室环境试验方法制定过程

在实验室环境试验方法编制过程中需要遵循以下原则：

1. 实验室环境试验中环境因素的模拟性（环境因素确定）

——要求试验方法中包含防护涂层主要环境影响因素。

2. 实验室环境试验环境因素施加方式的模拟性（试验谱块选择）

——要求试验方法中环境因素施加方式对自然环境因素作用的模拟性较强。

3. 实验室环境试验循环方式的有效性（循环方式确定）

——要求试验方法中循环过程与自然环境因素经历尽可能一致。

4. 实验室环境试验条件量值的覆盖性（试验量值确定）

——确保环境试验条件量值强于应用地点环境极值。

9.2.3 应用环境特点分析

分析防护涂层应用环境有如下特点：

1. 温度、相对湿度高

三沙市永兴岛纬度较低，太阳直射角度高，接受辐射的热量较多，海水蒸发量大，导致气温较高、湿度较大，其年平均气温在 28℃ 左右，年平均相对湿度大于 80%，虽然与海南部分地区相比相对湿度较低，但绝对湿度较高，使湿气在材料中的吸附、扩散过程较为明显。

2. 太阳辐射强

三沙市永兴岛属于典型的强日照环境，全年日平均辐射量达到 17.86MJ/(m²·d)，最高日辐射量出现在 4～6 月，全年日照时长 2400h 以上。

3. 盐雾含量高

三沙市永兴岛全年风大浪高，且岛礁面积较小、地形低矮平坦，导致全岛空气中的盐雾含量始终保持在很高的水平，特别在 12 月至次年 1 月。

4. 综合作用强

三沙市永兴岛环境对各类材料均具有较强腐蚀性，其中一个重要原因是各类环境应力的综合效应突出，在典型日循环中各个时间段均是多个高水平环境因素的综合作用，如表 9-2 所示。

表 9-2 典型日循环中环境对防护涂层的综合作用

序 号	时 间 段	综合作用环境因素
1	00:00～08:00	高温、高相对湿度、高盐雾
2	08:00～12:00	高温、高相对湿度、高盐雾、强太阳辐射
3	12:00～14:00	高温、强太阳辐射
4	14:00～16:00	高温、高相对湿度、高盐雾、强太阳辐射
5	16:00～24:00	高温、高相对湿度、高盐雾

根据 ISO 12944—2 规定，结合低碳钢和锌在西沙试验站环境综合作用下的腐蚀结果，分析三沙市永兴岛大气环境的腐蚀环境等级，如表 9-3 所示。

表 9-3 三沙市永兴岛大气环境腐蚀性等级

序号	材料种类	材料牌号	质量损失/(g·m⁻²)	腐蚀级别	厚度损失/μm	腐蚀级别
1	低碳钢	Q235	629.78	C4	80.82	C5
2		20#	622.22	C4	79.16	C4
3		08Al	866.81	C5	110.28	C5
4		09CuPCrNi	588.60	C4	74.89	C4
5	锌	99.95Zn	37.75	C5	5.29	C5

可见，三沙市永兴岛大气环境腐蚀等级为 C4～C5 级，具有高腐蚀性。

另外，考虑到丙烯酸聚氨酯防护涂层的主要失效形式是变色、粉化，失效机理是光降解和电解质渗透，可确定主要环境影响因素为温度、水分、太阳辐射和腐蚀性介质（盐雾）。

9.2.4 实验室环境试验谱确定过程

实验室环境试验谱主要环境因素包括环境试验谱块、环境试验量值、环境试验时间比例、环境试验循环方式等，实验室环境试验谱确定过程及依据如图9-2所示。

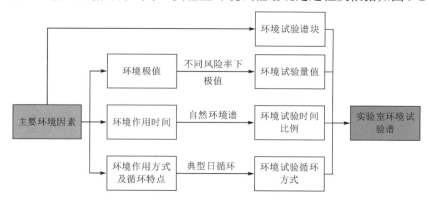

图9-2 实验室环境试验谱确定过程及依据

由图9-2可知，确定实验室环境试验谱需要对环境影响因素进一步分析，包括环境极值、环境作用时间、环境作用方式及循环特点。

9.2.5 环境因素的进一步分析

1. 环境极值分析

以海南省三沙市西沙试验站为观测站点，分析不同时间风险率的环境极值。

1）温度

高温可引起防护涂层热老化，可提高防护涂层光老化、水渗透及水降解的速率，分析最严酷月的日最高气温及出现频次，进而计算出不同时间风险率下的高温极值，如表9-4所示。

表9-4 不同时间风险率下的高温极值

序 号	风险率/%	温度/℃
1	1	34.8
2	5	34.2
3	10	33.8
4	20	32.9

2）相对湿度

收集严酷月相对湿度极值及出现频次，计算不同时间风险率下相对湿度极值，如表 9-5 所示。

表 9-5　不同时间风险率下的相对湿度极值

序　号	风险率/%	温度/℃
1	1	94
2	5	91
3	10	90
4	20	88

相对湿度对防护涂层表面薄液膜形成及凝露的生成具有促进作用，而绝对湿度决定了防护涂层对水分子的吸附和吸收过程，以 2016 年的温度和相对湿度为基础，计算出最大绝对湿度为 27.5g/m³。

3）盐雾

西沙试验站盐雾沉降率极值为 1.439 mg/(m²·h)。

4）太阳辐照量

对防护涂层产生影响的太阳辐照参数包括总辐照量、总辐照强度、紫外光辐照量、紫外辐照强度极值，在制定太阳辐射试验条件时，往往取真实出现的极值，45°太阳辐照度极大值为 963W/m²，紫外辐照度极大值为 53.3W/m²。

2. 环境作用时间

三沙市永兴岛自然环境的一个重要特点是引起腐蚀的各类环境因素作用时间均很长，包括温度和湿度作用时间（相对湿度大于 80%、温度高于 0℃的时间）、太阳辐射作用时间、盐雾作用时间等。

1）温度、湿度作用时间

通过编制温度—湿度谱可以直观获知高温高湿的作用时间。温度—湿度谱显示相对湿度 80%以上的时间占全年的 49.5%，计算润湿时间约为 4336h，根据 ISO 9223 规定，该区域为温暖湿润气候条件，另外海洋大气中含有大量的吸湿盐分，容易吸附在防护涂层表面，在相对较低的环境下防护涂层表面也呈现为润湿状态。

与其他海域或南海沿海地区相比，南海岛礁常年处于高温、高湿状态，温度高于 20℃，相对湿度高于 80%的时间占全年的 49.4%，说明该区域应用的防护涂层材料长时间处于含湿量和蒸汽压较大的氛围中，导致材料对湿气吸附和吸收。

2）太阳辐射作用时间

西沙试验站年日照时间为 2400h 以上，约占全年时长的 28%，日最长日照时间为 11.7h，年太阳辐照总量为 6500MJ·m⁻² 以上，计算年平均辐照度为 731.3W/m²，可以看出西沙试验站的太阳辐射作用长时间保持高水平。

3）盐雾作用时间

盐雾在空气中的存在状态与空气中相对湿度相关，当空气湿度较大时，盐核容易吸附凝结，使直径变大、变重，降落在防护涂层表面。反之，空气干燥时，盐雾粒子中的水分会蒸发，粒径变小，生成干盐核，随风传播。西沙试验站常年相对湿度较高，大部分盐雾以凝结后降落的形式影响防护涂层；在正午太阳辐照影响下，防护涂层表面升温，表面区域相对湿度变小，表面盐雾粒子蒸发，生成干盐核附着在防护涂层上，所以盐雾全年对防护涂层均有影响。

9.2.6 试验谱块确定

丙烯酸聚氨酯防护涂层体系在该环境下应用时的主要环境影响因素为温度、水分、太阳光和盐雾，选择能模拟以上环境因素作用的实验室环境试验谱块，如图9-3所示。

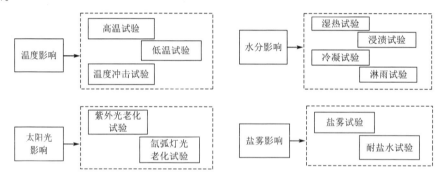

图9-3 环境试验谱块的选择范围

1. 温度影响

由于温度影响过程中同时还会受湿度和太阳辐照的影响，且不是主导因素，而其他实验室环境试验谱块中也均考虑温度的影响，所以温度试验不单独设计，可在设计其他实验室环境试验谱块时考虑其影响。

2. 水分影响

单纯从温湿度数据计算的润湿时间约占全年时间的49.4%，在盐雾、灰尘的影响下会更长，此时防护涂层表面被液膜包覆，渗透作用较强，在设计中重点考虑薄液膜的影响，湿热试验、冷凝试验均可实现。

为了更好模拟太阳光和相对湿度影响营造的干湿交替状态，考虑设备能力，选用冷凝试验。

3. 太阳光影响

丙烯酸聚氨酯涂层在应用过程中主要受太阳光的化学影响，出现变色、粉化，选用紫外光老化试验。

4. 盐雾影响

该地区空气腐蚀介质主要是盐雾，采用盐雾试验的方式评价其影响，由于盐雾状态包括盐雾沉降和干盐核，所以建议采用干湿交替的盐雾试验。

9.2.7 循环方式确定

试验谱块确定了冷凝试验、紫外光老化试验、干湿交替盐雾试验，本步骤是对3个试验的循环方式进行确定。

确定循环方式的过程中需要遵循以下原则：

（1）循环方式与实际环境因素作用过程基本一致；
（2）循环方式造成的防护涂层失效过程与应用过程基本一致；
（3）需要充分参考已有循环试验标准。

基于以上原则，确定图 9-4 所示的循环方式。

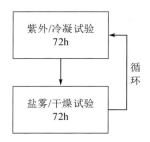

图 9-4　实验室环境试验循环方式

该试验循环方式参照了 ASTM D5894 和 ISO 12944—9 循环老化试验方式，但为提高紫外光、水分及盐雾的综合影响，缩短单次循环试验的时长，本试验的单次循环时间由 ASTM D5894 推荐的 336h 缩短为 144h。

由于涂层的失效是从表面开始的，在光降解、水渗透、水降解的综合影响下不断发展，所以将紫外光老化试验定为循环试验的开始。

根据三沙市永兴岛的典型日循环过程可知，舱外应用防护涂层在太阳光的影响下经历 2 次干湿过程，所以在设计过程中包括了紫外/冷凝的干湿交替过程和盐雾/干燥的干湿交替过程。

9.2.8 试验量值确定

紫外/冷凝试验：紫外辐照度选择 0.98W/m²@340nm，此时 250～400nm 辐照度为 53.3W/m²，与年极值相近。紫外暴露阶段黑板温度采用 60℃，这是由于户外黑板温度的年极值为 58.9℃；冷凝阶段的黑板温度采用 50℃。

试验时间比例选择暴露阶段：冷凝试验=8h:4h，此时光照占整个循环时间的 33.3%，与自然环境光照时长 28.2%的比例接近。

盐雾/干燥试验：在喷雾阶段温度选为 35℃，因为 1%时间风险率下温度为 34.8℃，NaCl 溶液和盐雾沉降率采用 GB/T 1771 规定的数值，NaCl 溶液浓度为 50g/L；溶液 pH 值为 6.0～7.0；盐雾沉降率为（1.0～2.5）mL/(h·80cm²)；

干燥阶段：试验箱温度为 50℃，这是因为实测防护涂层表面温度极值为 46.3℃。

试验时间比例选择盐雾：干燥=12h:12h，与 GJB 150.11A 相比，加快了干湿循环速度，并能保证涂膜吸收、干燥过程比较充分。

9.2.9 环境试验谱形成

通过环境试验谱块、循环方式、试验量值的确定，最终形成图 9-5 所示的实验室环境试验谱。

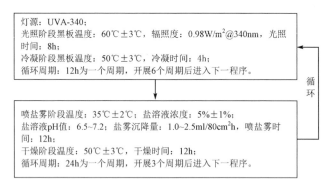

图 9-5 实验室环境试验谱

9.2.10 性能参数选择

机箱机柜外表面防护涂层的主要功能是阻止腐蚀介质渗透，避免基材金属受外部环境影响，实现以上功能要求防护涂层具备优异的附着力，良好的致密程度，同时需要具备优异的耐老化性能。在验证试验过程中需要选择能代表耐腐蚀和耐老化性能的参数，包括失光率、色差、附着力、EIS 性能。

9.2.11 试验结果

试验过程中，防护涂层失光率、色差变化图如图 9-6 所示。

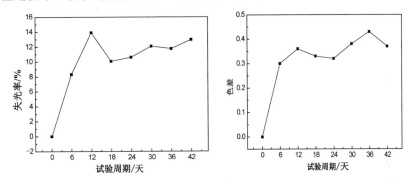

图 9-6　防护涂层失光率、色差变化图

试验 0～12 天样件失光率明显升高，12 天时失光率为 13.90%，失光等级为 1 级；12～42 天失光率无明显变化。色差变化与失光率变化趋势相同。

防护涂层样件 EIS 测试结果如图 9-7 所示。

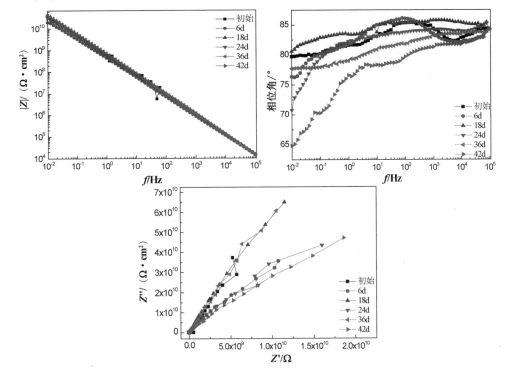

图 9-7　防护涂层样件 EIS 测试结果

试验开始前，防护涂层样件 $\log|Z|$ 对 $\log f$ 作一条直线，并在全频域斜率接近 -1，$|Z|_{0.01Hz}$ 大于 $10^{10}\Omega \cdot cm^2$，说明此时防护涂层具有优异的屏障性。随着试验开展，$\log|Z|$ 的低频段出现轻微下降，样件阻抗弧半径及低频相位角不断下降，但 $|Z|_{0.01Hz}$ 依然保持在 $10^{10}\Omega \cdot cm^2$ 以上，根据涂层防护屏障性等级评定，$10^6\sim 10^9\Omega \cdot cm^2$ 的防护涂层具有较好的屏障性，可见开展 42 天的实验室环境试验并未造成防护涂层体系的屏蔽失效。

试验过程中，防护涂层的附着力等级始终保持为 2 级，未发生附着力下降的现象。

为评价制定的实验室环境试验的有效性，对三沙市永兴岛户外大气环境试验结果进行相关系数计算，如表 9-6 所示。

表 9-6 秩相关系数计算表

试验周期/月	自然环境试验					试验周期/d	试验室环境试验						秩相关系数 R		
	失光率	排序	色差	排序	$\|Z\|_{0.01Hz}$	排序		失光率	排序	色差	排序	$\|Z\|_{0.01}$	排序	失光率	色差	$\|Z\|_{0.01Hz}$
0	0	3	0	1	1.02×10^{11}	5.5	0	0	1	0	1	3.77×10^{10}	3.5	0.66	1.00	0.57
1	-16.2	1	0.34	2	5.88×10^{11}	5.5	2	2.8	2	0.10	2	3.60×10^{10}	3.5			
3	-6.7	2	0.46	3	7.59×10^{10}	3	6	8.3	3	0.30	3	3.72×10^{10}	3.5			
6	13.4	4	0.61	4	1.24×10^{10}	1	12	13.9	6	0.36	4	4.52×10^{10}	3.5			
12	30.3	5	0.76	5	1.06×10^{10}	2	24	10.6	4	0.32	5	4.62×10^{10}	3.5			
18	79.1	6	0.82	6	1.86×10^{8}	1	36	11.8	5	0.43	6	6.16×10^{10}	3.5			

以失光率为相关性计算依据，秩相关系数为 0.66；以色差为相关性计算依据，秩相关系数为 1.00；以 $|Z|_{0.01Hz}$ 为相关性计算依据，秩相关系数为 0.57；平均秩相关系数为 0.74，为强相关。

虽然平均秩相关系数满足要求，但以 $|Z|_{0.01Hz}$ 变化为计算依据所得出的秩相关系数不尽人意，同时发现在试验过程中 $|Z|_{0.01Hz}$ 的数量级未发生变化，说明该实验室环境试验方法对防护涂层耐渗透性能评价不足，需要对其进行改进。

9.2.12 实验室环境试验方法改进

涂层耐水分、电解质溶液渗透的性能受光老化强度和盐雾喷雾时间影响，实验室环境试验的改进方向如下。

1. 增加循环中紫外暴露量

（1）延长紫外暴露试验时长；

（2）提高紫外辐照度。

2. 延长循环盐雾作用时间

由于实验室环境试验紫外辐照度已采用辐照度极值，若继续提高紫外辐照度，容易造成失效机理发生变化，所以选择延长紫外暴露试验时长，同时取消盐雾试验中的干燥过程，采用连续喷雾的方式，强化腐蚀介质的影响。改进后实验室环境试验方案如表 9-7 所示。

表 9-7 改进后的实验室环境试验方案

改进后的试验方式	试 验 条 件
紫外/冷凝、中性盐雾循环试验	**1）紫外/冷凝试验** 紫外暴露阶段：紫外辐照度为 0.98W/m²@340nm；黑板温度为 60℃；暴露时间为 20h； 凝露阶段：黑板温度为 50℃；暴露时间为 4h； 紫外/冷凝试验 3 个循环（72h）后进入盐雾试验。 **2）中性盐雾循环试验** 温度为 35℃±2℃，NaCl 溶液浓度为（50±10）g/L；pH 值为 6.0～7.0；盐雾沉降率为（1.0～2.5）mL/(h·80cm²)；试验时间为 72h

与改进前实验室环境试验方案对比，改进后的实验室环境试验方案主要存在如表 9-8 所示区别。

表 9-8 改进前后实验室环境试验方案区别

序号	主 要 差 异	说　　明
1	每个循环的紫外暴露时长由 48h 增至 60h	西沙市永兴岛的日照时长占全年时间比例为 28.3%，循环试验中紫外暴露时长由 33.3%升至 41.67%，为自然日照时间比例的 1.5 倍
2	盐雾/干燥试验改为连续喷雾试验	为提高电解溶液作用时间，取消盐雾试验中的干燥时长

9.2.13 改进后的实验室环境试验结果

参照改进后的实验室环境试验方法开展试验，对失光率、色差、附着力、EIS 等性能开展测试。改进后实验室环境试验失光率、色差变化情况如图 9-8 所示。

试验过程中，防护涂层样件的光泽度先下降后升高，这是由于在实验前期涂层中含有残留单体在高温太阳光的作用下发生聚合，促使涂层更加平整，光泽度升高，与此同时涂层中树脂链发生断裂导致涂层光泽度降低，随着试验的开展，残余单体含量不断减少，聚合过程削弱，但持续的分子链断裂，导致光泽度不断下降。试验过程中样件色差不断增大，这主要是由于光化学反应产生的生色基团或溶液渗透导致的。

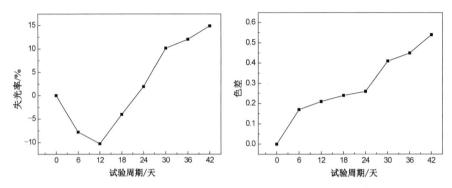

图 9-8　改进后实验室环境试验失光率、色差变化情况

图 9-9 所示为改进后实验室环境试验 EIS 测试结果。

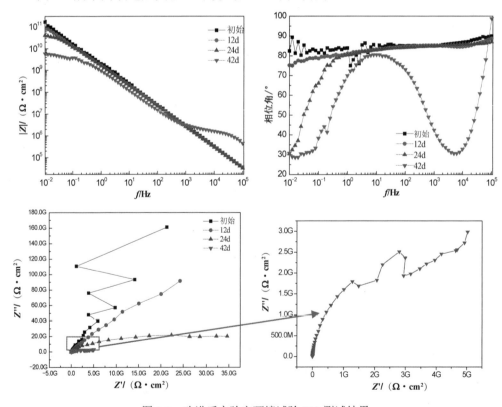

图 9-9　改进后实验室环境试验 EIS 测试结果

试验开始前防护涂层样件的 $\log|Z|$ 对应 $\log f$ 呈斜率为-1 的直线,随着试验的开展,$|Z|_{0.01Hz}$ 不断降低,开展 42 天时,由 $10^{10}\Omega\cdot cm^2$ 降为 $10^9\Omega\cdot cm^2$。试验过程中防护涂层样件的相位角不断发生变化,样件高频相位角出现波谷且低频相位角不断降低,高频相位角的波谷反映涂层表面的老化,低频相位角降低表示电解质溶液渗透越来越深。在开展 42 天后,相位角呈现两个时间常数的特征,并且在低频部分,$\log|Z|$ 对应 $\log f$ 曲线中出现了一条斜线,其斜率大约为-0.5,说明水已经进入涂层内部,但涂层内防腐蚀颜料锌铬黄离子遇水发生水解反应,生成 K_2CrO_4、$ZnCrO_4$、$Zn(OH)_2$、$Zn_2(OH)_2CrO_4$ 等产物并将基体钝化,保护基体免受腐蚀。

对三沙市永兴岛户外大气环境试验结果进行相关性分析,改进后实验室环境试验与大气环境试验秩相关系数计算表如表 9-9 所示。

表 9-9 改进后实验室环境试验与大气环境试验秩相关系数计算表

试验周期/月	自然环境试验				试验周期/d	改进后实验室环境试验				秩相关系数 R		
	失光率	排序	色差	排序	$|Z|_{0.01Hz}$	排序		失光率	排序	色差	排序	$|Z|_{0.01Hz}$	排序	失光率	色差	$|Z|_{0.01Hz}$

试验周期/月	失光率	排序	色差	排序	$|Z|_{0.01Hz}$	排序	试验周期/d	失光率	排序	色差	排序	$|Z|_{0.01Hz}$	排序	失光率	色差	$|Z|_{0.01Hz}$
0	0	3	0	1	1.02×10^{11}	5.5	0	0	4	0	1	8.93×10^{10}	4	0.71	1.00	0.78
1	-16.2	1	0.34	2	5.88×10^{11}	5.5	2	-2.6	3	0.06	2	8.82×10^{10}	4			
3	-6.7	2	0.46	3	7.59×10^{10}	3	7	-8.2	1	0.18	3	8.75×10^{10}	4			
6	13.4	4	0.61	4	1.24×10^{10}	3	14	-6.1	2	0.22	4	7.27×10^{10}	4			
12	30.3	5	0.76	5	1.06×10^{10}	3	28	6.2	5	0.36	5	1.35×10^{10}	4			
18	79.1	6	0.82	6	1.86×10^{8}	1	42	14.9	6	0.54	6	5.85×10^{9}	1			

由表 9-9 可知,以失光率为相关性计算依据,秩相关系数为 0.71;以色差为相关性计算依据,秩相关系数为 1.00;以 $|Z|_{0.01Hz}$ 为相关性计算依据,秩相关系数为 0.78;平均秩相关系数为 0.83,为强相关,符合实验室环境试验方案的制定目标。

以失光率和 $|Z|_{0.01Hz}$ 为依据计算改进后实验室环境试验的加速转换因子和加速因子。

对自然环境试验和改进后实验室环境试验中防护涂层失光率数据进行回归分析,分析结果为

$$Z' = -7.7520 + 0.8720t_1 + 0.2170t_1^2 \qquad R^2 = 0.9594 \qquad (9-1)$$

$$Z'' = -4.1871 - 0.2917t_2 + 0.01974t_2^2 \qquad R^2 = 0.8397 \qquad (9-2)$$

式中,Z' 为自然环境试验中防护涂层样件的失光率;Z'' 为改进后实验室环境试验中防护涂层样件的失光率;t_1 为自然环境试验时长,单位为月;t_2 为改进后环境试验时长,单位为天;R 为相关系数。

根据式（9-1）、式（9-2），取不同失光率对应的两种试验的试验时长，试验时长与失光率对应表如表 9-10 所示。

表 9-10 试验时长与失光率对应表

试验时长	不同失光率对应试验时长/h						
	1.0	2.0	4.0	6.0	8.0	10.0	12.0	14.0
自然环境试验时长 T	3395.9	3642.7	4102.6	4526.0	4924.6	5296.2	5650.2	5988.2
改进后实验室环境试验时长 t	604.8	637.68	697.2	750.72	799.44	844.8	887.04	927.36
ASF（T/t）	5.62	5.71	5.88	6.03	6.16	6.27	6.37	6.46

由表 9-10 可知，改进后实验室环境试验的 ASF 为 5.62～6.46，绘制 ASF 随时间的变化趋势图，如图 9-10 所示。

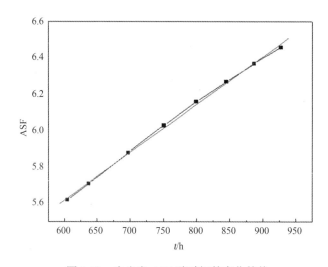

图 9-10 失光率 ASF 随时间的变化趋势

对 ASF 曲线进行拟合，公式如下：

$$\text{ASF} = 4.0431 + 0.0026t_2 \qquad R^2 = 0.9991 \qquad (9-3)$$

防护涂层样件暴露试验 18 个月的低频阻抗模值结果与改进后实验室环境试验 42 天基本一致，可以算出改进后实验室环境试验的加速因子 AF=13.03，符合实验室环境试验方案的制定目标。

制定防护涂层的实验室环境试验方法是一个"设计—验证—设计—验证"的过程，需要将环境因素分析、试验方案制定、试验开展、结果评价有机结合起来。

9.3 案例二：实验室环境试验对比分析

9.3.1 问题背景

受高温、高湿、高盐雾和强紫外光等恶劣环境因素影响，舰载装备经历着地表最为恶劣的外部腐蚀环境之一，舰载平台电子装备防护涂层体系极易出现粉化、变色、鼓包等老化现象，导致其防护性能降低，严重威胁装备的使用性能和服役寿命。

本案例以涂覆典型电子装备防护涂层的印制板为试验对象，在某型舰船甲板进行实船挂样试验，并制定相应的实验室环境试验方案，模拟电子装备防护体系在舰载平台暴露1年的腐蚀效应。

9.3.2 试验概述

以某航空研究所生产的印制功能板和裸板为试验样件，分别涂覆丙烯酸、聚氨酯和有机硅三种典型有机防护涂层，开展外场随舰暴露试验和实验室环境试验。

外场随舰暴露试验：在2018年5月~2019年4月开展了为期一年的某型舰船随舰暴露试验，试样安装在舰船甲板上。

实验室环境试验：分别开展湿热、霉菌、盐雾三种单项环境试验，以及盐雾-SO_2综合环境试验。

性能测试和分析：采用宏/微观形貌观测、电性能测试等分析手段，测试分析室内外试验后表面防护涂层的劣化程度，量化评估实验室环境试验结果与装备外场暴露试验的相关性。

9.3.3 随舰暴露试验结果和环境特性分析

舰载平台主要环境因素分析如表9-11所示。由于暂时无法获取随舰暴露试验期间的环境应力数据，只能结合相关资料进行简要分析。舰载甲板经受的主要环境因素包括温度、湿度、盐雾、风、SO_2和太阳辐射。

表9-11 舰载平台主要环境因素分析

环境因素类别	外场试验中试样件承受环境应力情况
温度	试验期间舰船航线集中在中低纬度地区，环境温度较高，且基本不存在剧烈温变过程
湿度	试验期间舰船航线集中在中低纬度地区，环境相对湿度较高
盐雾	海洋大气的盐雾含量为1.0~10mg/m³

续表

环境因素类别	外场试验中试样件承受环境应力情况
风	风对表面防护涂层的影响主要表现在表面液膜的厚度变化,即干湿交替
SO_2	SO_2 气体来源于船舶动力系统废气,可与空气中的水汽形成 pH 介于 2.4~4.0 范围的酸性液膜
太阳辐射	样件置于半封闭机盒中,不需要考虑太阳辐射影响

美国海军曾对舰船燃料燃烧排放的 SO_2 浓度进行估算,当燃料中 S 含量为 0.7%~0.8%时,废气中 SO_2 含量可达到 330ppm,如果考虑上舰载机的自身排放,该值水平将会更高。航母动力装置排放的燃烧废气及舰载机起飞、降落排放的尾气中往往含有 SO_2 等高水溶性污染物,当这些气体与舰面高温、高湿、高盐雾的海洋大气相遇即形成局部富集污染物的酸性盐雾气氛。美国 Douglas 航空公司在对四艘不同航母飞行甲板停放的飞机机身湿气液膜进行的环境实测结果表明,在飞行甲板上停放的飞机表面聚积的湿气液膜中均含有 SO_4^{2-},且 pH 较低,约为 2.4~4.0。本试验将印制板试样件安装于半封闭机盒中,评估半封闭空间中电子设备表面涂层防护性能的劣化过程不需要考虑太阳辐射的影响。

图 9-11 为三种印制板随舰暴露 1 年后的表观形貌。三种印制板均不同程度的发生腐蚀。

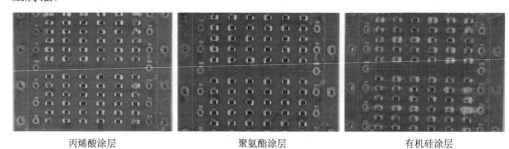

  丙烯酸涂层　　　　　　　　聚氨酯涂层　　　　　　　　有机硅涂层

图 9-11　三种印制板随舰暴露 1 年后的表观形貌

9.3.4　实验室环境试验方法制定

根据上述舰载平台环境应力分析结果,结合相关试验标准,分别设计了三类实验室单项环境试验和盐雾-SO_2 实验室综合环境试验。

1. 湿热试验

参照 GJB150.9A 进行,试验条件如下。

低温:(30±2)℃;

高温:(60±2)℃;

相对湿度：90%～98%；

单个试验周期持续时间：10 天；

试验周期数：5 个。

2. 盐雾试验

参照 GJB 150.11 进行，试验条件如下。

盐溶液：NaCl 的去离子水溶液，质量百分含量为（5±1）%；

pH 值：6.5～7.2；

温度：（35±2）℃；

盐雾沉降率：（1.0～3.0）ml/(80cm^2·h)。

单个试验周期持续时间：48h；

试验周期数：9 个。

3. 霉菌试验

参照 GJB 150.10 进行，试验条件如下。

试验菌种：绳状青霉（AS3.3875）、杂色曲霉（AS3.3885）、黑曲霉（AS3.3928）、黄曲霉（AS3.3950）和球毛壳霉（AS3.4254）；

温度：28℃～30℃；

相对湿度：（95±5）%；

单个试验周期持续时间：28 天；

试验周期数：4 个。

4. 盐雾-SO_2 综合模拟试验

盐雾-SO_2 综合模拟试验参照 ASTM G85 A4 中的试验剖面（见图 9-12）进行，试验条件如下。

试验箱温度：（35±2）℃；

盐溶液：NaCl 的去离子水溶液，质量百分含量为（5±1）%；

盐雾沉降率：(1.0～3.0)ml/80cm^2·h；

SO_2 流速：35cm^3/(min·m^3)（盐雾箱体积为 2.3m^3，对应 SO_2 流速约为 80cm^3/min）；

收集液 pH 值：2.5～3.2；

试验循环：0.5h 喷雾、0.5h 通入 SO_2，箱内静置 2h（不开箱，不喷雾也不通入 SO_2，3h 为一个循环）；

试验周期：8 天。

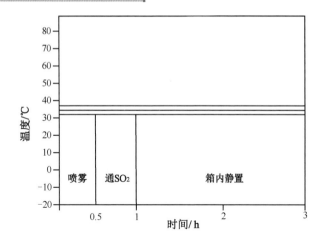

图 9-12 ASTM G85 附录 A4 试验程序对应的试验剖面

盐雾-SO_2 综合模拟试验采用中国航空综合技术研究所 2.3m^3 酸性大气试验箱（ACS）（见图 9-13）。该设备增加了 SO_2 气体注入和控制系统、试验废气回收处理系统，可实现 SO_2 气体的可控注入和试验废气的安全回收。

图 9-13 实验室模拟试验用盐雾-SO_2 综合试验箱

9.3.5 湿热试验结果

湿热试验共进行了 5 个周期（共 50 天），直至第 5 个周期之后，印制板裸板及模块样件的外观均未出现明显变化，如图 9-14 所示。由于涂料涂覆不均匀，本项目实验室试验采用的印制电路板裸板样件存在涂层厚度不均的现象，特别是在样件的反面，可以观察到明显的局部涂料聚集形成的瘤状结构，尤其以有机硅涂覆样件最为突出。每次湿热试验结束后，裸板反面的瘤状结构会出现泛白的现象，但在放置一段时间后，泛白现象消失。该现象应与过厚的涂层在湿热试验中的吸湿有关。正面防护涂层厚度均匀处无该现象。

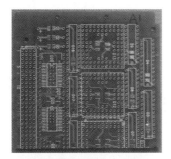
涂覆丙烯酸的裸板（正面）

涂覆丙烯酸的裸板（反面）

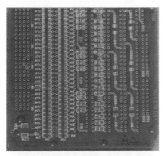
涂覆有机硅的裸板（正面）

涂覆有机硅的裸板（反面）

涂覆聚氨酯的裸板（正面）

涂覆聚氨酯的裸板（反面）

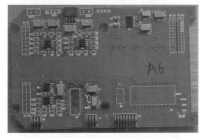
涂覆丙烯酸的模块（正面）

涂覆丙烯酸的模块（反面）

图 9-14　5 个周期湿热试验后的样件外观

9.3.6 霉菌试验结果

霉菌试验共进行了 4 个周期，共 112 天。在前三个试验周期内，所有样件表面均没有观察到明显的长霉迹象，第四个试验周期结束后，在丙烯酸裸板样件及涂覆丙烯酸的模块样件表面局部，观察到了分散、稀少的霉菌生长迹象，按照 GJB 150.10A 规定的长霉状态评级标准，可以评定为 1 级，其他样件的长霉等级为 0 级。4 个周期霉菌试验后的样件外观如图 9-15 所示。另外，在涂覆丙烯酸的裸板样件中，个别镀通孔出现轻微腐蚀，孔的周围可用肉眼观察到少量腐蚀产物。在其他样件中均未观察到类似现象。涂覆有机硅的样件在出箱后的一段时间内，表面瘤状结构也会出现泛白现象，与湿热试验中的情况相似。

涂覆丙烯酸的裸板（正面）

涂覆丙烯酸的裸板（反面）

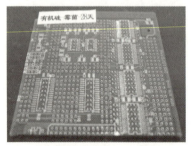
涂覆有机硅的裸板（正面）

涂覆有机硅的裸板（反面）

涂覆聚氨酯的裸板（正面）

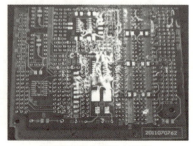
涂覆聚氨酯的裸板（反面）

图 9-15　4 个周期霉菌试验后的样件外观

涂覆丙烯酸的模块（正面）　　　　　　涂覆丙烯酸的模块（反面）

图 9-15　4 个周期霉菌试验后的样件外观（续）

9.3.7　盐雾试验结果

中性盐雾试验最长开展了 432h，其中模块样件由于出现了较严重腐蚀，最长只进行了 192h 盐雾试验。在裸板样件中，出现腐蚀最明显的是涂覆丙烯酸的样件，在 192h 盐雾试验后迎雾面部分镀通孔出现明显腐蚀；432h 盐雾试验后，迎雾面的部分表面导线、焊盘也出现明显腐蚀，涂层出现颜色变化，标准大气环境下长期放置后，颜色变化不消失；非迎雾面始终未出现肉眼可见的腐蚀，但涂层颜色出现变化。

涂覆有机硅、聚氨酯涂层的裸板样件在前 192h 盐雾试验中，均未出现腐蚀。432h 盐雾试验后，涂覆有机硅的裸板迎雾面的部分镀通孔出现腐蚀，部分焊盘的边缘处出现颜色变化，除部分瘤状结构出现泛白外，涂层本身未出现明显变化；涂覆聚氨酯的裸板迎雾面部分焊盘边缘出现颜色变化，涂层出现泛白现象。综合以上外观观测结果，聚氨酯和有机硅防护涂层的耐受盐雾能力相近，丙烯酸防护涂层最差。432h 中性盐雾试验后的样件外观如图 9-16 所示。

涂覆丙烯酸的样件（迎雾面）　　　　　涂覆丙烯酸的样件（非迎雾面）

图 9-16　432h 中性盐雾试验后的样件外观

涂覆有机硅的样件（迎雾面）

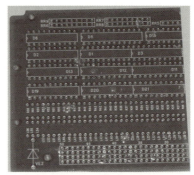
涂覆有机硅的样件（非迎雾面）

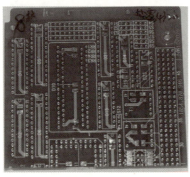
涂覆聚氨酯的样件（迎雾面）

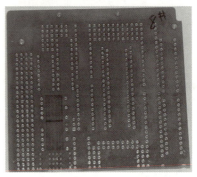
涂覆聚氨酯的样件（非迎雾面）

图 9-16　432h 中性盐雾试验后的样件外观（续）

涂覆丙烯酸的模块样件在盐雾试验 48h 后迎雾面出现明显腐蚀，其中各器件的引脚与电路板的连接处最先出现；192h 盐雾试验后，上述位置腐蚀加重，大量腐蚀产物聚集样件表面，样件的导通孔也出现明显腐蚀；样件的非迎雾面在 192h 盐雾试验中均未出现明显腐蚀。涂覆丙烯酸的模块样件在盐雾试验后的外观如图 9-17 所示。

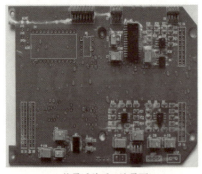
48h 盐雾试验后（迎雾面）

48h 盐雾试验后（非迎雾面）

图 9-17　涂覆丙烯酸的模块样件在盐雾试验后的外观

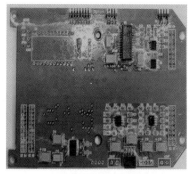 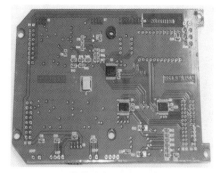

192h 盐雾试验后（迎雾面）　　　　　192h 盐雾试验后（非迎雾面）

图 9-17　涂覆丙烯酸的模块样件在盐雾试验后的外观（续）

9.3.8　盐雾-SO_2 综合试验结果

三种涂覆防护涂层的印制电路板裸板在盐雾-SO_2 复合试验环境中暴露 192h 后的宏观形貌，如图 9-18 所示。可见表面金属化孔、焊盘等金属器件均出现了金属腐蚀，出现黄色锈斑。

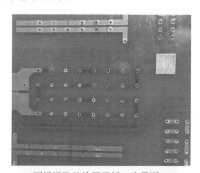 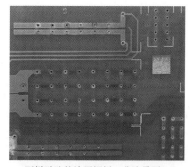

丙烯酸防护涂层裸板（迎雾面）　　　　丙烯酸防护涂层裸板（非迎雾面）

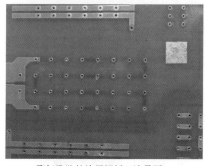 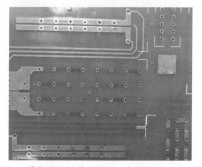

聚氨酯防护涂层裸板（迎雾面）　　　　聚氨酯防护涂层裸板（非迎雾面）

图 9-18　盐雾-SO_2 试验 192h 后的表面宏观形貌

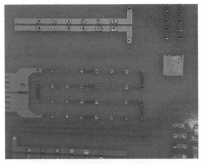
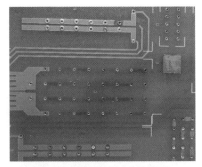

有机硅防护涂层裸板（迎雾面） 　　有机硅防护涂层裸板（非迎雾面）

图 9-18　盐雾-SO_2 试验 192h 后的表面宏观形貌（续）

进一步利用光学显微镜，在高倍放大条件下观察四种裸板试样的表面微观腐蚀特征。

涂覆丙烯酸漆电路板在 192h 盐雾-SO_2 试验后的光镜微观腐蚀形貌如图 9-19 所示。从叉指电极的微观形貌来看，电路板表面丙烯酸防护涂层没有出现明显的变色、粉化、起泡等老化现象；进一步对比裸板上金手指和通孔部位在干湿交替酸性盐雾和盐雾-SO_2 复合试验两种实验环境中的微观腐蚀形貌，发现在两种环境下腐蚀介质都已经穿过涂层渗透到涂层/基材界面处，在干湿交替酸性盐雾环境中涂层/基材界面局部发生解黏，出现大面积的涂层起泡；在盐雾-SO_2 复合试验环境中暴露 96h 后，金手指部分起泡区域下已经开始出现少量淡黄色锈蚀斑点，而焊盘区域膜下基材几乎 100% 锈蚀；继续暴露 192h 后，金手指区域膜下腐蚀加剧，出现大量红褐色腐蚀产物。

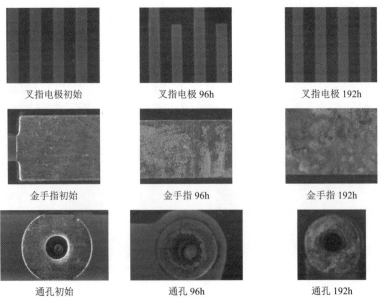

图 9-19　涂覆丙烯酸漆电路板在 192h 盐雾-SO_2 试验后的光镜微观腐蚀形貌

涂覆聚氨酯漆电路板在 192h 盐雾-SO_2 试验后的光镜微观腐蚀形貌如图 9-20 所示。在干湿交替酸性盐雾环境中，涂覆聚氨酯防护涂层的电路板表面出现了明显老化现象，比同周期盐雾-SO_2 复合试验环境中更为严重；在金手指和通孔焊盘区，均出现了涂层起泡现象，基材腐蚀相对轻微。在盐雾-SO_2 复合试验环境中暴露 96h 后，在渗入水分子的去极化作用下涂层/基底解黏，涂层附着力降低，金属边缘接缝处出现剥离起泡，膜下金属腐蚀并生成大面积浅黄色腐蚀产物，暴露周期延长至 192h 时，基材锈蚀进一步加重，腐蚀产物逐渐从浅黄色变为砖红色。

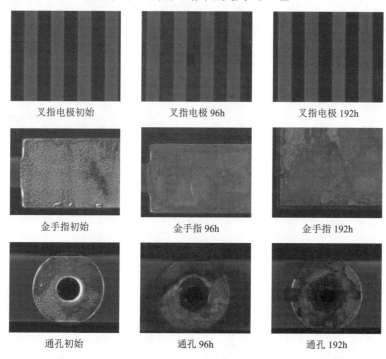

图 9-20　涂覆聚氨酯漆电路板在 192h 盐雾-SO_2 试验后的光镜微观腐蚀形貌

涂覆有机硅漆电路板在 192h 盐雾-SO_2 试验后的光镜微观腐蚀形貌如图 9-21 所示。从叉指电极表面涂层微观形貌来看，有机硅防护涂层在干湿交替酸性盐雾和盐雾-SO_2 复合环境中都保持着良好的表面状态，这主要得益于有机硅高聚物中硅氧键键能高，稳定性强，不易在湿热和腐蚀介质环境中发生老化降解。在盐雾-SO_2 复合试验环境中暴露 96h 后，金手指和通孔焊盘边缘率先出现棕色锈蚀斑点，可能是该处表面起伏大，膜层缺陷较多，SO_2 气体更容易从该位置的微观缺陷渗入，加速镀锡层腐蚀；暴露时间进一步延长至 192h 时，金手指表面轻微泛黄，说明此时有机硅膜层的屏蔽性能大幅减弱，但仍略优于同周期的丙烯酸和聚氨酯涂层。

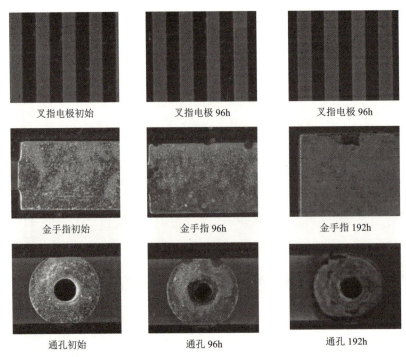

图 9-21　涂覆有机硅漆电路板在 192h 盐雾-SO_2 试验后的光镜微观腐蚀形貌

9.3.9　相关性分析

对比随舰暴露试验和四种实验室环境试验结果，3 种单项模拟试验（湿热、霉菌和盐雾）仅能实现外场暴露试验的部分老化特征，而盐雾-SO_2 综合模拟试验对外场试验中涂层表观、涂层/基材界面等关键部位的老化复现程度更高。

盐雾-SO_2 综合模拟试验直接采用美国海军 ASTM G85 标准中的试验程序。该试验方法已经被美国海军内部研究机构及各海军装备供应商进行了多次试验优化和评估，被证明对航母等舰船甲板环境具有优异的腐蚀模拟效果。表 9-12 列出了美国海军酸性盐雾试验方法应用案例，主要分类为防护工艺、机载产品。

表 9-12　美国海军酸性盐雾试验方法应用案例

分　类	试验对象	主　要　工　作
防护工艺	新型镀镉替代工艺（舰载攻击机）	美国 BOEING 公司以美国希尔空军基地在役的 F16 和 F35 机型为应用对象，对机体结构上应用的新型镀镉替代工艺进行耐腐蚀性能测试，分别使用了中性盐雾试验（3000h）和盐雾-SO_2 试验（1000h），结果表明，盐雾-SO_2 试验（周期更短）对涂覆层的耐蚀性评价和薄弱环节的发现更迅速、更有效

续表

分　类	试验对象	主要工作
防护工艺	铝/钢板表面耐蚀底漆（舰载多用途战斗机）	美国海军航空发展中心在对铝/钢板表面底漆耐蚀性能评价中也得出过与 BOEING 公司类似的结论，指出盐雾-SO_2 试验对于舰面特殊环境下装备环境适应性的评价更为适用
	多种铝合金防护涂层	美国 MESSIRE-DOWTY 公司以 F18 为应用对象，针对多种铝合金防护涂层采用中性盐雾试验和盐雾-SO_2 试验对其耐蚀性能进行评价和对比，以优选出最佳防护涂层产品
	新型无 Cr 耐蚀底漆（反潜巡逻机）	美国海军航空兵作战中心针对新型 P-8A 机身用耐腐蚀底漆产品，通过盐雾-SO_2 喷雾试验评价和对比了 10 种不同备用新型无 Cr 底漆产品的耐蚀性能，并采用不同的试验周期对板材（1000h）和紧固件部位（500h）分别进行了评价，最终优选出最佳底漆产品
机载产品	活动杆、齿轮类组件（舰载直升机）	美国国防部 ESTCP 项目计划针对 SH60 型舰载直升机采用的新型 HVOF 涂层活动杆、齿轮类组件等活动单元产品，通过盐雾-SO_2 喷雾试验（500h）评价了该新型涂层产品对舰面特殊酸性盐雾环境的耐蚀能力和适应性
	密封组件	美国 PARKER 公司密封材料部门在对舰载航空装备用多类密封组件进行屏蔽效应测试时，重点评价了密封件在经受盐雾-SO_2 喷雾试验（500h）后屏蔽效果的衰减
	电连接器	美国海军航空系统指挥部以 ALUMIPLATE 公司提供的 16 种不同材料、工艺的电连接器为研究对象，通过中性盐雾试验（2000h）和盐雾-SO_2 喷雾试验（500h）进行评价并对比其耐蚀性能，并最终优选出性能最优的电连接器进行装配

9.4 案例三：涂层防护性能评定

9.4.1 试验目的及试验条件

1. 试验目的

本试验的目的在于考察涂层在经历一定条件的加速腐蚀试验后防护性能的变化情况。

2. 试验条件

加速试验所采用的加速环境试验谱是在参考模拟内部半封闭环境的环境试验谱的基础上，对相关参数及时间进行适当调整获得的，加速环境试验谱如表 9-13 所示。

表 9-13　加速环境试验谱

步骤	试验项目	试验条件	持续时间/h
1	湿热试验	温度=(43±2)℃；相对湿度 95%	24
2	溶液浸泡	溶液温度：(42±1)℃，pH=2.0 NaCl 234g/L；KNO_3 50g/L；98%的 H_2SO_4 若干	24
3	试样检查	返回步骤 1	<24

9.4.2　试验实施

1. 试验方法

试验过程中，使用的加速试验设备为日本 ESPEC 公司生产的 GPS-4 型调温调湿箱和 STPH-101 高温箱。使用的性能测试设备包括 Nikon D50 数码相机、VHX 100 视频显微镜和电化学工作站。

试样进行模拟加速试验过程中，定期取出试样，并进行下列项目的测试。

1）形貌观察

采用 Nikon D50 数码相机获取试样的宏观形貌照片，采用 VHX 100 视频显微镜获取试样放大 200 倍的微观形貌照片。

2）电化学阻抗（EIS）测试

电化学工作站由 PAR Potentiostat/Galvanostat M273A 恒电位仪和 M5210 锁相放大器组成，采用三电极体系，以饱和甘汞电极（SCE）为参比电极，石墨电极为辅助电极。测试前试样在 3.5%NaCl 溶液中浸泡 10～20min，待电位稳定后开始测量。测试激励信号为幅值 10mV 的正弦波，频率为 10mHz～100kHz。

2. 试验样件

试验样件基材为 6061 铝合金，样件尺寸为 80mm×150mm 的板材。基材经丙酮除油，酒精脱水后进行导电氧化处理；为保证涂层和基体之间的结合力，氧化后需要在 24h 内喷涂有机涂层，底漆和面漆的干膜总厚度控制在 30～35μm；涂层试样在室温下完全固化后放入干燥器中储存备用；试验样件总厚度为 2～4mm。试验样件的相关信息如表 9-14 所示。

表 9-14　试验样件的相关信息

基材	表面处理方式	底漆	面漆	涂层厚度/μm	样件尺寸/mm
6061	Al/Ct·Ocd	FX-401 KG01（B/C）	FX-401 KM02（T/C）	30～35	80×150×(2～4)

3. 试验实施过程

按照加速环境试验谱进行试验，试验过程中的取样及检测要求如下：

（1）每个周期（48h）取样一次，检查并记录每个试样的外观、失光变色、涂层完好程度、腐蚀程度、老化等级等；

（2）每个周期（48h）结束后，对试样进行电化学阻抗测试，并对试验结果进行分析和评价。

9.4.3　结果分析

对试验样件按照加速环境试验谱共进行了 3 个周期的试验，在每周期结束后，对样件进行性能测试，随后对所获取的试验样件宏观形貌、微观形貌及电化学数据进行了分析，并对试验样件表面防护涂层体系的防护效果进行了综合评判。

1. 表面形貌特征

由图 9-22 所示试样在各个加速试验周期的宏观照片可知，经历 3 个试验周期后，目测试样表面无明显变化。从图 9-23 中试样在各个加速试验周期的微观照片发现，初始试样表面存在一系列微坑，但无明显的孔洞、裂纹等缺陷，电解液难以渗透到面漆以下的空间，因此推测其 0.01Hz 处的阻抗模值相对较高；随着加速试验的进行，部分微坑面积逐渐增大，深度逐渐加深，此时电解液能够相对容易地渗透到面漆以下，面漆涂层的防护效果明显降低，推测此时其 0.01Hz 处的阻抗模值有所下降。因此，试样在加速试验的过程中，表面涂层在局部区域的厚度变薄，可认为其防护性能呈下降的趋势。

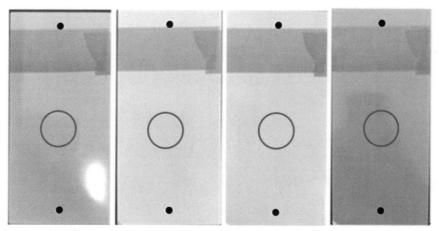

（1）原始试样　（2）经历 1 个试验周期后（3）经历 2 个试验周期后（4）经历 3 个试验周期后

图 9-22　试样经历不同的加速试验周期后的宏观照片

图 9-23 试样经历不同的加速试验周期后放大 200 倍的微观照片

2. 电化学评价

1）按低频阻抗模值比值评价

试样在加速试验中的阻抗模值$|Z|_{0.01Hz}$如表 9-15 所示，由表中的数据可知，试样在电信号频率为 0.01Hz 处的阻抗模值随加速试验周期的增加而呈下降趋势，与微观形貌的变化趋势相一致。根据本书 7.4 节中介绍的电化学阻抗谱分析方法，计算低频阻抗模值比值来评价防护涂层体系的防护水平，则有

$$\alpha_{初} = \frac{|Z|_{初}}{|Z|_0} = \frac{6.04341 \times 10^9}{1 \times 10^4} = 6.04341 \times 10^5 > 10^5$$，认为初始状态下试样防护涂层体系的防护水平为优异；

$$\alpha_1 = \frac{|Z|_1}{|Z|_0} = \frac{1.766 \times 10^7}{1 \times 10^4} = 1.766 \times 10^3 > 10^3$$，认为经历 1 个周期的加速试验后试样防护涂层体系的防护水平为较好；

$$\alpha_2 = \frac{|Z|_2}{|Z|_0} = \frac{1.72534 \times 10^7}{1 \times 10^4} = 1.72534 \times 10^7 > 10^3$$，认为经历 1 个周期的加速试验后试样防护涂层体系的防护水平为较好；

$\alpha_3 = \dfrac{|Z|_3}{|Z|_0} = \dfrac{1.3538\times10^6}{1\times10^4} = 1.3538\times10^2 > 10^2$，认为经历 1 个周期的加速试验后试样防护涂层体系的防护水平为一般。

表 9-15 试样在加速试验中的阻抗模值 $|Z|_{0.01Hz}$

试验时间/周期	$|Z|_{0.01Hz}$ /Ω
0	6.04×10^9
1	1.76×10^7
2	1.72×10^7
3	1.35×10^6

2）按 Nyquist 曲线图特征评价

试样在加速试验各个周期中的 Nyquist 曲线图如图 9-24 所示，由图中试样在加速试验各个周期的 Nyquist 曲线图特征可以判断，初始试样的防护涂层体系防护水平为优异，经历 1 个周期加速试验后防护水平为较好，经历 2 个周期加速试验后防护水平为较好，经历 3 个周期加速试验后防护水平为一般。

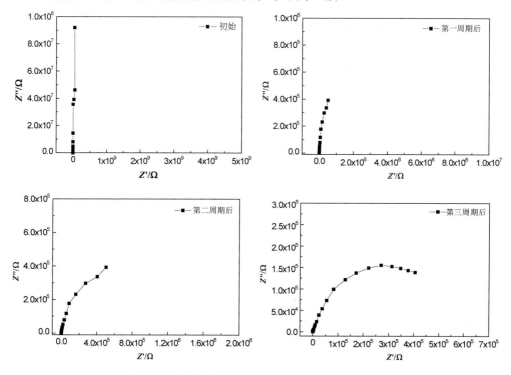

图 9-24 试样在加速试验各个周期中的 Nyquist 曲线图

3）按 Bode 曲线图特征评价

试样在加速试验各个周期中的 Bode 曲线图如图 9-25 所示，由图中试样在加速试验各个周期的 Bode 曲线图特征可以判断，初始试样的防护水平为优异，经历 1 个周期加速试验后防护水平为较好，经历 2 个周期加速试验后防护水平为较好，经历 3 个周期加速试验后防护水平为一般。

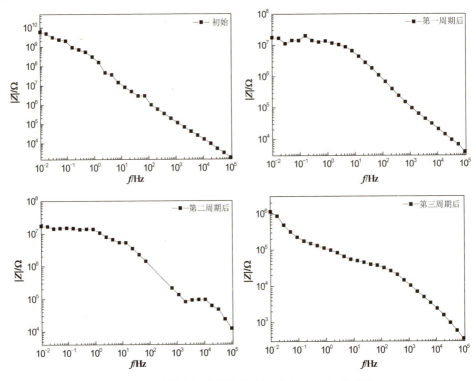

图 9-25　试样在加速试验各个周期中的 Bode 曲线图

9.4.4　结论

试样在经历实验室加速环境试验的过程中，表面防护涂层体系的防护性能呈下降趋势，经历 3 个加速试验周期后（144h），涂层的防护效果综合评价为一般。

9.5　案例四：自然环境试验评价及选用

9.5.1　试验目的

本案例以典型的天线罩防护涂层为研究对象，在南海大气自然环境试验站开展大气暴露试验,研究其典型性能表征指标的劣化规律及各性能参数之间的关系,分析其环境适应性。

9.5.2 试验概述

1. 制样

南海大气环境试验样件工艺信息如表 9-16 所示。

表 9-16 南海大气环境试验样件工艺信息

工艺代号	基 材	底 漆	中 间 漆	面 漆	涂层厚度/μm
A1	玻璃钢板	环氧锌黄底漆	—	丙烯酸漆	80～200
A2	玻璃钢板	环氧锌黄底漆	—	氟聚氨酯面漆	80～200
A3	玻璃钢板	聚氨酯底漆	—	聚氨酯漆 I	80～200
A4	玻璃钢板	聚氨酯底漆	聚氨酯漆 I	聚氨酯漆 II	80～200
A5	玻璃钢板	环氧锌黄底漆	—	氟碳漆	80～200

2. 试验方法

参照 GB/T 9276 要求,在永兴岛西沙试验站对表 9-16 中样件开展户外大气暴露试验,样件暴露方向为朝南 45°。

3. 性能测试和分析

天线罩防护涂层在自然环境下常见失效行为是变色、粉化,所以在试验过程需要对光泽度、颜色、老化性能等级(粉化等级)进行测试和评定。由于天线罩防护涂层在应用过程中常遇到石击或沙尘磨损,所以同时对其硬度和耐磨性进行测试。

性能测试分析依据标准如表 9-17 所示。

表 9-17 性能测试分析依据标准

序 号	性 能 参 数	参 照 标 准
1	光泽度	GB/T 9754
2	色差	GB 11186
3	老化等级	GB/T 1766
4	摆杆硬度	ISO 1522
5	耐磨性	ASTM D3884

9.5.3 试验结果

1. 涂层颜色变化

涂层老化的颜色表征为色差 ΔE 的变化，图 9-26 为涂层样件色差变化图。

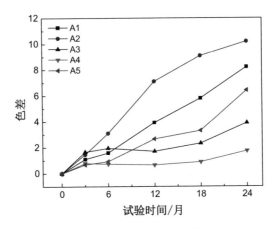

图 9-26　涂层样件色差变化图

从图 9-26 中可以看出：

（1）试验 3 个月，各工艺样件颜色均无变化；

（2）试验 6 个月，A2 样件颜色变化较大，变色程度为轻微变色（2 级），A3 样件变化程度次之，变色等级为 1 级，其他工艺样件颜色未有变化；

（3）试验 12 个月，A2 样件变色等级达 3 级，A1 样件变色等级达 2 级，工艺 A3 及 A5 样件变色等级为 1 级，A4 样件颜色无变化；

（4）试验 18 个月，A2 样件严重变色，变色等级达 4 级，A1 及 A5 样件的变色等级为 2 级，A3 样件色差为 1 级，A4 样件颜色仍无明显变化。

就色差表征结果来看，A4 的耐老化性能最优，而 A2 最差。

2. 涂层光泽变化

图 9-27 为涂层样件失光率变化图。

从图 9-27 中可以看出：

（1）试验 3 个月，A3 及 A4 样件表面很轻微失光（1 级），其他样件未出现失光；

（2）试验 6 个月，A3 及 A4 样件表面明显失光（3 级），A2 样件表面轻微失光（2 级），A5 样件表面很轻微失光（1 级），而 A1 样件的光泽度变化仍然不明显；

（3）试验 12 个月，A3 样件表面完全失光（5 级），A4 样件表面严重失光（4 级），A5 样件表面轻微失光（2 级），A1 及 A2 样件表面很轻微失光（1 级）；

(4) 试验 18 个月，A3 及 A4 样件表面均完全失光（5 级），其他样件表面明显失光（3 级）；

(5) 试验 24 个月，A3、A4 样件表面完全失光（5 级），其他样件表面严重失光（4 级）。

就失光率表征结果看，5 种涂层工艺的保光性均不佳，特别是 A3 和 A4 样件。

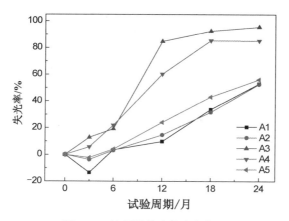

图 9-27 涂层样件失光率变化图

3. 涂层表面粉化等级变化

图 9-28 为涂层样件表面粉化等级变化图。

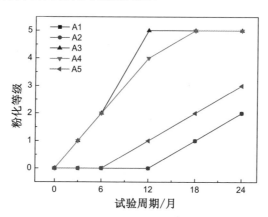

图 9-28 涂层样件表面粉化等级变化图

从图 9-28 中可以看出：

(1) 试验 3 个月，A3 及 A4 样件表面开始出现粉化，粉化等级为 1 级；

(2) 试验 6 个月，A3 及 A4 样件表面轻微粉化，粉化等级为 2 级，其他样件未发生粉化现象；

（3）试验 12 个月，A3 样件表面出现严重粉化（5 级），A4 样件表面出现较重粉化（4 级），A5 样件表面发生很轻微粉化（1 级），其他样件表面无粉化现象；

（4）试验 18 个月，A4 样件表面粉化等级也达到 5 级，A5 样件表面粉化等级增至 2 级，A1、A2 样件表面也出现很轻微粉化，粉化等级为 1 级；

（5）试验 24 个月，A3、A4 样件表面严重粉化（5 级），A5 样件表面明显粉化（3 级），A1、A2 样件表面轻微粉化（2 级）。

就粉化等级表征结果可知，A3、A4 的涂层样件在海洋大气环境下的耐候性较差。

4. 涂层表面硬度变化

图 9-29 为涂层样件表面摆杆硬度变化图。

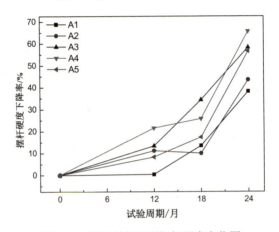

图 9-29　涂层样件表面摆杆硬度变化图

从图 9-29 中可以看出：

随着试验周期的延长，各防护涂层样件表面硬度均出现下降，试验 18 个月后，A3、A4 样件表面硬度下降幅度最大，A1、A2 样件表面硬度下降幅度较小。

5. 涂层耐磨性变化

图 9-30 为涂层样件表面耐磨性变化趋势图。

从图 9-30 中可以看出：

（1）随着试验周期的延长，涂层样件磨损失重变化速率逐渐增加；

（2）试验 24 个月后，A3 及 A4 涂层样件表面磨损失重变化速率上升趋势最大；

（3）A5 样件表面耐磨性最优。

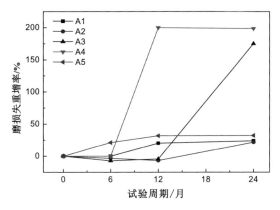

图 9-30　涂层样件表面耐磨性变化趋势图

9.5.4　分析与讨论

1. 微观样貌分析

太阳辐射中强紫外线可以使防护涂层中高分子聚合物化学键发生断裂，导致涂层出现粉化，而高温和高湿加速防护涂层的降解速度。西沙试验站各环境因素均长时间处于高水平，协同老化效应异常明显，所以经过两年的大气暴露试验 5 类典型天线罩防护涂层的各个性能均发生了不同程度的劣化。

观察防护涂层样件初始和试验后放大 1000 倍的表面形貌（见图 9-31）可知，在试验初始防护涂层表面致密，树脂和颜料粒子结合紧密，无明显孔洞和裂缝出现。经过大气暴露试验后，树脂分子链断裂导致对颜料粒子包覆能力下降，出现粉化。随着试验时间的延长，防护涂层表面粉化愈加严重，出现大量老化孔洞。试验继续开展，孔洞逐渐扩展形成穿透涂层膜的小裂纹。根据观察的各个涂层表面孔洞、裂纹大小和数量可知，A3 样件的老化现象最严重，具体排序为 A3>A4>A5>A1、A2，与粉化等级评定结果一致。

A1 初始形貌

A1 试验 6 个月形貌

图 9-31　涂层样品试验前和试验后放大 1000 倍的表面形貌

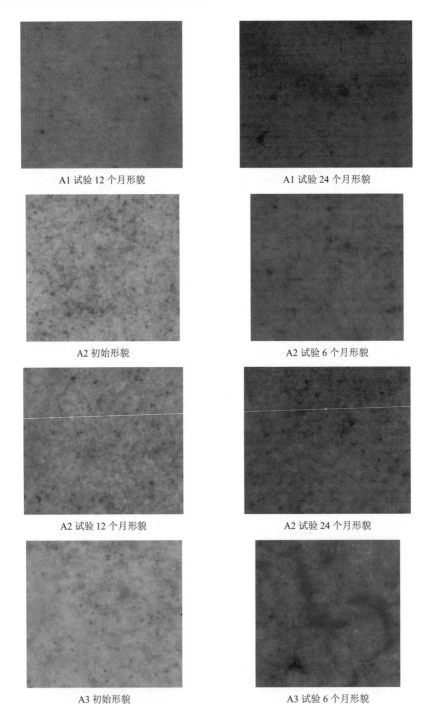

图 9-31 涂层样品试验前和试验后放大 1000 倍的表面形貌（续）

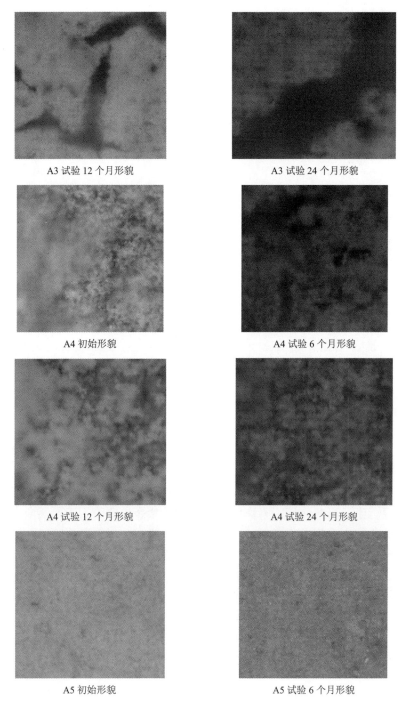

图 9-31 涂层样品试验前和试验后放大 1000 倍的表面形貌（续）

工艺 A5 试验 12 个月形貌

工艺 A5 试验 24 个月形貌

图 9-31　涂层样品试验前和试验后放大 1000 倍的表面形貌（续）

2. 性能参数关系分析

根据防护涂层各性能参数筛选出环境适应性较差的天线罩防护涂层体系，各性能劣化趋势评价环境适应性对照表如表 9-18 所示。

表 9-18　各性能劣化趋势评价环境适应性对照表

表征参数	环境适应性较差
色差	A1、A2
失光率	A3、A4
表面粉化程度	A3、A4
表面硬度	A3、A4
耐磨性	A3、A4

从表 9-18 中可以看出，根据失光率、表面粉化程度、表面硬度、耐磨性 4 种性能参数所筛选出的防护涂层体系相同，预计以上性能参数存在联系。

涂料主要由树脂、颜料、溶剂及助剂组成，在涂覆后形成致密的固态膜，具有一定光泽度。当经历各环境因素作用时，分子链断裂导致涂层表面逐渐出现孔洞和裂纹，导致涂层表面粗糙度增加，从而光泽度下降；分子链断裂降低了树脂颜料的包覆性，导致涂层粉化；同时分子链断裂也降低了涂层表面树脂的强度，表面硬度和耐磨性也降低。可见失光率、表面粉化程度、表面硬度、耐磨性均与树脂分子链强度相关，在选用该区域使用的防护涂层体系时，最关键的是选用树脂分子链强度较大的涂料种类，且需要增加防护涂层的涂覆厚度。

参 考 文 献

[1] 全国电工电子产品环境条件与环境试验标准化技术委员会. 环境条件分类自然环境条件 尘、沙、盐雾: GB/T 4797.6—2013[J]. 北京: 中国标准出版社. 2014.

[2] 张鉴清, 曹楚南. 电化学阻抗谱方法研究评价有机涂层[J]. 腐蚀与防护, 1998, 19 (3): 99-104.

[3] 蒋健明, 陈正涛, 刘希燕. 船舶重防腐涂料的现状和发展趋势[J]. 现代涂料与涂装, 2006, 7: 41-42.

[4] ROSALES B M, SARLI A R D, OLADIS D R, et al. An evaluation of coil coating formulations in marine environments[J]. Progress in Organic Coatings, 2004, 50 (2): 105-114.

[5] LIU C, BI Q, LEYLAND A, et a.l. An electrochemical impedance spectroscopy study of the corrosion behaviour of PVD coated steels in 0.5 N NaCl aqueous solution: Part I. Establishment of equivalent circuits for EIS data modelling[J]. Corrosion Science, 2003 (45): 1243-1256.

[6] 薛美玲, 于永良. 丙烯酸及苯乙烯微乳液体系的相行为及微乳液聚合[J]. 应用化学, 2003, 10 (22): 98-990.

[7] 徐永祥, 严川伟, 高延敏, 等. 大气环境中涂层下金属的腐蚀和涂层的失效[J]. 中国腐蚀与防护学报. 2002, 22 (4): 249-256.

[8] BAUER D R. Melamine/formaldehyde crosslinkers: characterization, network formation and crosslink degradation[J]. Progress in Organic Coatings, 1986, 14 (3): 193-218.

[9] 刘斌, 李瑛, 林海潮, 等. 防腐涂层的失效行为与研究进展[J]. 腐蚀科学与防护技术, 2001, 13 (5): 305-307.

[10] JACQUES L F E. Accelerated and outdoor/natural exposure testing of coating[J]. Progress in Polymer Science, 2000, 25 (9): 1337-1362.

[11] 罗振华, 蔡健平, 张晓云, 等. 耐候性有机涂层加速老化试验研究进展[J]. 合成材料老化与应用. 2003.32 (3): 31-35.

电子装备防护涂层体系技术标准清单

标准分类	标准号	标准名称
分类、命名	GB/T 2705—2003	涂料产品分类和命名
	GB/T 4054—2008	涂料涂覆标记
	SJ 42—77	金属镀层和化学处理层的分类、特性、应用范围和标记
	ASTM D16—19	Standard Terminology for Paint, Related Coatings, Materials, and Applications
涂料规范	GB/T 21776—2008	粉末涂料及其涂层的检测标准指南
	GB/T 25249—2010	氨基醇酸树脂涂料
	GB/T 25251—2010	醇酸树脂涂料
	GB/T 25252—2010	酚醛树脂防锈涂料
	GB/T 25253—2010	酚醛树脂涂料
	GB/T 25258—2010	过氯乙烯树脂防腐涂料
	GB/T 25259—2010	过氯乙烯树脂涂料
	GB/T 25263—2010	氯化橡胶防腐涂料
	GB/T 25264—2010	溶剂型丙烯酸树脂涂料
	GB/T 25271—2010	硝基涂料
	GB/T 31415—2015	色漆和清漆 海上建筑及相关结构用防护涂料体系性能要求
	GJB 3531—99	飞机雷达罩涂料规范
	SJ 20671—1998	印制板组装件涂覆用电绝缘化合物
	HG/T 2239—2012	环氧酯底漆
	HG/T 2454—2014	溶剂型聚氨酯涂料（双组分）
	HG/T 3347—2013	乙烯磷化底漆（双组分）
	HG/T 3668—2009	富锌底漆
	HG/T 3792—2014	交联型氟树脂涂料

续表

标准分类	标准号	标准名称
涂料规范	HG/T 4340—2012	环氧云铁中间漆
	HG/T 4342—2012	鳞片型锌粉底漆
	HG/T 4566—2013	环氧树脂底漆
	HG/T 4755—2014	聚硅氧烷涂料
	HG/T 4758—2014	水性丙烯酸树脂涂料
	HG/T 4759—2014	水性环氧树脂防腐涂料
	HG/T 4761—2014	水性聚氨酯涂料
	HG/T 4844—2015	低锌底漆
涂料选用	GB/T 8013.3—2018	铝及铝合金阳极氧化膜与有机聚合物膜 第3部分 有机聚合物涂膜
	GB/T 18178—2000	水性涂料涂装体系选择通则
	GB/T 20644.1—2006	特殊环境条件 选用导则 第1部分：金属表面防护
	GB/T 20852—2007	金属和合金的腐蚀 大气腐蚀防护方法的选择导则
	GB/T 30790.5—2014	色漆和清漆 防护涂料体系对钢结构的防腐蚀保护 第5部分：防护涂料体系
	GJB/Z 594A—2000	金属镀覆层和化学覆盖层选择原则与厚度
	SJ 20985—2008	军用电子整机腐蚀防护工艺设计与控制指南
	JB/T 8427—1996	钢结构腐蚀防护热喷涂锌、铝及其合金涂层选择与应用导则
表面处理及改性	GB/T 6807—2001	钢铁工件涂装前磷化处理技术条件
	GB/T 8013.1—2018	铝及铝合金阳极氧化膜与有机聚合物膜 第1部分：阳极氧化膜
	GB/T 8013.2—2018	铝及铝合金阳极氧化膜与有机聚合物膜 第2部分：阳极氧化复合膜
	GB/T 8923.1—2011	涂覆涂料前钢材表面处理 表面清洁度的目视评定 第1部分：未涂覆过的钢材表面和全面清除原有涂层后的钢材表面的锈蚀等级和处理等级
	GB/T 8923.2—2008	涂覆涂料前钢材表面处理 表面清洁度的目视评定 第2部分：已涂覆过的钢材表面局部清除原有涂层后的处理等级
	GB/T 8923.3—2009	涂覆涂料前钢材表面处理 表面清洁度的目视评定 第3部分：焊缝、边缘和其他区域的表面缺陷的处理等级
	GB/T 8923.4—2013	涂覆涂料前钢材表面处理 表面清洁度的目视评定 第4部分：与高压水喷射处理有关的初始表面状态、处理等级和闪锈等级
	GB/T 9797—2005	金属覆盖层 镍+铬和铜+镍+铬电镀层
	GB/T 9798—2005	金属覆盖层 镍电沉积层
	GB/T 9799—2011	金属及其他无机覆盖层 钢铁上经过处理的锌电镀层
	GB/T 9800—1988	电镀锌和电镀镉层的铬酸盐转化膜

续表

标准分类	标准号	标准名称
表面处理及改性	GB/T 11376—1997	金属的磷酸盐转化膜
	GB/T 12611—2008	金属零（部）件镀覆前质量控制技术要求
	GB/T 13288.1—2008	涂覆涂料前钢材表面处理 喷射清理后的钢材表面粗糙度特性 第1部分：用于评定喷射清理后钢材表面粗糙度的ISO表面粗糙度比较样块的技术要求和定义
	GB/T 13288.2—2011	涂覆涂料前钢材表面处理 喷射清理后的钢材表面粗糙度特性 第2部分：磨料喷射清理后钢材表面粗糙度等级的测定方法 比较样块法
	GB/T 13288.3—2009	涂覆涂料前钢材表面处理 喷射清理后的钢材表面粗糙度特性 第3部分：ISO表面粗糙度比较样块的校准和表面粗糙度的测定方法 显微镜调焦法
	GB/T 13288.4—2013	涂覆涂料前钢材表面处理 第4部分：ISO表面粗糙度比较样块的校准和表面粗糙度的测定方法 触针法
	GB/T 13288.5—2009	涂覆涂料前钢材表面处理 喷射清理后的钢材表面粗糙度特性 第5部分：表面粗糙度的测定方法 复制带法
	GB/T 13912—2002	金属覆盖层 钢铁制件热浸镀锌层技术要求及试验方法
	GB/T 13913—2008	金属覆盖层 化学镀镍-磷合金镀层 规范和试验方法
	GB/T 15519—2002	化学转化膜 钢铁黑色氧化膜 规范和试验方法
	GB/T 18839.1—2002	涂覆涂料前钢材表面处理 表面处理方法 总则
	GB/T 18839.2—2002	涂覆涂料前钢材表面处理 表面处理方法 磨料喷射清理
	GB/T 18839.3—2002	涂覆涂料前钢材表面处理 表面处理方法 手工和动力工具清理
	GB/T 18570.2—2009	涂覆涂料前钢材表面处理 表面清洁度的评定试验 第2部分：清理过的表面上氯化物的实验室测定
	GB/T 18570.3—2005	涂覆涂料前钢材表面处理 表面清洁度的评定试验 第3部分：涂覆涂料前钢材表面的灰尘评定（压敏粘带法）
	GB/T 18570.4—2001	涂覆涂料前钢材表面处理 表面清洁度的评定试验 涂覆涂料前凝露可能性的评定导则
	GB/T 18570.5—2005	涂覆涂料前钢材表面处理 表面清洁度的评定试验 第5部分：涂覆涂料前钢材表面的氯化物测定（离子探测管法）
	ASTM D1730—09 (2014)	Standard practices for preparation of aluminum and aluminum-alloy surfaces for painting
	ASTM D1731—09 (2014)	Standard practices for preparation of hot-dip aluminum surfaces for painting
	ASTM D1732—03 (2018)	Standard practices for preparation of magnesium alloy surfaces for painting

续表

标准分类	标准号	标准名称
表面处理及改性	ASTM D2201—18	Standard practice for preparation of zinc-coated and zinc-alloy-coated steel panels for testing paint and related coating products
	ASTM D6386—16a	Standard Practice for Preparation of Zinc (Hot-Dip Galvanized) Coated Iron and Steel Product and Hardware Surfaces for Painting
涂装	GB 6514—2008	涂装作业安全规程 涂漆工艺安全及其通风净化
	GB 7691—2003	涂装作业安全规程 安全管理通则
	GB 7692—2012	涂装作业安全规程 涂漆前处理工艺安全及其通风净化
	GB 12367—2006	涂装作业安全规程 静电喷漆工艺安全
	GB 14443—2007	涂装作业安全规程 涂层烘干室安全技术规定
	GB 14444—2006	涂装作业安全规程 喷漆室安全技术规定
	GB 14773—2007	涂装作业安全规程 静电喷枪及其辅助装置安全技术条件
	GB 15607—2008	涂装作业安全规程 粉末静电喷涂工艺安全
	GB 17750—2012	涂装作业安全规程 浸涂工艺安全
	GB 20101—2006	涂装作业安全规程 有机废气净化装置安全技术规定
	GB/T 28699—2012	钢结构防护涂装通用技术条件
	GB/T 30790.7—2014	色漆和清漆 防护涂料体系对钢结构的防腐蚀保护 第7部分：涂装的实施和管理
	GB/T 37309—2019	海洋用钢结构高速电弧喷涂耐蚀作业技术规范
	SJ/T 10537—1994	涂料涂覆典型工艺
	SJ/T 10674—1995	涂料涂敷通用技术条件
	SJ/T 11576—2016	喷雾式涂覆设备通用规范
	SJ 20817—2002	电子设备的涂饰
	SJ 20890—2003	电子设备的处理和涂装
	SJ 20897—2003	聚对二甲苯气相沉积涂敷工艺规范
	HG/T 4077—2009	防腐蚀涂层涂装技术规范
	HG/T 5173—2017	带锈涂装用水性底漆

附录 B

环境条件分析标准清单

分 类	标 准 号	标 准 名 称
环境条件极值及腐蚀等级划分	GB/T 4796—2017	环境条件分类 第1部分：环境参数及其严酷程度
	GB/T 4797.1—2018	环境条件分类 自然环境条件 温度和湿度
	GB/T 4797.2—2017	环境条件分类 自然环境条件 气压
	GB/T 4797.3—2014	电工电子产品自然环境条件 生物
	GB/T 4797.4—2006	电工电子产品自然环境条件 太阳辐射与温度
	GB/T 4797.5—2017	环境条件分类 自然环境条件 降水和风
	GB/T 4797.6—2013	环境条件分类 自然环境条件 尘、沙、盐雾
	GB/T 4798.1—2019	环境条件分类 环境参数组分类及其严酷程度分级 第1部分：贮存
	GB/T 4798.2—2008	电工电子产品应用环境条件 第2部分：运输
	GB/T 4798.3—2007	电工电子产品应用环境条件 第3部分：有气候防护场所固定使用
	GB/T 4798.4—2007	电工电子产品应用环境条件 第4部分：无气候防护场所固定使用
	GB/T 4798.5—2007	电工电子产品应用环境条件 第5部分：地面车辆使用
	GB/T 4798.6—2012	环境条件分类 环境参数组分类及其严酷度分级 船用
	GB/T 4798.7—2007	电工电子产品应用环境条件 第7部分：携带和非固定使用
	GB/T 4798.9—2012	环境条件分类 环境参数组分类及其严酷度分级 产品内部的微气候
	GB/T 4798.10—2006	电工电子产品应用环境条件 导言
	GB/T 19608.1—2004	特殊环境条件分级 第1部分：干热
	GB/T 19608.2—2004	特殊环境条件分级 第2部分：干热沙漠
	GB/T 19608.3—2004	特殊环境条件分级 第3部分：高原
	GB/T 19608.4—2004	特殊环境条件分级 第3部分：高原
	GB/T 14092.1—2009	机械产品环境条件 湿热
	GB/T 14092.2—2009	机械产品环境条件 寒冷
	GB/T 14092.3—2009	机械产品环境条件 高海拔
	GB/T 14092.4—2009	机械产品环境条件 海洋

续表

分 类	标 准 号	标 准 名 称
环境条件极值及腐蚀等级划分	GB/T 14092.5—2009	机械产品环境条件 工业腐蚀
	GB/T 14092.6—2009	机械产品环境条件 矿山
	GB/T 19292.1—2018	金属和合金的腐蚀 大气腐蚀性 第1部分：分类测定和评估
	GB/T 19292.2—2018	金属和合金的腐蚀 大气腐蚀性 第2部分：腐蚀等级的指导值
	GB/T 30790.2—2014	色漆和清漆 防护涂料体系对钢结构的防腐蚀保护 第2部分：环境分类
	GJB 1172.1—91	军用设备气候极值 总则
	GJB 1172.2—91	军用设备气候极值 地面气温
	GJB 1172.3—91	军用设备气候极值 地面空气湿度
	GJB 1172.4—91	军用设备气候极值 地面风速
	GJB 1172.5—91	军用设备气候极值 地面降水强度
	GJB 1172.6—91	军用设备气候极值 雪
	GJB 1172.7—91	军用设备气候极值 雨凇和雾凇
	GJB 1172.8—91	军用设备气候极值 冰雹
	GJB 1172.9—91	军用设备气候极值 地面气压
	GJB 1172.10—91	军用设备气候极值 地面空气密度
	GJB 1172.12—91	军用设备气候极值 地表温度、冻土深度和冻融循环日数
	GJB 1172.13—91	军用设备气候极值 空中空气湿度
	GJB 1172.14—91	军用设备气候极值 空中风速
	GJB 1172.15—91	军用设备气候极值 空中降水强度
	GJB 1172.16—91	军用设备气候极值 空中气压
	GJB 1172.17—91	军用设备气候极值 空中空气密度
	GJB 1172.18—91	军用设备气候极值 臭氧
	JB/T 4375—2013	电工产品户内户外腐蚀场所使用环境条件
	JB/T 11800—2014	机械产品环境条件 大气环境严酷度分级
	JB/T 4160—2013	电工产品热带自然环境条件
	ASTM G92—86 (2015)	Standard practice for characterization of atmospheric test sites
环境因素监测	GB/T 19292.3—2018	金属和合金的腐蚀 大气腐蚀性 第3部分：影响大气腐蚀性环境参数的测量
	GB/T 10593.2—2012	电工电子产品环境参数测量方法 第2部分：盐雾
	GJB 8894.1—2017	自然环境因素测定方法 第1部分：大气环境因素
	GJB 8894.2—2017	自然环境因素测定方法 第2部分：海水环境因素
	ASTM G84—89 (2012)	Standard practice for measurement of time-of wetness on surfaces exposed to wetting conditions as in atmospheric corrosion testing

续表

分 类	标 准 号	标 准 名 称
环境因素监测	ASTM G91—11 (2018)	Standard practice for monitoring atmospheric SO_2 deposition rate for atmospheric corrosivity evaluation
	ASTM G140—02 (2019)	Standard test method for determining atmospheric chloride deposition rate by wet candle method
环境条件分类与环境试验的转换关系	GB/T 20159.1—2006	环境条件分类 环境条件分类与环境试验之间的关系及转换指南 贮存
	GB/T 20159.2—2008	环境条件分类 环境条件分类与环境试验之间的关系及转换指南 运输
	GB/T 20159.3—2011	环境条件分类 环境条件分类与环境试验之间的关系及转换指南 有气候防护场所固定使用
	GB/T 20159.4—2011	环境条件分类 环境条件分类与环境试验之间的关系及转换指南 无气候防护场所固定使用
	GB/T 20159.5—2008	环境条件分类 环境条件分类与环境试验之间的关系及转换指南 地面车辆使用
	GB/T 20159.6—2008	环境条件分类 环境条件分类与环境试验之间的关系及转换指南 船用
	GB/T 20159.7—2008	环境条件分类 环境条件分类与环境试验之间的关系及转换指南 携带和非固定使用
	GB/T 20159.8—2008	环境条件分类 环境条件分类与环境试验之间的关系及转换指南 导言

防护涂层环境试验标准清单

分 类	标 准 号	标 准 名 称
试验样件制备与调节	GB/T 3186—2006	色漆、清漆和色漆与清漆用原材料 取样
	GB/T 9271—2008	色漆和清漆 标准试板
	GB/T 9278—2008	涂料试样状态调节和试验的温湿度
	GB/T 20777—2006	色漆和清漆 试样的检查和制备
	GB/T 30786—2014	色漆和清漆 腐蚀试验用金属板涂层划痕标记导则
	ASTM D609—17	Standard practice for preparation of cold-rolled steel panels for testing paint, varnish, conversion coatings, and related coating products
	ASTM D823—18	Standard practices for producing films of uniform thickness of paint, coatings and related products on test panels
	ASTM D1654—08 (2016)	Standard test method for evaluation of painted or coated specimens subjected to corrosive environments
	ASTM D3924—16 (2019)	Standard specification for standard environment for conditioning and testing paint, varnish, lacquer, and related materials
	ASTM G147—17	Standard practice for conditioning and handling of nonmetallic materials for natural and artificial weathering tests
盐雾试验	GB/T 1771—2007	色漆和清漆 耐中性盐雾性能的测定
	GB/T 2423.17—2008	电工电子产品环境试验 第2部分：试验方法 试验 Ka：盐雾
	GB/T 10125—2012	人造气氛腐蚀试验 盐雾试验
	GJB 150.11A—2009	军用装备实验室环境试验方法 第11部分：盐雾试验
	ASTM B117—18	Standard practice for operating salt spray(fog) apparatus
	ASTM G85—11	Standard practice for modified salt spray (fog) testing
耐水性试验	GB/T 1740—2007	漆膜耐湿热测定法
	GB/T 2423.3—2016	环境试验 第2部分：试验方法 试验 Cab：恒定湿热试验
	GB/T 2423.4—2008	电工电子产品环境试验 第2部分：试验方法 试验 Db：交变湿热（12h+12h 循环）
	GB/T 13893.2—2019	色漆和清漆 耐湿性的测定 第2部分：冷凝（在带有加热水槽的试验箱内暴露）

续表

分类	标准号	标准名称
耐水性试验	GB/T 30648.2—2015	色漆和清漆 耐液体性的测定 第2部分：浸水法
	GJB 150.9A—2009	军用装备实验室环境试验方法 第9部分：湿热试验
	ISO 6270—1:2017	Paints and varnishes -Determination of resistance to humidity -Part 1: Condensation (single-sided exposure)
	ASTM D870—15	Standard practice for testing water resistance of coatings using water immersion
	ASTM D1735—14	Standard practice for testing water resistance of coatings using water fog apparatus
	ASTM D2247—15	Standard practice for testing water resistance of coatings in 100% relative humidity
	ASTM D4585/D4585M—18	Standard practice for testing water resistance of coatings using controlled condensation
	ASTM D5637—05 (2017)	Standard practice for moisture of electrical insulating varnishes
耐非水液体介质试验	GB/T 9274—88	色漆和清漆 耐液体介质的测定
	GB/T 30648.1—2014	色漆和清漆 耐液体性的测定 第1部分：浸入除水之外的液体中
	ASTM D2248—01a (2018)	Standard practice for detergent resistance of organic finishes
霉菌试验	GB/T 1741—2007	漆膜耐霉菌性测定法
	GB/T 2423.16—2008	电工电子产品环境试验 第2部分：试验方法 试验j及导则：长霉
	GJB 150.10A—2009	军用装备实验室环境试验方法 第10部分：霉菌试验
	ASTM D3273—16	Standard test method for resistance to growth of mold on the surface of interior coatings in an environmental chamber
	ASTM D3456—18	Standard practice for determining by exterior exposure tests the susceptibility of paint films to microbiological attack
光老化试验	GB/T 1865—2009	色漆和清漆 人工气候老化和人工辐射暴露 滤过的氙弧辐射
	GB/T 14522—2008	机械工业产品用塑料、涂料、橡胶采用人工气候老化试验方法 荧光紫外灯
	GB/T 23987—2009	色漆和清漆 涂层的人工气候老化暴露 暴露于荧光紫外线和水
	ASTM D822/D822M—13 (2018)	Standard practice for filtered open-flame Carbon-Arc exposure of paint and related coatings
	ASTM D3361/D3361M—13 (2018)	Standard practice for unfiltered open-flame carbon-arc exposures of paint and related coatings
	ASTM D4587—11	Standard practice for fluorescent UV-condensation exposures of paint and and related coatings
	ASTM D5031/D5031M—13(2018)	Standard practice for enclosed carbon-arc exposure tests of paint and related coatings

续表

分 类	标 准 号	标 准 名 称
光老化试验	ASTM D6695—16	Standard practice for xenon-arc exposures of paint and related coatings
	ASTM G151—19	Standard practice for exposing nonmetallic materials in accelerated test devices that use laboratory light sources
	ASTM G152—13	Standard practice for operating open flame carbon arc light apparatus for exposure of nonmetallic materials
	ASTM G153—13	Standard practice for operating enclosed carbon arc light apparatus for exposure of nonmetallic materials
	ASTM G154—16	Standard practice for operating fluorescent ultraviolet (UV) lamp apparatus for exposure of nonmetallic materials
	ASTM G155—13	Standard practice for operating xenon arc light apparatus for exposure of non-metallic materials
温度试验	GB/T 1735—2009	色漆和清漆 耐热性的测定
	GBT 2423.1—2008	电工电子产品环境试验 第2部分：试验方法 试验A：低温
	GB/T 2423.2—2008	电工电子产品环境试验 第2部分：试验方法 试验B：高温
	GB/T 2423.22—2012	环境试验 第2部分：试验方法 试验N：温度变化
	GJB 150.3A—2009	军用装备实验室环境试验方法 第3部分：高温试验
	GJB 150.4A—2009	军用装备实验室环境试验方法 第4部分：低温试验
	GJB 150.5A—2009	军用装备实验室环境试验方法 第5部分：温度冲击试验
实验室循环试验	GB/T 2423.18—2012	环境试验 第2部分：试验方法 试验Kb：盐雾，交变（氯化钠溶液）
	GB/T 20853—2007	金属和合金的腐蚀 人造大气中的腐蚀暴露于间歇喷洒盐溶液和潮湿循环受控条件下的加速腐蚀试验
	GB/T 24195—2009	金属和合金的腐蚀 酸性盐雾、"干燥"和"湿润"条件下的循环加速腐蚀试验
	GB/T 28416—2012	人工大气中的腐蚀试验交替暴露在腐蚀性气体中性盐雾及干燥环境中的加速腐蚀试验
	GB/T 31588.1—2015	色漆和清漆 耐循环腐蚀环境的测定 第1部分：湿（盐雾）/干燥/湿气
	ISO 11997—2:2013	Paints and varnishes- determination of resistance to cyclic corrosion conditions- Part 2: Wet (salt fog)/dry/humidity/UV light
	ISO 12944—9:2018	Paints and varnishes - corrosion protection of steel structures by protective paint systems- Part 9: Protective paint systems and laboratory performance test methods for offshore and related structures
	ASTM D5894—16	Standard practice for cylic salt fog/UV eaposure of painted metal, (alternating exposure in a fog/dry cabinet and a UV/condensation cabinet)
	ASTM G60—01 (2018)	Standard practice for conducting cyclic humidity exposures

续表

分 类	标 准 号	标 准 名 称
自然环境试验	GB/T 9276—1996	涂层自然气候暴露试验方法
	GJB 8893.1—2017	军用装备自然环境试验方法 第1部分：通用要求
	GJB 8893.2—2017	军用装备自然环境试验方法 第2部分：户外大气自然环境试验
	GJB 8893.3—2017	军用装备自然环境试验方法 第3部分：棚下大气自然环境试验
	GJB 8893.4—2017	军用装备自然环境试验方法 第4部分：库内大气自然环境试验
	GJB 8893.5—2017	军用装备自然环境试验方法 第5部分：表层海水自然环境试验
	GJB 8893.6—2017	军用装备自然环境试验方法 第6部分：海水长尺自然环境试验
	JB/T 7574—1994	机械产品及元器件湿热环境大气暴露试验方法及导则
	JB/T 7575—1994	机械产品及元器件寒冷环境大气暴露试验方法及导则
	ASTM D1014—18	Standard practice for conducting exterior exposure of paints and coatings on metal substrates
	ASTM G7/G7M—13	Standard practice for atmospheric environmental exposure testing of nonmetallic materials
	ASTM G24—13	Standard practice for conducting exposures to daylight filtered through glass
	ASTM G50—10 (2015)	Standard practice for conducting atmospheric corrosion tests on metals
	ASTM G52—00 (2016)	Standard practice for exposing and evaluating metals and alloys in surface seawater
	ASTM G141—09 (2013)	Standard Guide for Addressing Variability in Exposure Testing of Nonmetallic Materials
	ASTM G169—01 (2013)	Standard Guide for Application of Basic Statistical Methods to Weathering Tests
自然加速环境试验	GB/T 20236—2006	非金属材料的聚光加速户外暴露试验方法
	GB/T 24516.2—2009	金属和合金的腐蚀 大气腐蚀 跟踪太阳暴露试验方法
	GB/T 24517—2009	金属和合金的腐蚀 户外周期喷淋暴露试验方法
	GB/T 24518—2009	金属和合金的腐蚀 应力腐蚀室外暴露试验方法
	GB/T 25834—2010	金属和合金的腐蚀 钢铁户外大气加速腐蚀试验
	GB/T 31317—2014	金属和合金的腐蚀 黑箱暴露试验方法
	ASTM D4141/D4141M—14	Standard practice for conducting black box and solar concentrating exposures of coatings
	ASTM G90 — 17	Standard practice for performing accelerated outdoor weathering of materials using concentrated natural sunlight
	ASTM G201—16	Standard practice for conducting exposures in outdoor glass-covered exposure apparatus with air circulation

附录 D

防护涂层性能评价标准清单

标准分类	标准号	标准名称
外观评价	GB/T 1766—2008	色漆和清漆 涂层老化的评级方法
	GB/T 26296—2010	铝及铝合金阳极氧化膜和有机聚合物涂层缺陷
	GB/T 30789.1—2015	色漆和清漆 涂层老化的评价 缺陷的数量和大小以及外观均匀变化程度的标识 第1部分：总则和标识体系
	GB/T 30789.2—2014	色漆和清漆 涂层老化的评价 缺陷的数量和大小以及外观均匀变化程度的标识 第2部分：起泡等级的评定
	GB/T 30789.3—2014	色漆和清漆 涂层老化的评价 缺陷的数量和大小以及外观均匀变化程度的标识 第3部分：生锈等级的评定
	GB/T 30789.4—2015	色漆和清漆 涂层老化的评价 缺陷的数量和大小以及外观均匀变化程度的标识 第4部分：开裂等级的评定
	GB/T 30789.5—2015	色漆和清漆 涂层老化的评价 缺陷的数量和大小以及外观均匀变化程度的标识 第5部分：剥落等级的评定
	GB/T 30789.6—2015	色漆和清漆 涂层老化的评价 缺陷的数量和大小以及外观均匀变化程度的标识 第6部分：胶带法评定粉化等级
	GB/T 30789.7—2015	色漆和清漆 涂层老化的评价 缺陷的数量和大小以及外观均匀变化程度的标识 第7部分：天鹅绒布法评定粉化等级
	GB/T 30789.8—2015	色漆和清漆 涂层老化的评价 缺陷的数量和大小以及外观均匀变化程度的标识 第8部分：划线或其他人造缺陷周边剥离和腐蚀等级的评定
	GB/T 30789.9—2014	色漆和清漆 涂层老化的评价 缺陷的数量和大小以及外观均匀变化程度的标识 第9部分：丝状腐蚀等级的评定
	ASTM D610—08 (2012)	Standard practice for evaluating degree of rusting on painted surface
	ASTM D659—86	Method for evaluating degree of chalking of exterior paints
	ASTM D660—93 (2019)	Standard test method for evaluating degree of checking of exterior paints

续表

标准分类	标 准 号	标 准 名 称
外观评价	ASTM D661—93 (2011)	Standard test method for evaluating degree of cracking of exterior paints
	ASTM D662—93 (2011)	Standard test method for evaluating degree of erosion of exterior paints
	ASTM D714—02 (2017)	Standard test method for evaluating degree of blistering of paints
	ASTM D772—18	Standard test method for evaluating degree of flaking (scalling) of exterior paints
	ASTM D4214—07 (2015)	Standard practice for evaluating the degree of chalking of exterior paint film
	ASTM D5065—17	Standard guide for assessing the condition of aged coatings on steel surfaces
光泽度、色差	GB/T 3181—2008	漆膜颜色标准
	GB/T 9754—2007	色漆和清漆 不含金属颜料的色漆漆膜的20°、60°和85°镜面光泽的测定
	GBT 9761—2008	色漆和清漆 色漆的目视比色
	GB 11186.1—89	涂膜颜色的测量方法 第一部分 原理
	GB 11186.2—89	涂膜颜色的测量方法 第二部分 颜色测量
	GB 11186.3—89	涂膜颜色的测量方法 第三部分 色差计算
	ASTM D523—14 (2018)	Standard test method for specular gloss
	ASTM D2244—16	Standard practice for calculation of color tolerances and color differences from instrumentally measured color coordinates
	ASTM D5767—18	Standard test method for Instrumental measurement of distinctness-of-image (DOI) gloss of coated surfaces
厚度	GB/T 4956—2003	磁性基体上非磁性覆盖层 覆盖层厚度测量 磁性法
	GB/T 4957—2003	非磁性基体金属上非导电覆盖层 覆盖层厚度测量 涡流法
	GB/T 13452.2—2008	色漆和清漆 漆膜厚度的测定
	ASTM B748—90 (2016)	Standard test method for measurement of thickness of metallic coatings by measurement of cross section with a scanning electron microscope
	ASTM D1005—95 (2013)	Standard test method for measurement of dry-film thickness of organic coatings using micrometers
	ASTM D1186—01	Standard test methods for nondestructive measurement of dry film thickness of nonmagnetic coatings applied to a ferrous base
	ASTM D1212—91 (2013)	Standard test methods for measurement of wet film thickness of organic coatings

续表

标准分类	标准号	标准名称
厚度	ASTM D1400—00	Standard test method for nondestructive measurement of dry film thickness of nonconductive coatings applied to a nonferrous metal base
	GB/T 1730—2007	色漆和清漆 摆杆阻尼试验
	GB/T 6739—2006	色漆和清漆 铅笔法测定漆膜硬度
	GB/T 9275—2008	色漆和清漆 巴克霍尔兹压痕试验
	GB/T 9279.1—2015	色漆和清漆 耐划痕性的测定 第1部分：负荷恒定法
	GB/T 9279.2—2015	色漆和清漆 耐划痕性的测定 第2部分：负荷改变法
	ASTM D1474/D1474M—13 (2018)	Standard test methods for indentation hardness of organic coatings
	ASTM D3363—05 (2011)	Standard test method for film hardness by pencil test
	ASTM D4366—16	Standard test methods for hardness of organic coatings by pendulum damping tests
附着力	GB/T 5210—2006	色漆和清漆 拉开法附着力试验
	GB/T 9286—1998	色漆和清漆 漆膜的划格试验
	GB/T 31586.1—2015	防护涂料体系对钢结构的防腐蚀保护 涂层附着力/内聚力（破坏强度）的评定和验收准则 第1部分：拉开法试验
	GB/T 31586.2—2015	防护涂料体系对钢结构的防腐蚀保护 涂层附着力/内聚力（破坏强度）的评定和验收准则 第2部分：划格试验和划叉试验
	ASTM D2197—16	Standard test method for adhesion of organic coatings by scrape adhesion
	ASTM D4541—17	Standard test method for pull-off strength of coatings using portable adhesion testers
	ASTM D5179—16	Standard test method for measuring adhesion of organic coatings in the laboratory by direct tensile method
耐磨性	GB/T 1768—2006	色漆和清漆 耐磨性的测定 旋转橡胶砂轮法
	GB/T 23988—2009	涂料耐磨性测定 落砂法
	ASTM D968—17	Standard test methods for abrasion resistance of organic coatings by falling abrasive
	ASTM D3359—17	Standard test methods for rating adhesion by tape test
	ASTM D4060—19	Standard test method for abrasion resistance of organic coatings by the taber abraser
柔韧性	GB/T 6742—2007	色漆和清漆 弯曲试验（圆柱轴）
	GB/T 9753—2007	色漆和清漆 杯突试验

续表

标准分类	标准号	标准名称
柔韧性	GB/T 11185—2009	色漆和清漆 弯曲试验（锥形轴）
	ASTM D522/D522M—17	Standard practice for mandrel bend of attached organic coatings
	ASTM D4145—10 (2015)	Standard test method for coating flexibility of prepainted sheet
耐冲击性	GBT 20624.1—2006	色漆和清漆 快速变形（耐冲击性）试验 第2部分：落锤试验（大面积冲头）
	GBT 20624.2—2006	色漆和清漆 快速变形（耐冲击性）试验 第2部分：落锤试验（小面积冲头）
	ASTM D2794—93 (2019)	Standard test method for resistance of organic coatings to the effects of rapid deformation (impact)
	ASTM D3170/D3170M—14	Standard Test Method for Chipping Resistance of Coatings
电化学性能	ISO16773—1: 2016	Electrochemical impedance spectroscopy (EIS) on coated and uncoated metallic specimens-Part 1:Terms and definitions
	ISO16773—2: 2016	Electrochemical impedance spectroscopy (EIS) on coated and uncoated metallic specimens- Part 2: Collection of data
	ISO16773—3: 2016	Electrochemical impedance spectroscopy (EIS) on coated and uncoated metallic specimens- Part 3: Processing and analysis of data from dummy cells
	ISO16773—4: 2016	Electrochemical impedance spectroscopy (EIS) on coated and uncoated metallic specimens- Part 3: Examples of spectra of polymer and uncoated specimens
	ASTM G3—14 (2019)	Standard practice for conventions applicable to electrochemical measurements in corrosion testing
	ASTM G106—89 (2015)	Standard practice for verification of algorithm and equipment for electrochemical impedance measurements